Peter F. Orlowski

Simulation und Optimierung von Regelkreisen mit dem IBM AT und Kompatiblen

Anwendung von Mikrocomputern

Herausgegeben von Dr. Harald Schumny

Die Buchreihe behandelt Themen aus den vielfältigen Anwendungsbereichen des Mikrocomputers: Technik, Naturwissenschaften, Betriebswirtschaft. Jeder Band enthält die vollständige Lösung von Problemen, entweder in Form von Programmpaketen, die der Anwender komplett oder in Teilen als Unterprogramme verwenden kann, oder in Form einer Problemaufbereitung, die dem Benutzer bei der Software- und Hardware-Entwicklung hilft.

Band 1 **Digitale Regelung mit Mikroprozessoren**
von Norbert Hoffmann

Band 2 **Wahrscheinlichkeitsrechnung, Statistik**
von Dietmar Herrmann

Band 3 **Mathematische Routinen (Elektrotechnik/Elektronik)**
von Ernst-Friedrich Reinking

Band 4 **Numerische Mathematik**
von Dietmar Herrmann

Band 5 **Video-Textverarbeitung (TI-99/4A und VC-20)**
von Arnim und Ingeborg Tölke

Band 7 **Getriebelehre mit dem Mikrocomputer (SHARP PV-1500A)**
von Hans Bürde

Band 8 **Dienstprogramme für VC-20, Commodore 64 und Executive SX 64**
von Ernst-Friedrich Reinking

Band 9 **Gelenkgetriebe-Konstruktion mit Kleinrechnern (HP Serie 40 und 80)**
von Kurt Hain und Harald Schumny

Band 10 **Angewandte Matrizenrechnung**
von Dietmar Herrmann

Band 12 **Lineare Optimierung mit BASIC auf dem PC-1500A**
von Harald Luther

Band 13 **Interfacing im Apple-Pascal-System**
von Klaus-Dieter Tillmann

Band 14 **DFÜ – Datenfernübertragung im Apple-Pascal-System**
von Klaus-Dieter Tillmann

Band 15 **Textverarbeitung mit dem Commodore 64**
von Arnim und Ingeborg Tölke

Band 16 **Physikalische Experimente mit dem Mikrocomputer**
von Klaus-Dieter Tillmann

Band 17 **Datenkommunikation mit dem PC**
von Klaus-Dieter Tillmann

Band 18 **Antennentechnik**
von Ludwig Brandt

Band 19 **Simulation und Optimierung von Regelkreisen mit dem IBM AT- und Kompatiblen**
von Peter F. Orlowski

Anwendung von Mikrocomputern Band 19

Peter F. Orlowski

Simulation und Optimierung von Regelkreisen

mit dem IBM AT und Kompatiblen

Das interaktive Programmpaket SIMLER-PC zur Regelkreis-Simulation im Frequenz- und Zeitbereich

Friedr. Vieweg & Sohn Braunschweig / Wiesbaden

CIP-Kurztitelaufnahme der Deutschen Bibliothek

Orlowski, Peter F.:
Simulation und Optimierung von Regelkreisen mit dem IBM AT und Kompatiblen: d. interaktive Programmpaket SIMLER-PC zur Regelkreis-Simulation im Frequenz- und Zeitbereich / Peter F. Orlowski. – Braunschweig; Wiesbaden: Vieweg, 1988
(Anwendung von Mikrocomputern; Bd. 19)
ISBN 978-3-528-04598-2 ISBN 978-3-322-88843-3 (eBook)
DOI 10.1007/978-3-322-88843-3

NE: GT

Das in diesem Buch enthaltene Programm-Material ist mit keiner Verpflichtung oder Garantie irgendeiner Art verbunden. Der Autor, der Herausgeber und der Verlag übernehmen infolgedessen keine Verantwortung und werden keine daraus folgende oder sonstige Haftung übernehmen, die auf irgendeine Art aus der Benutzung dieses Programm-Materials oder Teilen davon entsteht.

Der Verlag Vieweg ist ein Unternehmen der Verlagsgruppe Bertelsmann.

Umschlaggestaltung: Peter Lenz, Wiesbaden

ISBN 978-3-528-04598-2

Inhaltsverzeichnis

1 Einleitung

In diesem Buch wird ein interaktives Programmpaket zur Simulation und Optimierung des Übertragungsverhaltens linearer, einschleifiger Regelkreise beschrieben (SIMLER-PC). Die Optimierung kann *on-line* im Zeit- und Frequenzbereich mit dem IBM-AT, Olivetti, Sirius von Victor und kompatiblen PCs durchgeführt werden. Vergleichende Literatur ist in /1/ bis /8/ enthalten.

Vorteil des Rechnereinsatzes ist die schnelle und anschauliche Darstellung von Parametereinflüssen auf eine Regelung mit Hilfe der Bildschirmgraphik. Es läßt sich leicht eine optimale Einstellung des Reglers auf eine gegebene Regelstrecke realisieren, da in *einer* Graphik der direkte Vergleich von maximal drei Rechnerläufen (Diagrammen) möglich ist und zusätzlich Optimierungshinweise eingeblendet werden.

Die Anwendung von SIMLER-PC mit der Diskette /12/ erfordert keine Programmierkenntnisse, da der Systemstart bis hin zur "Leistungsauswahl" (Hauptmenü) automatisch erfolgt.

Das Programm verfügt in seinen verschiedenen PC-Versionen über eine komfortable Menüführung und eine hochauflösende Graphik von:

350 * 640 Bildpunkten mit IBM-AT und EGA-Karte
348 * 720 Bildpunkten mit IBM-AT und Hercules-Karte
400 * 640 Bildpunkten mit Olivetti und zugehöriger Graphikkarte
400 * 800 Bildpunkten mit Sirius von Victor.

Das Grundkonzept des Programmpakets SIMLER-PC basiert auf der Sirius-Version. Es wurde in MS-BASIC in Verbindung mit GRAFIX geschrieben. Der später hinzugefügte Programmteil "Zeitverläufe" ließ sich für die *On-line*-Simulation nur in T-Pascal realisieren. So erklärt sich, daß auch in den jetzt erstellten Versionen zwei Programmiersprachen nebeneinander verwendet werden. Für den IBM-AT sind es Turbo-BASIC und Turbo-Pascal; für den Olivetti GW-BASIC und Turbo-Pascal.

Um dem wachsenden Bedarf nach IBM-kompatibler Software Rechnung zu tragen, ist in diesem Buch die AT-Version von SIMLER-PC näher beschrieben.

Die Simulation im Frequenzbereich erfolgt wahlweise mit dem Bode- oder Nyquist-Diagramm. Mit der Darstellung im Zeitbereich kann eine Regelung auf Führungs- und Störverhalten untersucht werden. Die dazu verwendeten Sollwertfunktionen sind:

- Einheitssprungfunktion $\delta_0(t)$
- Rampenfunktion mit Begrenzung
- Fahrkurve mit variabler Hochlauf- und Verschliffzeit

Besondere Bedeutung hat die Fahrkurve. Sie trägt wesentlich zur Verbesserung des Übertragungsverhaltens bei der Regelung von Förderantrieben, Schienenfahrzeugen und Walzwerken bei. Eine rechnergestützte Optimierung der Fahrkurvenantwort wurde bisher noch nicht veröffentlicht.

In der Bildschirmgraphik werden dargestellt:

- Datum und Zeit
- gewählter Regelkreis
- gewähltes Übertragungsverhalten
- eingegebene Regelkreis- und Sollwertparameter
- Stabilitätsaussage (Phasenreserve, Amplitudenreserve usw.)
- An- und Ausregelzeit (bei Zeitverläufen)
- bleibende Regeldifferenz (bei Zeitverläufen)
- Toleranzbereich (bei Zeitverläufen)
- optimale Reglerparameter (bei Zeitverläufen)
- optimale Fahrkurvenwerte (bei Zeitverläufen)
- maximal drei Zeitverläufe mit variablem Maßstab oder
- $F_0(j\,\omega)$ des offenen Regelkreises (beim Nyquist-Diagramm)
- Herkunft der Ortskurven für $\omega = 0$ (beim Nyquist-Diagramm)
- Kreisfrequenz ω_{MIN} für den Abszissenrand (beim Bode-Diagramm)
- maximal drei Bode- bzw. Nyquist-Diagramme mit variablem Maßstab

Die Berechnung der Stabilitätsaussage bei SIMLER-PC basiert auf dem Stabilitätskriterium nach *Nyquist*; die Optimierungshinweise beruhen auf Arbeiten von *Ziegler*, *Nichols* und dem Autor dieses Buches.

Mein besonderer Dank gilt den Herren Dipl.-Ing. *Thomas Jähn* und Dipl.-Ing. *Norbert Moos* für die Realisierung des Programms auf dem IBM-AT und Olivetti.

Linden, September 1987 *Peter F. Orlowski*

2 Stabilitätsbegriff

Es ist sinnvoll, sich zunächst klarzumachen, was mit der Stabilität eines Regelkreises gemeint ist. Dazu eine allgemeine Definition.

> Ein System ist stabil, wenn die angeregten Systemgrößen von einem eingeschwungenen Zustand nach endlicher Zeit in einen anderen eingeschwungenen Zustand übergehen. Das System befindet sich an der Stabilitätsgrenze, wenn die Systemgrößen Dauerschwingungen ausführen.

Diese Begriffsbestimmung ist in **Bild 2.1** veranschaulicht. Es zeigt sich, daß die Systemgrößen bei Instabilität (theoretisch) über alle Grenzen gehen.

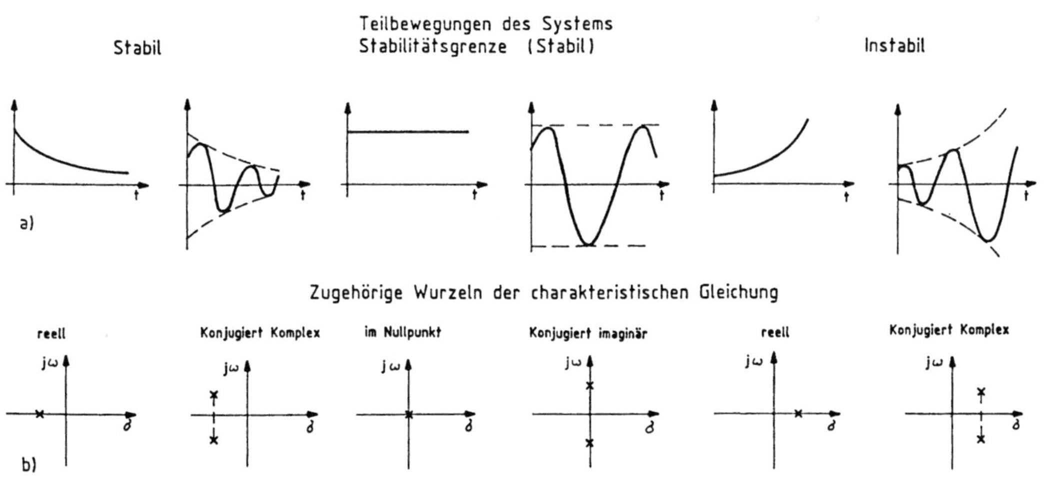

Bild 2.1 Teilbewegungen von Systemen und deren Wurzelverteilung zur Darstellung des Begriffs Stabilität

2.1 Stabilitätskriterium nach Nyquist

Ein einschleifiger Regelkreis ist eine Wirkungskette aus Regler und Regelstrecke mit Rückkopplung (**Bild 2.2**). Wegen der Rückkopplung der Regelgröße x neigt die Regelung zum Schwingen und ist folglich auf Stabilität zu untersuchen.

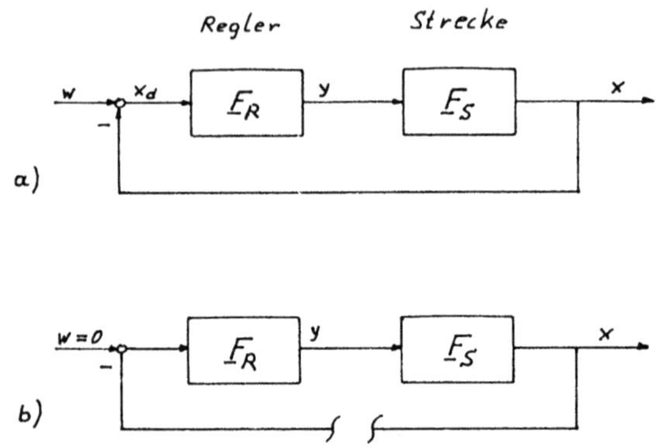

Bild 2.2
Einschleifiger geschlossener und offener Regelkreis

Nyquist hat mit seinem Stabilitätskriterium vom aufgeschnittenen auf den geschlossenen Regelkreis geschlossen. Bei Führungsverhalten erhält man die Gleichung

$$F_w(j\omega) = \frac{\underline{x}}{\underline{w}} = \frac{-\underline{F}_0}{1-\underline{F}_0} \qquad \text{mit } F_0(j\omega) = -\underline{F}_R * \underline{F}_S \qquad (1)$$

Darin ist $\underline{F}_R$ der Frequenzgang des Reglers und $\underline{F}_S$ der Frequenzgang der Regelstrecke und es gilt:

> Der geschlossene Regelkreis ist genau dann stabil, wenn die Ortskurve des offenen Regelkreises $F_0(j\omega)$, im Sinne zunehmender Frequenz ω , links vom kritischen Punkt P_k = (1; j0) verläuft und die Phasenreserve $\alpha_R > 0$ ist.

Der Realteil von $\underline{F}_0$ muß also kleiner als eins sein, wenn die Regelung stabil sein soll (**Bild 2.3**). Wird der Einheitskreis von der Ortskurve geschnitten, ist die Durchtrittsfrequenz ω_D erreicht. Sie ist ein Maß für die Reaktionsfähigkeit der Regelung auf Führungs- und Störgrößenänderungen. Mit ihr läßt sich die Phasenreserve (Phasenrand) α_R bestimmen.

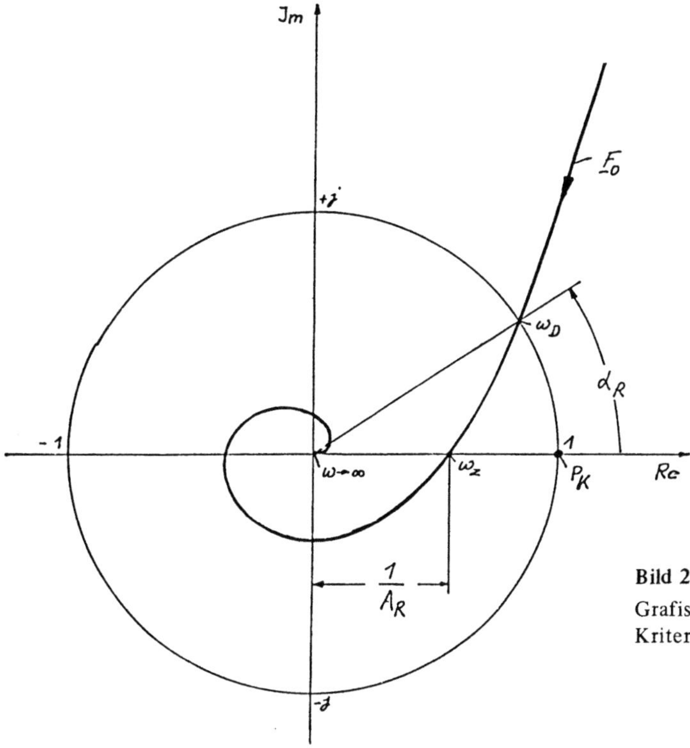

Bild 2.3
Grafische Darstellung des Nyquist-Kriteriums in Ortskurvenform

Eine weitere wichtige Größe für die Regelkreisoptimierung ist die Amplitudenreserve (Amplitudenrand) A_R. Sie gibt die noch zur Verfügung stehende Verstärkungsreserve der Regelung bis zum Erreichen der Stabilitätsgrenze an.

Die Berechnung der Stabilitätsaussage wird aus einem Satz von Gleichungen gewonnen, der sich aus dem Nyquist-Kriterium ableiten läßt.

$$\mathrm{Im}(\underline{F}_0) \overset{!}{=} 0 \longrightarrow \omega_Z \qquad (2)$$

$$\mathrm{Re}[\underline{F}_0(\omega_Z)] \overset{!}{<} 1 \longrightarrow \text{Regelung stabil für } \alpha_R > 0 \qquad (3)$$

$$\mathrm{Re}[\underline{F}_0(\omega_Z)] \begin{cases} = 1/A_R & \longrightarrow \text{Amplitudenreserve } A_R \qquad (4) \\ = 1 & \longrightarrow \text{Stabilitätsgrenze und kritische Verstärkung } V_{0k} \qquad (5) \end{cases}$$

$$|\underline{F}_0| = |\underline{F}_R| * |\underline{F}_S| \overset{!}{=} 1 \longrightarrow \text{Durchtrittsfrequenz } \omega_D \qquad (6)$$

$$\alpha_R = \arctan \frac{\mathrm{Im}[\underline{F}_0(\omega_D)]}{\mathrm{Re}[\underline{F}_0(\omega_D)]} \longrightarrow \text{Phasenreserve } \alpha_R \qquad (7)$$

A_R und α_R einer stabilen Regelung sollten praxisnah folgende Werte annehmen:

$$\left.\begin{array}{l} A_R = 4 \ldots 10 \\ \alpha_R = 40^o \ldots 60^o \end{array}\right\} \text{bei Führungsverhalten}$$

$$\left.\begin{array}{l} A_R = 1{,}5 \ldots 3 \\ \alpha_R = 20^o \ldots 50^o \end{array}\right\} \text{bei Störverhalten}$$

Besonders transparent kann das Nyquist-Kriterium im Bode-Diagramm dargestellt werden (**Bild 2.4**), da der Frequenzgang $F_0(j\omega)$ in Betrag und Phasenwinkel aufgeteilt wird.

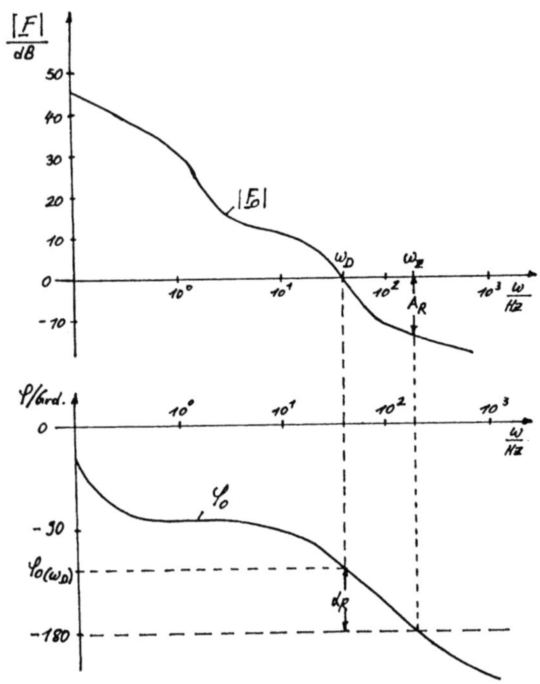

Bild 2.4
Grafische Darstellung des Nyquist-Kriteriums im Bode-Diagramm

Damit erscheint die Verstärkung einer Regelung nicht mehr in der Gleichung für den Phasenwinkel. Eine Änderung der Verstärkung, mit der sich häufig Stabilität erreichen läßt, beeinflußt daher die Graphik des Phasenwinkels nicht. Ein Vorteil, der in Abschnitt 6.1 noch näher behandelt wird.

Infolge der logarithmischen Darstellung des Frequenzgangbetrags ergibt sich aus der

Multiplikation $|\underline{F}_0| = |\underline{F}_R| * |\underline{F}_S|$ die
Addition der Logarithmen, also $\lg|\underline{F}_0| = \lg|\underline{F}_R| + \lg|\underline{F}_S|$

D.h., eine Verstärkungsänderung entspricht praktisch einer Parallelverschiebung der $|\underline{F}_0|$-Kurve.

Die Stabilitätsbedingung für das Bode-Diagramm ist in den Gleichungen (6) und (7) enthalten und läßt sich wie folgt deuten:

> Ein geschlossener Regelkreis ist genau dann stabil, wenn der Frequenzgangbetrag $|\underline{F}_0|$ des aufgeschnittenen Regelkreises bei der Durchtrittsfrequenz ω_D einen Phasenwinkel $\varphi_0(\omega_D) > -180^o$ aufweist, d.h. $\alpha_R > 0$ ist.

Beim Bode-Diagramm kommt daher folgender Gleichungssatz zur Berechnung der Stabilitätsaussage zum Einsatz:

$$|\underline{F}_0| = |\underline{F}_R| * |\underline{F}_S| \overset{!}{=} 1 \longrightarrow \omega_D$$

$$\alpha_R = 180^o + \varphi_0(\omega_D) \longrightarrow \text{Phasenreserve } \alpha_R \tag{8}$$

$$\varphi_0(\omega_D) = \varphi_R(\omega_D) + \sum_i \varphi_{Si}(\omega_D)$$

$$180^o + \varphi_0 \overset{!}{=} 0 \longrightarrow \omega_Z \tag{9}$$

$$A_R = 10^{-\frac{|\underline{F}_0|(\omega_Z)}{20\text{ dB}}} \longrightarrow \text{Amplitudenreserve } A_R \tag{10}$$

Der Schnittpunkt der -180°-Linie mit dem Phasenwinkel φ_0 ergibt demnach die kritische Frequenz ω_Z, mit der die Amplitudenreserve A_R berechnet wird.

Die Phasenreserve entspricht dem Abstand zwischen der -180°-Linie und dem Phasenwinkel φ_0 bei der Durchtrittsfrequenz ω_D.

Zum besseren Verständnis von Bedeutung und Anwendung der Regelkreisoptimierung und -simulation sind in **Tabelle 2.1** alle linearen Grundtypen von Regelkreisgliedern zusammengefaßt.

In der Tabelle findet man die zugehörigen Übertragungsfunktionen, Frequenzgang-Gleichungen und Phasenwinkel, wie sie im Programmpaket SIMLER-PC verwendet werden.

Tabelle 2.1 Grundtypen der Regelkreisglieder und ihre regeltechnische Beschreibung

Regel-kreis-glied	Übertragungsfunk./Sprungantwort: Gleichung	Übertragungsfunk./Sprungantwort: zeitl. Verlauf	Blockschaltbild	Frequenzgang
P	$x_a = V_p \cdot x_e$	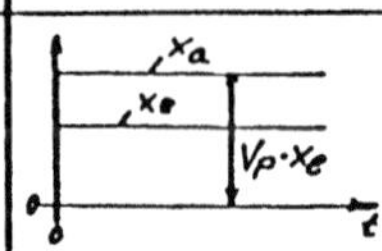	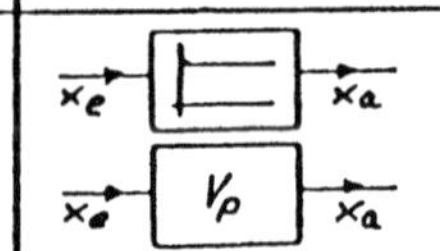	$F_{(p)} = \frac{\mathring{x}_a}{\mathring{x}_e} = \frac{x_{a(p)}}{x_e} = V_p$ $F(j\omega) = V_p$
I	$x_a = \frac{1}{T_I}\int_0^t x_e \cdot dt$ $\mathring{x}_a = \mathring{x}_e \cdot \frac{1}{pT_I}$	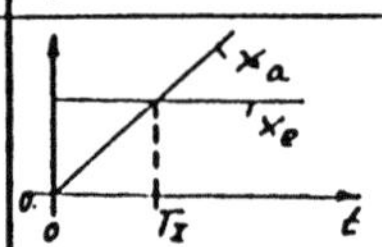	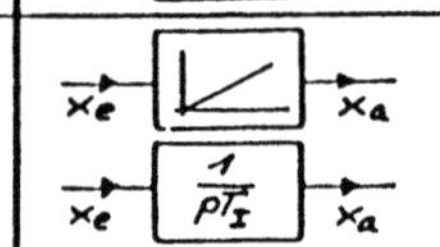	$F_{(p)} = \frac{1}{pT_I} = \frac{\alpha}{p}$ $F_{(j\omega)} = \frac{1}{j\omega T_I} = \frac{-j}{\omega T_I}$
D	$x_a = T_D \frac{dx_e}{dt}$ $\mathring{x}_a = \mathring{x}_e \cdot pT_D$	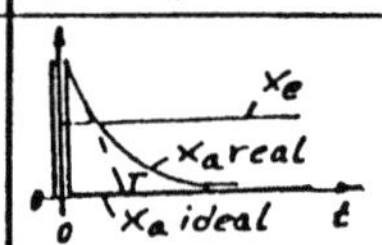	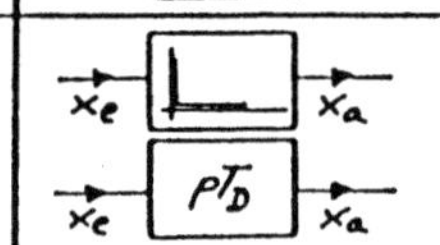	$F_{(p)} = pT_D = \frac{p}{\alpha}$ $F_{(j\omega)} = j\omega T_D$
PI	$x_a = V_p(x_e + \frac{1}{T_N}\int_0^t x_e \cdot dt)$ $\mathring{x}_a = V_p \cdot \mathring{x}_e(1 + \frac{1}{pT_N})$	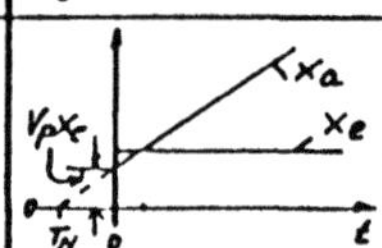	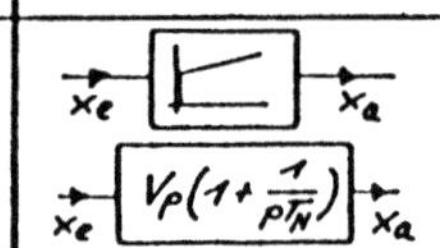	$F_{(p)} = V_p(1 + \frac{1}{pT_N})$ $F_{(j\omega)} = V_p(1 + j \cdot \frac{-1}{\omega T_N})$
PD	$x_a = V_p(x_e + T_v \cdot \frac{dx_e}{dt})$ $\mathring{x}_a = V_p(\mathring{x}_e + \mathring{x}_e \cdot pT_v)$	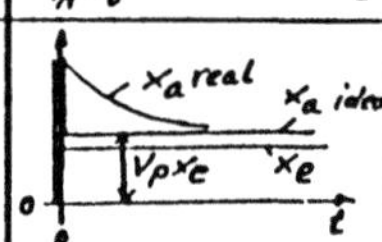	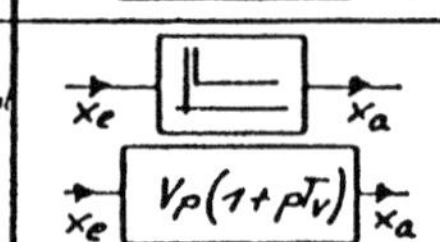	$F_{(p)} = V_p(1 + pT_v)$ $F_{(j\omega)} = V_p(1 + j\omega T_v)$
PID	$x_a = V_p x_e(1 + \frac{1}{T_N}\int_0^t dt + T_v \frac{d}{dt})$ $\mathring{x}_a = V_p \mathring{x}_e(1 + \frac{1}{pT_N} + pT_v)$	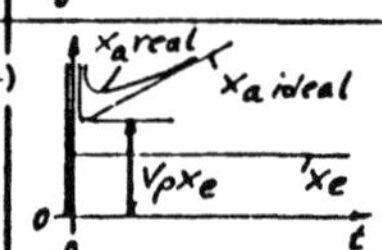	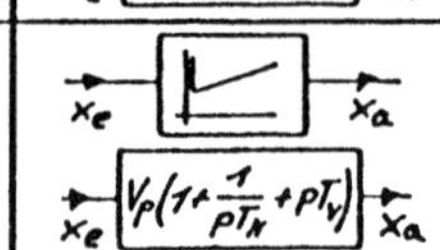	$F_{(p)} = V_p(1 + \frac{1}{pT_N} + pT_v)$ $F_{(j\omega)} = V_p[1 + j(\omega T_v - \frac{1}{\omega T_N})]$
PT_1	$x_a + T_1 \cdot \frac{dx_a}{dt} = x_e$ $\mathring{x}_a(1 + pT_1) = \mathring{x}_e$	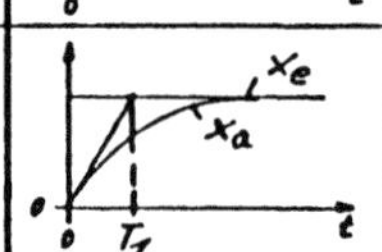	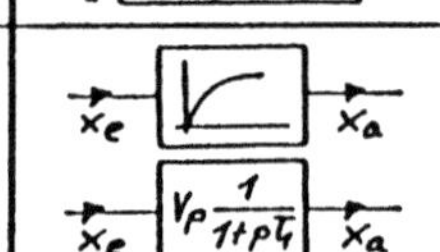	$F_{(p)} = V_p \frac{1}{1 + pT_1}$ $F_{(j\omega)} = V_p \frac{1 - j\omega T_1}{1 + \omega^2 T_1^2}$
PT_2	$x_a + 2dT_2\frac{dx_a}{dt} + T_2^2\frac{d^2x_a}{dt^2} = V_p x_e$ $\mathring{x}_a(1 + 2dpT_2 + p^2T_2^2) = V_p \mathring{x}_e$	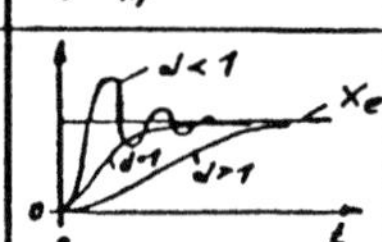	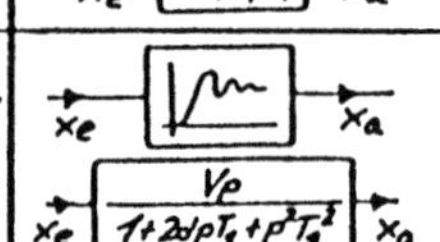	$F_{(j\omega)} = V_p \frac{1 - \omega^2T_2^2 - j2d\omega T_2}{(1 - \omega^2T_2^2)^2 + 4d^2\omega^2T_2^2}$
PT_n	$x_a \cdot a_0 + a_1\dot{x}_a + \ldots a_n \overset{n}{x}_a = b_0 x_e$ $V_p = \frac{b_0}{a_0}$	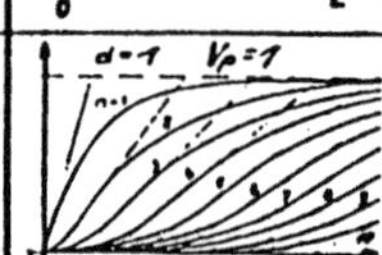	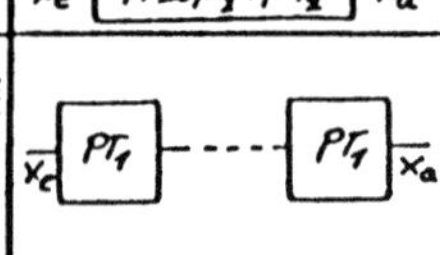	$F_{(p)} = \prod_{i=1}^{n} \frac{V_{p_i}}{1 + pT_i}$
PT_t	$x_a = V_p \cdot x_{e(t-T_t)}$ $\mathring{x}_a = V_p \cdot \mathring{x}_e \cdot e^{-pT_t}$	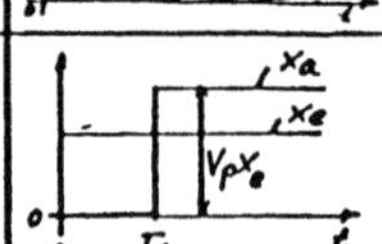	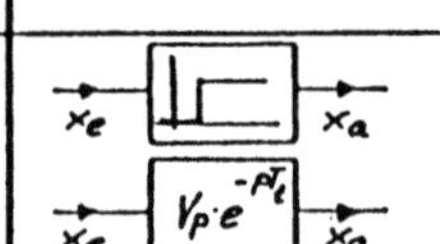	$F_{(p)} = V_p \cdot e^{-pT_t}$ $F_{(j\omega)} = V_p \cdot e^{-j\omega T_t}$ $= V_p(\cos\omega T_t - j\sin\omega T_t)$

Fortsetzung Tabelle 2.1

Regelkreisglied	Frequenzgangbetrag: Gleichung	Frequenzgangbetrag: Darstellung	Beispiele für Regelkreisglieder: Analogtechnik	Beispiele für Regelkreisglieder: Mechanik/Elektrot.
P	allg. $\frac{\lvert F(j\omega)\rvert}{dB} \hat{=} 20\lg\lvert F(j\omega)\rvert$ $\lvert F(j\omega)\rvert = V_P$	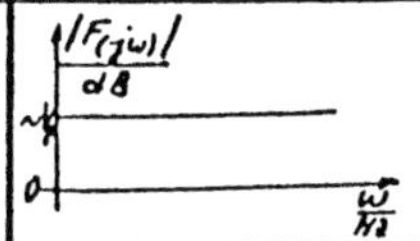	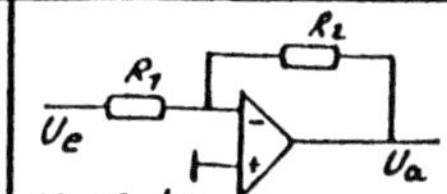 $V_P = R_2/R_1$	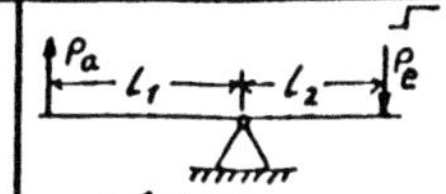 $V_P \hat{=} l_2/l_1$
I	$\lvert F(j\omega)\rvert = \frac{1}{\omega T_I}$	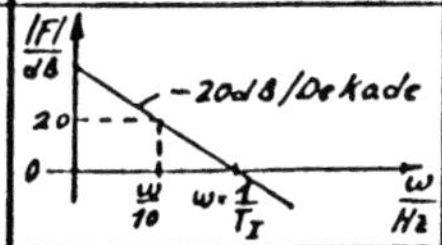	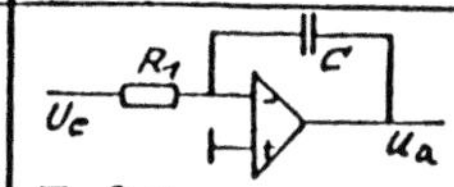 $T_I = R_1 \cdot C$	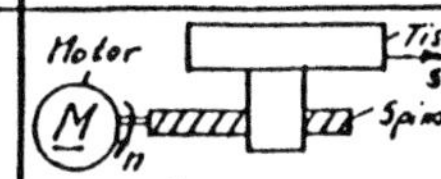 $T_I \hat{=} \frac{1}{n}$
D	$\lvert F(j\omega)\rvert = \omega T_D$	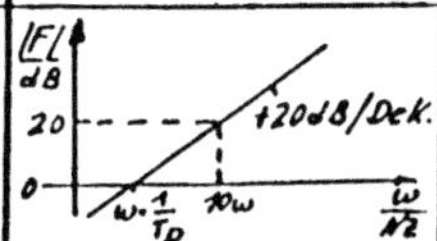	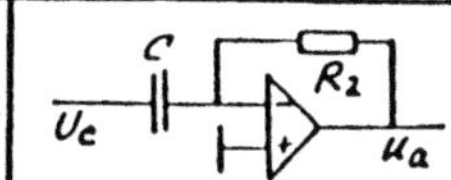 $T_D = R_2 \cdot C$	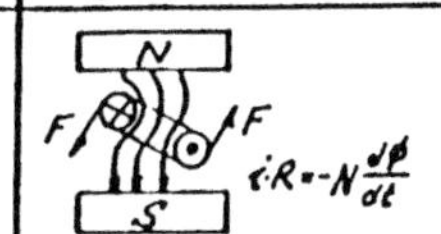
PI	$\lvert F(j\omega)\rvert = V_P\sqrt{1+\frac{1}{\omega^2 T_N^2}}$	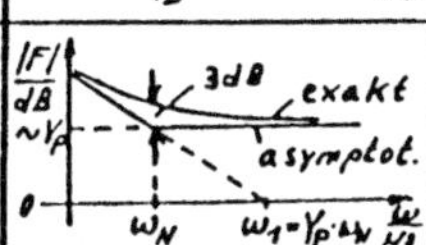	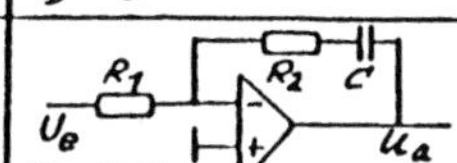 $T_N = R_2C$ $T_1 = R_1C$ $V_P = R_2/R_1$	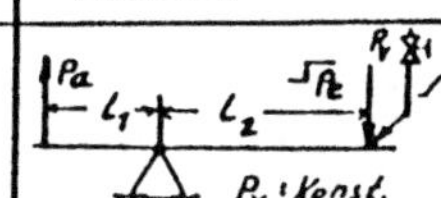 P_V: konst. Vordruck $V_P \hat{=} l_2/l_1$
PD	$\lvert F(j\omega)\rvert = V_P\sqrt{1+\omega^2 T_V^2}$	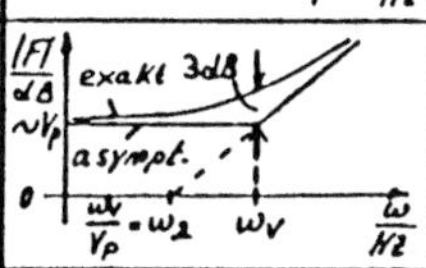	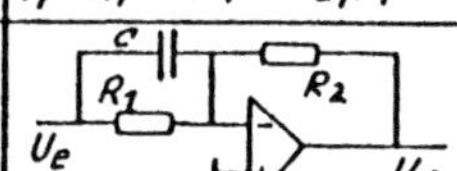 $T_V = R_1C$ $T_2 = R_2C$ $V_P = R_2/R_1$	—
PID	$\lvert F(j\omega)\rvert = V_P\sqrt{1+(\omega T_V - \frac{1}{\omega T_N})^2}$	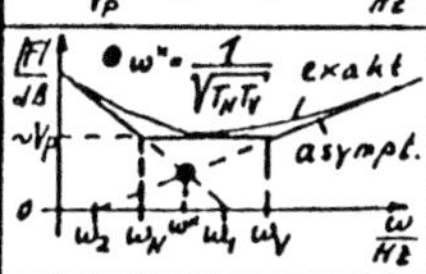	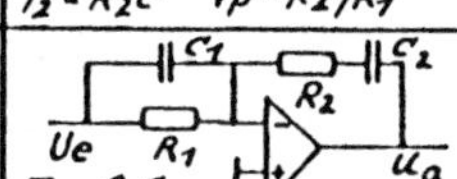 $T_N = R_2C_2$ $T_V = R_1C_1$ $V_P = R_2/R_1$	—
PT_1	$\lvert F(j\omega)\rvert = V_P\frac{1}{\sqrt{1+\omega^2 T_1^2}}$	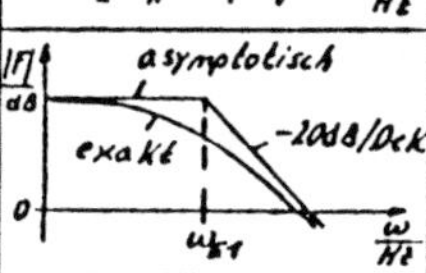	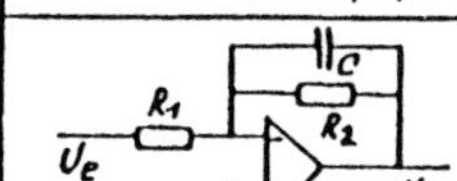 $T_1 = R_2C$ $V_P = R_2/R_1$	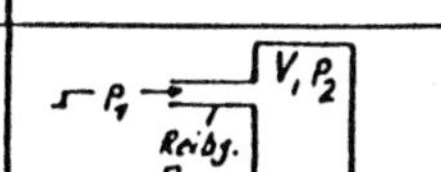 $T_1 \hat{=} V \cdot R_S$
PT_2	$\lvert F(j\omega)\rvert = V_P\frac{1}{\sqrt{(1-\omega^2T_2^2)^2+4d^2\omega^2T_2^2}}$	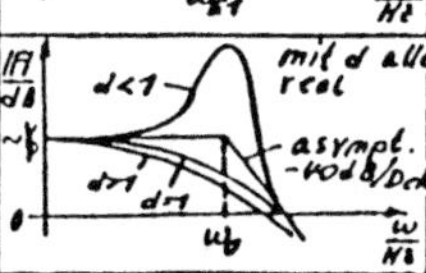	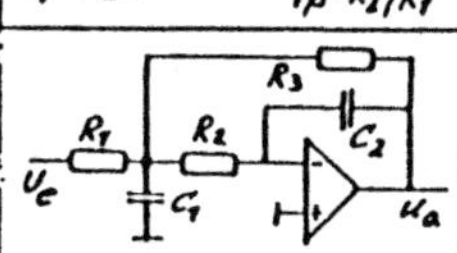	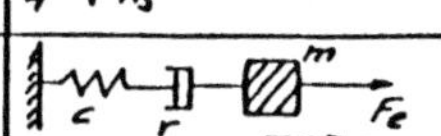 Feder-Masse-System mit Dämpfung identisch elektrischer Reihenschwingkreis
PT_n	$\lvert F(j\omega)\rvert^{PT_3}$ n=3 $\hat{=} \frac{V_P}{\sqrt{(1-\omega^2T_2^2)^2+(\omega T_1-\omega^3T_3^3)^2}}$	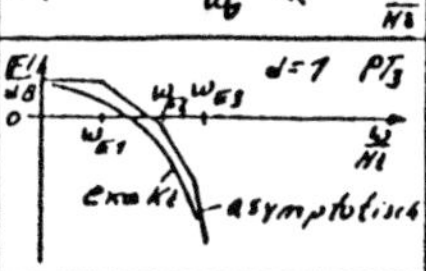	—	—
PT_t	$\lvert F(j\omega)\rvert = V_P$		jede Signalwandlung hat Totzeit z.B. Digital-Analogwandler 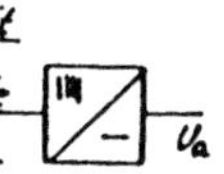	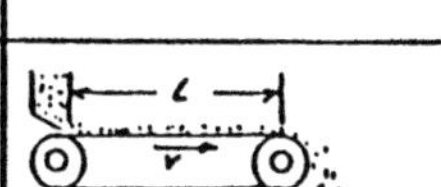 $T_t = \frac{l}{v}$

Fortsetzung Tabelle 2.1

Regelkreisglied	Phasenwinkel φ Gleichung	Phasenwinkel φ Darstellung	Ortskurve Gleichung	Ortskurve Darstellung
P	$\varphi = 0^\circ$	—	$F_{(j\omega)} = V_P$	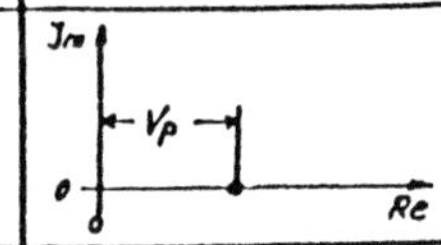
I	$\varphi = \arctan -\infty = -90^\circ$		$F_{(j\omega)} = -j\frac{1}{\omega T_I}$	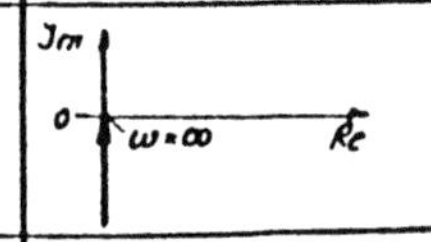
D	$\varphi = +90^\circ$		$F_{(j\omega)} = j\omega T_D$	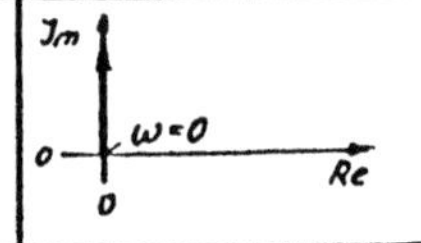
PI	$\varphi = -\arctan\frac{1}{\omega T_N}$	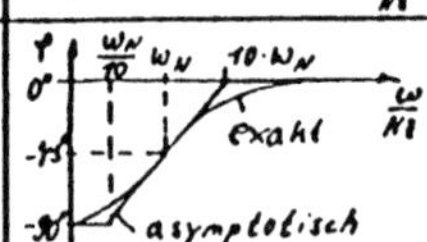	$F_{(j\omega)} = V_P\left(1 - j\frac{1}{\omega T_N}\right)$	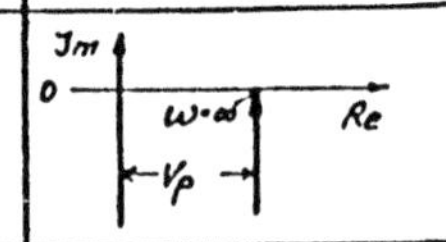
RD	$\varphi = \arctan \omega T_V$	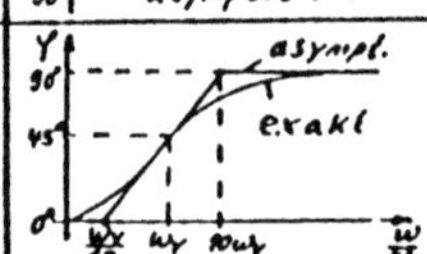	$F_{(j\omega)} = V_P(1 + j\omega T_V)$	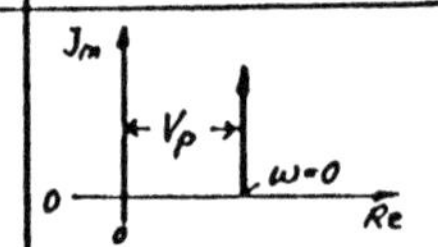
PID	$\varphi = \arctan\left(\omega T_V - \frac{1}{\omega T_N}\right)$	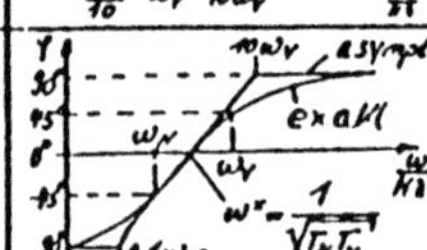	$F_{(j\omega)} = V_P\left[1 + j\left(\omega T_V - \frac{1}{\omega T_N}\right)\right]$	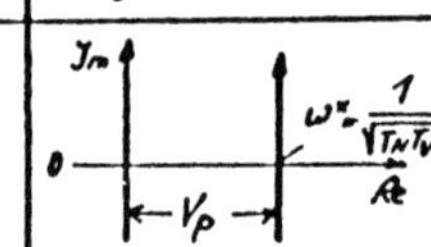
PT_1	$\varphi = -\arctan \omega T_1$	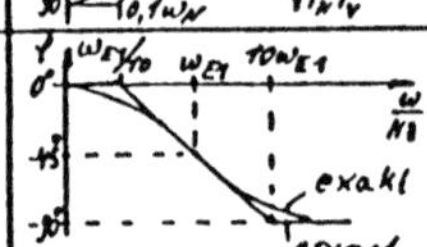	$F_{(j\omega)} = V_P\frac{1 - j\omega T_1}{1 + \omega^2 T_1^2}$	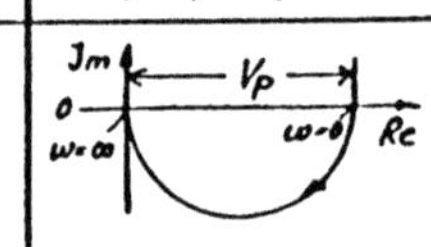
PT_2	$\varphi = -\arctan\frac{2d\omega T_2}{1-\omega^2 T_2^2}$	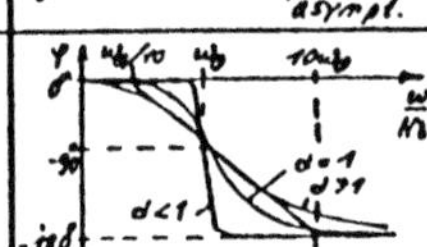	$F_{(j\omega)} = V_P\frac{1-\omega^2 T_2^2 - j2d\omega T_2}{(1-\omega^2 T_2^2)^2 + 4d^2\omega^2 T_2^2}$	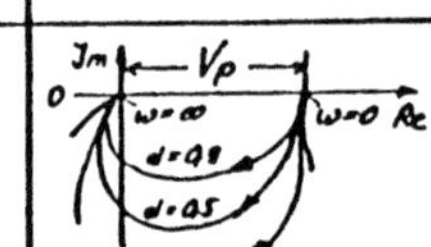
PT_n	$\varphi_{min} = 0^\circ$ $\varphi_{max} = n\cdot(-90^\circ)$	—	n=3 PT_3 $F_{(j\omega)} = V_P\frac{(1-\omega^2 T_2^2) - j(\omega T_1 - \omega^3 T_3^3)}{(1-\omega^2 T_2^2)^2 + (\omega T_1 - \omega^3 T_3^3)^2}$	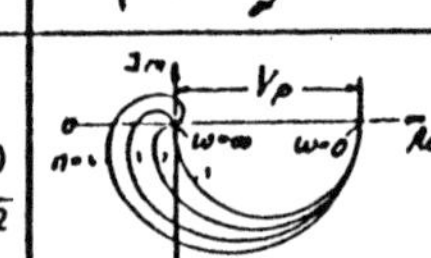
PT_t	$\hat{\varphi} = -\omega T_t$	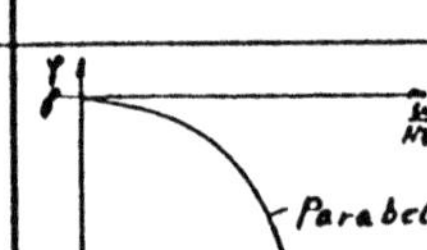	$F_{(j\omega)} = V_P(\cos\omega T_t - j\sin\omega T_t)$ $e^{\mp j\omega T_t} = \cos\omega T_t \mp j\sin\omega T_t$	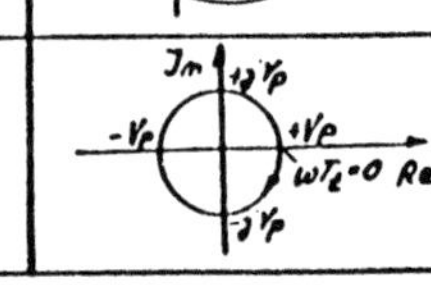

3 Reglereinstellung und Regleroptimierung

Bei der Lösung regeltechnischer Probleme kommt es meist darauf an, für eine gegebene Regelstrecke den optimalen Regler zu entwerfen. Dabei hat die Regelkreisoptimierung grundsätzlich folgende Forderungen zu erfüllen:

1. Der Regelkreis muß stabil sein;
2. Störgrößenänderungen haben nur geringen Einfluß auf die Regelgröße;
3. die Regelgröße folgt nach einem möglichst kurzen Einschwingvorgang mit geringer Überschwingweite genau der Führungsgröße;
4. die Regelung läßt in weiten Grenzen Parameteränderungen zu.

Auf der Suche nach dem jeweils richtigen Kompromiß zwischen idealem und realem Regelkreis sind zahlreiche Entwurfsverfahren entstanden. Speziell für die Optimierung im Zeitbereich sind dabei die Anregelzeit T_{AN} und die Ausregelzeit T_{AUS} ein geeignetes Gütekriterium (**Bild 3.1**).

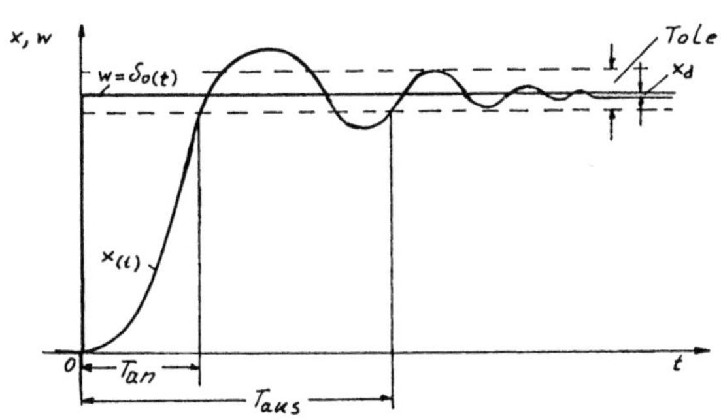

Bild 3.1
Sprungantwort eines Regelkreises zur Definition der An- und Ausregelzeit sowie des Toleranzbereiches

Bei T_{AN} erreicht die Regelgröße x zum erstenmal den vereinbarten Toleranzbereich. Nach der Zeit T_{AUS} verläßt die Regelgröße den Toleranzbereich nicht mehr. Beide Zeiten werden im Programmteil ZEITVERLÄUFE in der Bildschirmgraphik angezeigt.

3.1 Praktischer Reglerentwurf

Die in Bild 3.1 dargestellte Sprungantwort war auch Grundlage der von *Ziegler* und *Nichols* /9/ angegebenen Reglereinstellwerte. Dabei werden Verstärkung und Zeitkonstanten des zu entwerfenden Reglers auf die kritische Verstärkung V_{RKr} und die kritische Zeitkonstante T_{Kr} zurückgeführt. Beide kritischen Größen werden wie folgt ermittelt.

Die vorliegende Regelstrecke wird mit einem P-Regler durch Erhöhen der Reglerverstärkung an die Stabilitätsgrenze gebracht. Die Zeitkonstante der dann von der Regelgröße ausgeführten Dauerschwingungen ist T_{Kr}, und die eingestellte Reglerverstärkung ist dann V_{RKr}. Nun lauten die Kenngrößen des zu entwerfenden Reglers:

P-Regler $V_R = 0{,}5 * V_{RKr}$

PI-Regler $V_R = 0{,}45 * V_{RKr}$
$T_N = 0{,}83 * T_{Kr}$

PID-Regler $V_R = 0{,}6 * V_{RKr}$
$T_N = 0{,}5 * T_{Kr}$
$T_V = 0{,}125 * T_{Kr}$

Diese Reglerkenngrößen werden als Optimierungshinweise in der Graphik des Programmteils ZEITVERLÄUFE angegeben. Die rechnerische Bestimmung von V_{RKr} und T_{Kr} erfolgt mit Hilfe des Stabilitätskriteriums nach Nyquist und wird in Abschnitt 4.2.3 erläutert.

Welchen Einfluß die Wahl des Reglers auf das Übertragungsverhalten der Regelung haben kann, soll an einer Regelstrecke 3. Ordnung gezeigt werden. In **Bild 3.2** sind die Sprungantworten für verschiedene Regler gezeichnet.

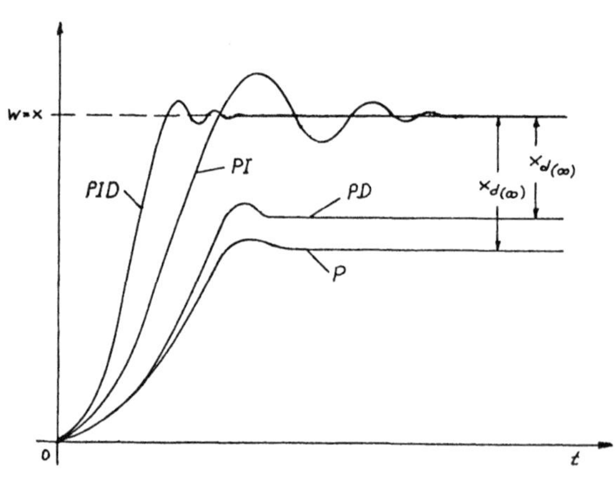

Bild 3.2
Führungs-Sprungantworten einer Regelstrecke höherer Ordnung (ohne Integralanteil) mit verschiedenen Reglern

Es zeigt sich, daß beim P- und PD-Regler eine bleibende und sicher unerwünschte Regeldifferenz x_d entsteht. Erst wenn die Regelung einen Integralanteil enthält, hier durch die Nachstellzeit T_N des Reglers realisiert, wird die Regeldifferenz null. x_d wird quasi "wegintegriert".

Die beste Dynamik weist der PID-Regler auf, der zusätzlich zum Integral- noch den Differentialanteil mit der Vorhaltzeit T_V enthält. In der analogtechnischen Praxis kommt dem PI-Regler wohl die größte Bedeutung zu, weil mit geringerem Schaltungsaufwand ähnlich gute Ergebnisse erreichbar sind wie mit dem PID-Regler.

4 Das Programmpaket SIMLER-PC

SIMLER-PC ist ein interaktives Programmpaket zur Simulation linearer, einschleifiger Regelkreise mit Personal-Computer im Zeit- und Frequenzbereich. Für feste Kombinationen aus Regler und Strecke lassen sich die optimalen Reglerparameter entwerfen bzw. eine Regelung auf Stabilität untersuchen. Hilfsmittel für die Regelkreisoptimierung oder -simulation sind das Bode- und Nyquist-Diagramm sowie der Programmteil ZEITVERLÄUFE.

Nach dem "Booten" des Rechners und einer eventuellen Datum- und Zeiteingabe läßt sich das Programm mit dem Namen SIMLERPC starten. Danach wird der Anwender mit einer komfortablen Menüsteuerung durch das Programm geführt. Der gesamte Programmablauf ist in **Tabelle 4.1** veranschaulicht.

Tabelle 4.1 Flußdiagramm des Programmpakets SIMLER-PC

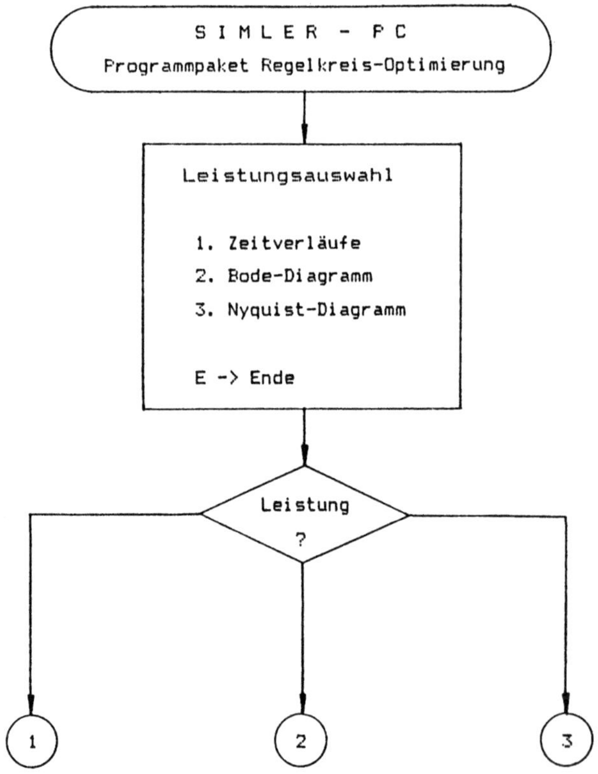

Fortsetzung Tabelle 4.1

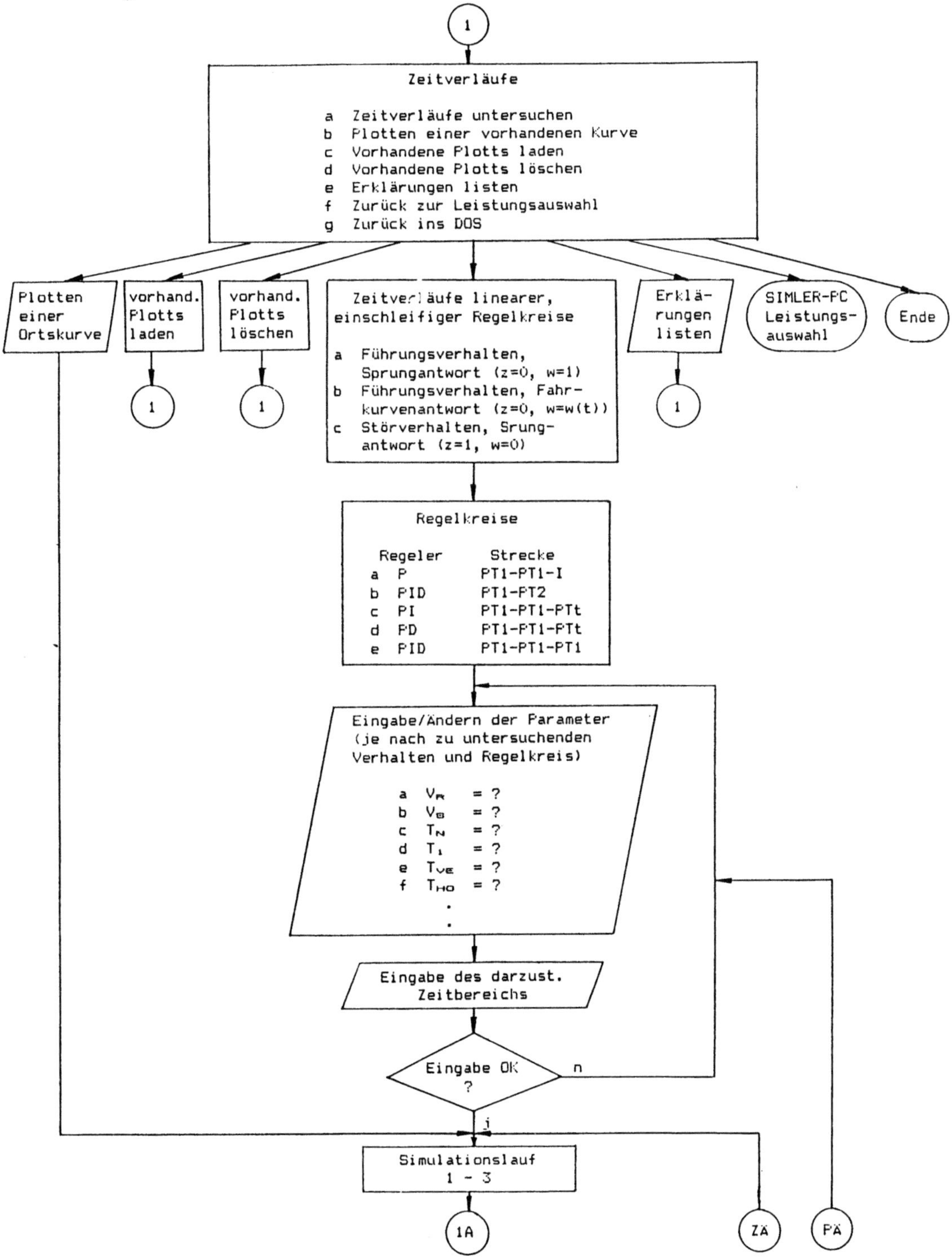

Fortsetzung Tabelle 4.1

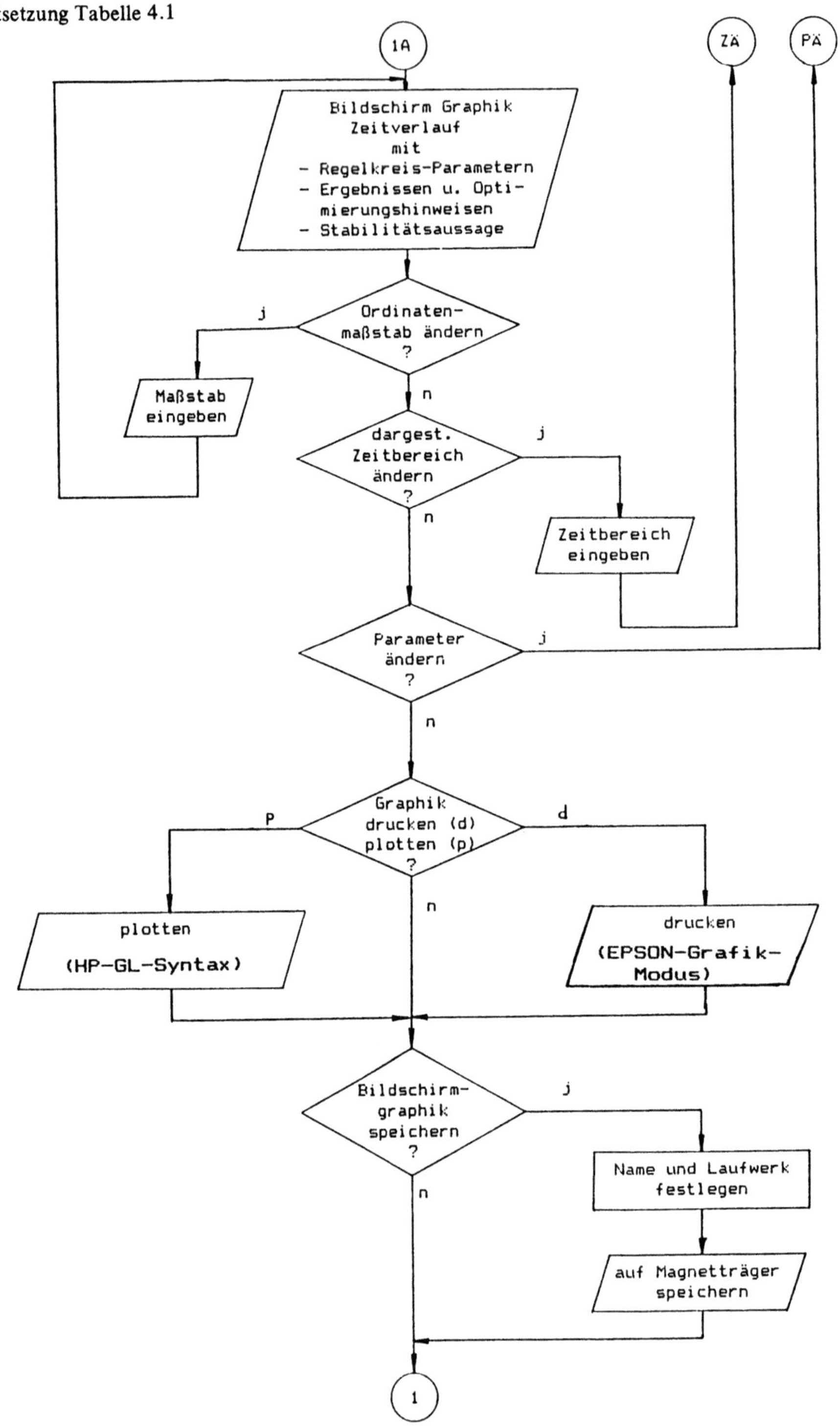

Fortsetzung Tabelle 4.1

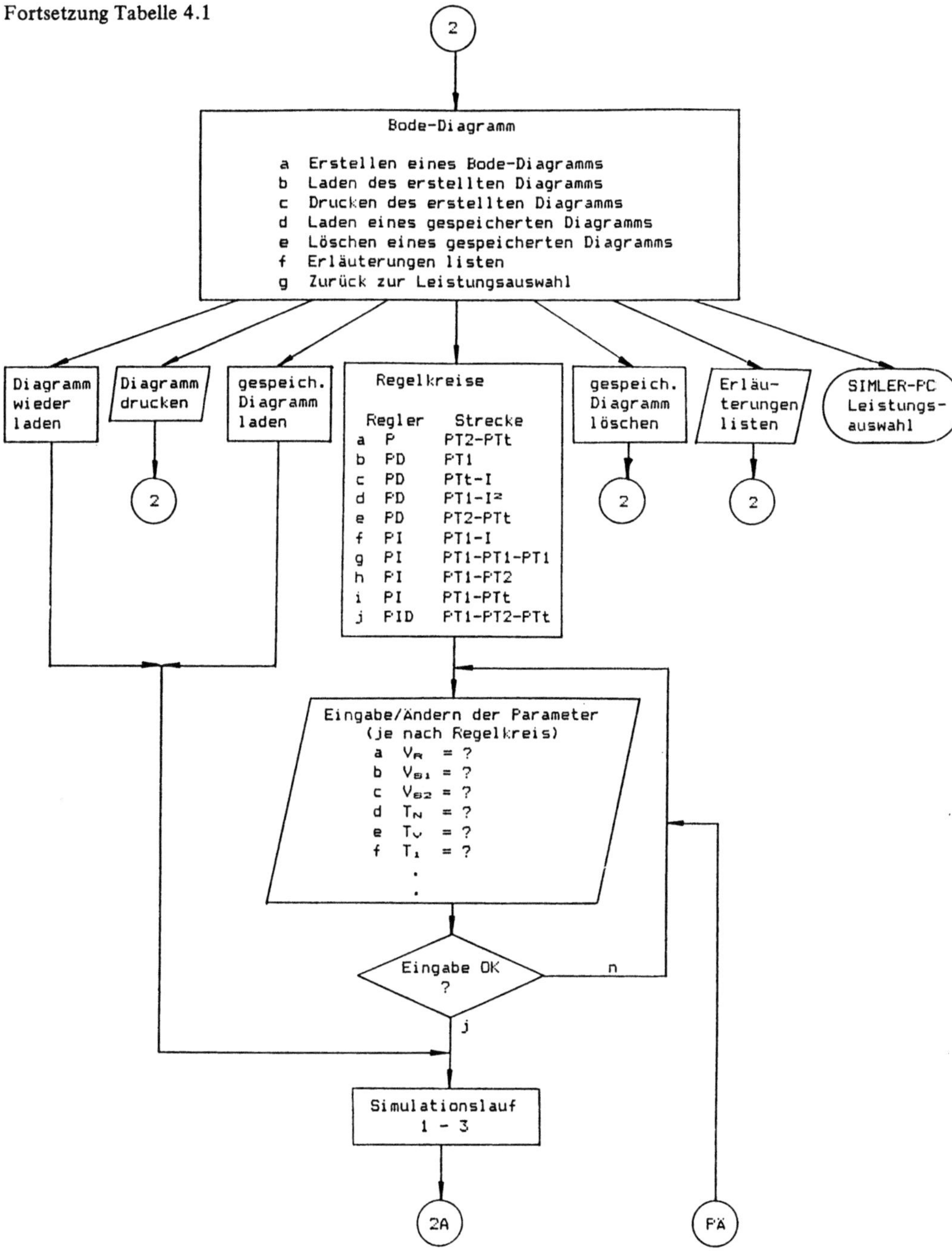

Fortsetzung Tabelle 4.1

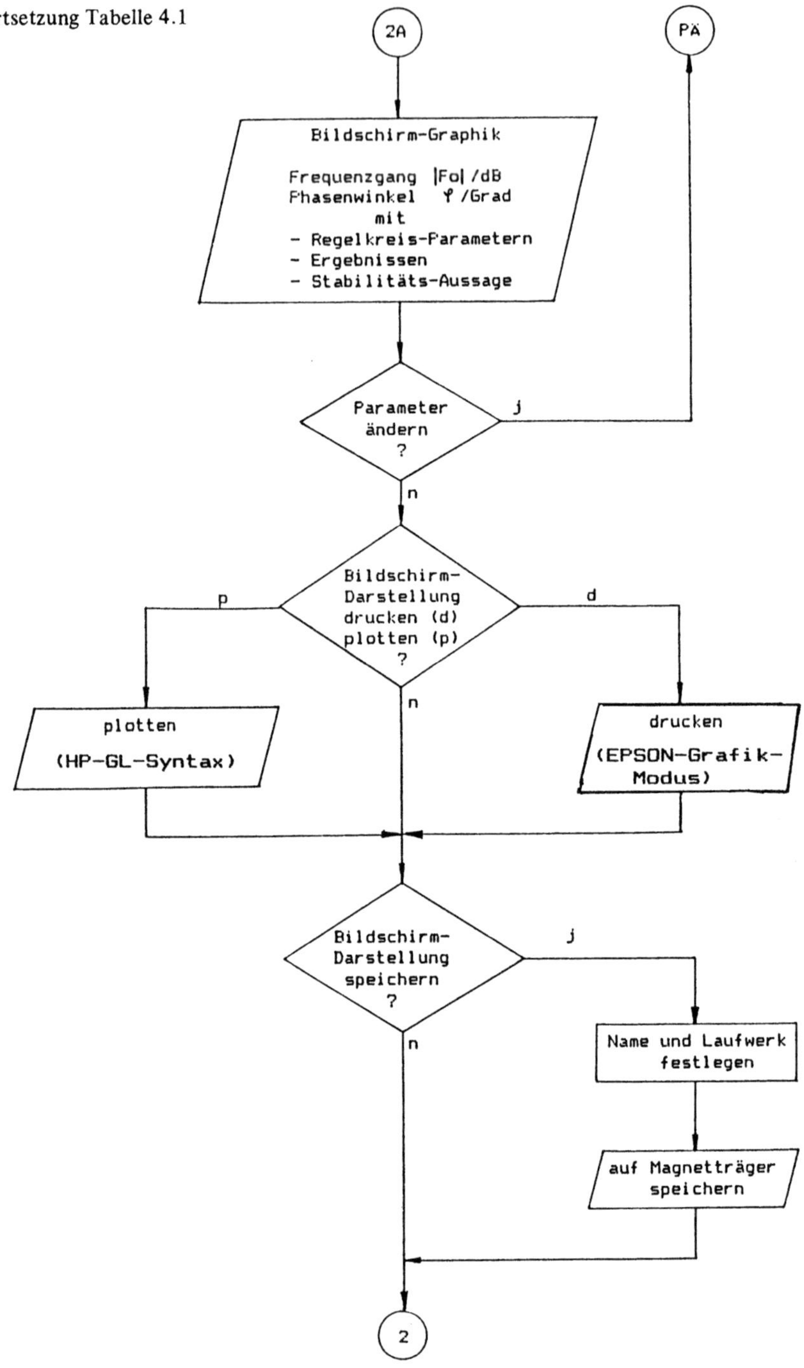

Fortsetzung Tabelle 4.1

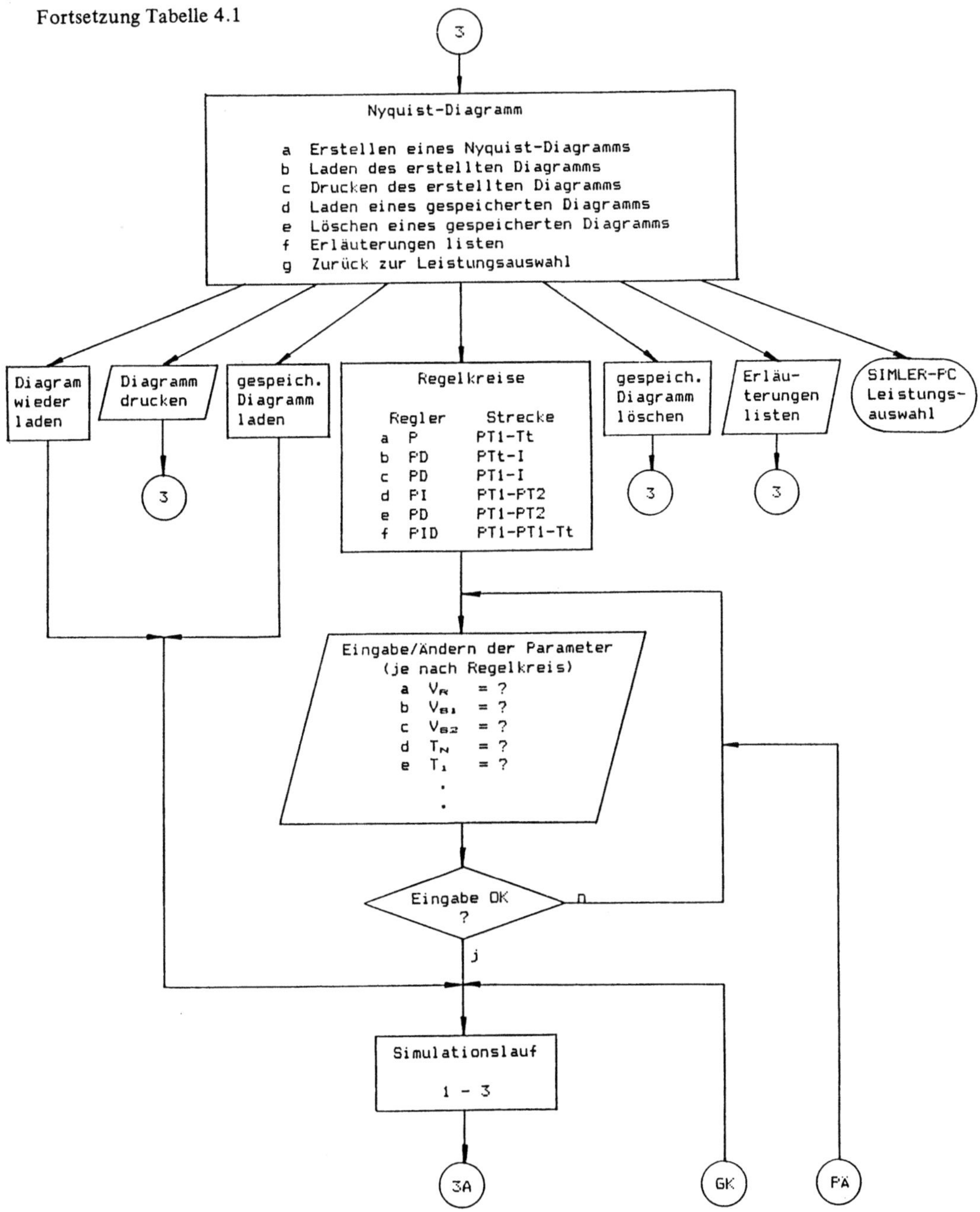

Fortsetzung Tabelle 4.1

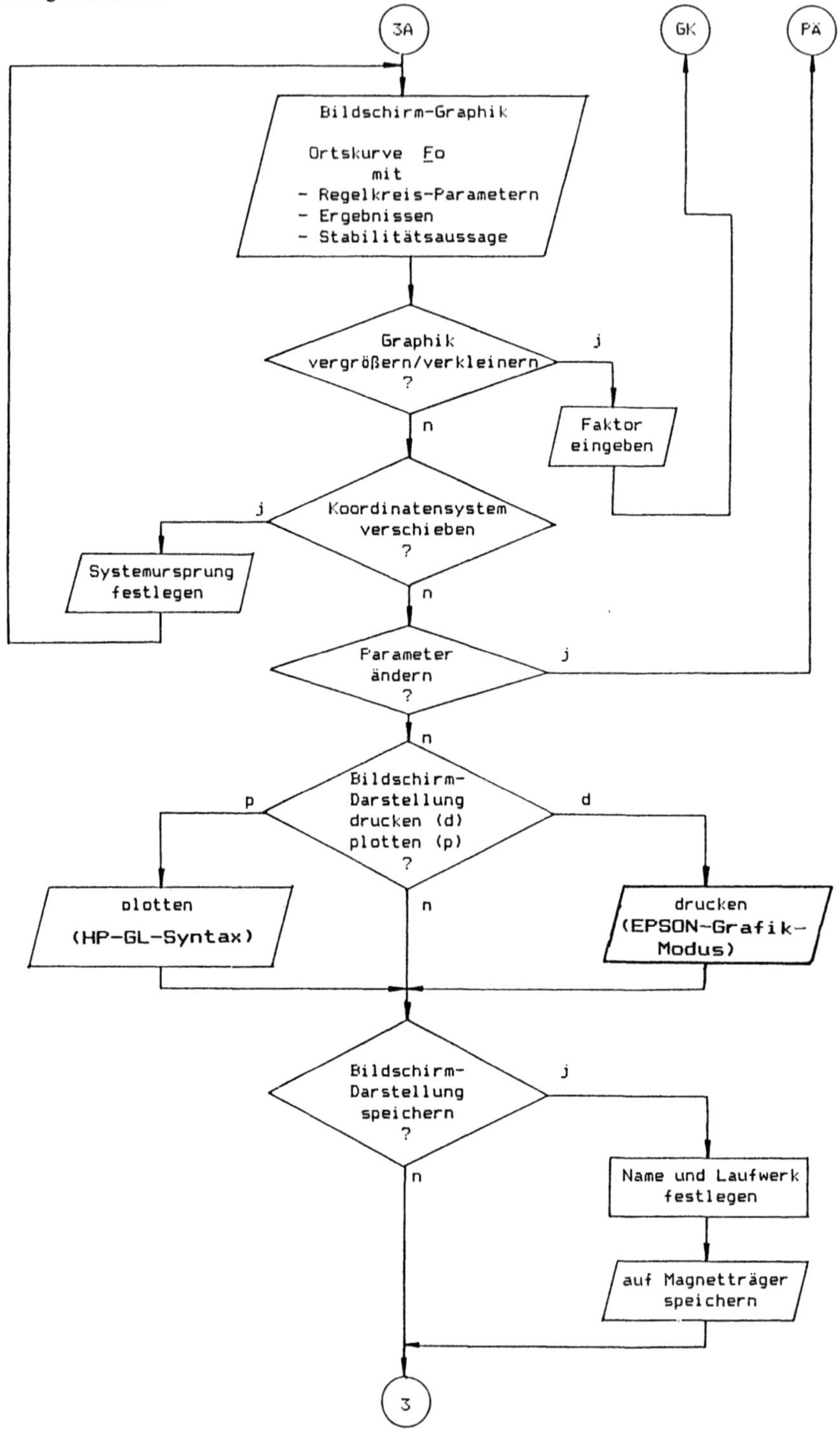

Am Ende eines jeden Simulationslaufs werden in die unterste Bildschirmzeile verschiedene Dialoginkremente eingeblendet, die der Anwender mit "Ja" oder "Nein" beantworten muß. Auf diese Weise können Maßstabänderungen, Koordinatenverschiebungen, Parameteränderungen, Drucker-, Plotter- und Speicheranweisungen realisiert werden. Danach erfolgt der Rücksprung in das Hauptmenü des jeweils gewählten Simulationsprogramms, um eine nächste Graphik zu erstellen oder die Simulation zu beenden.

4.1 Menü-Steuerung

Das Organisationsprogramm MAIN, welches als *Batch-File* angelegt ist, verwaltet SIMLER-PC. Hier werden die für die Programmanwendung notwendigen übergeordneten Menüs bereitgestellt (**Bild 4.1**) und die Zeichensätze sowie Druckeranweisungen realisiert.

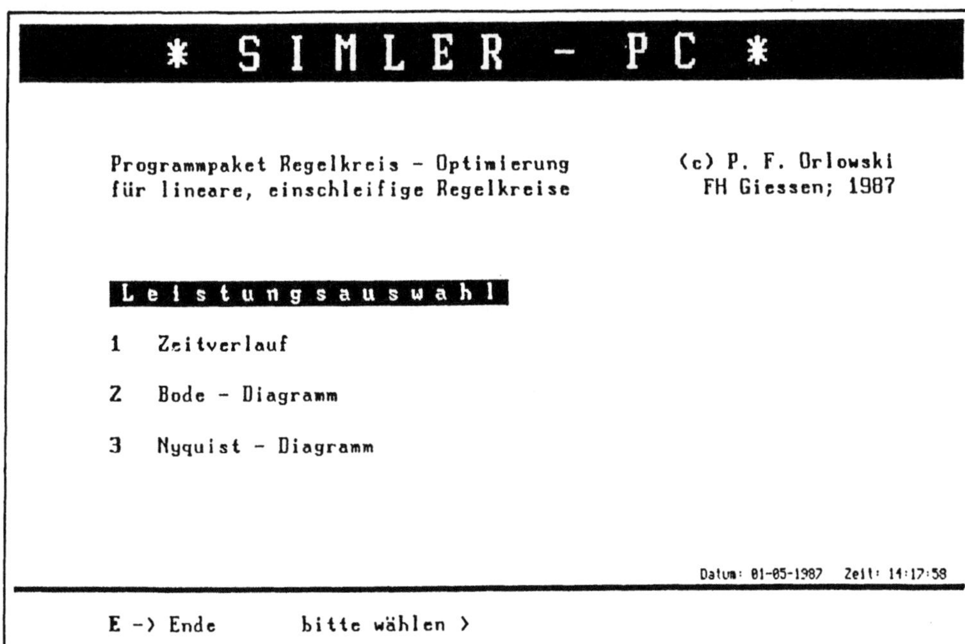

Bild 4.1 Start-Menü des Programmpakets SIMLER-PC

In Abhängigkeit von der vom Anwender gewählten "Leistung" aktiviert MAIN das entsprechende Simulationsprogramm, also ZEITVERLAUF, BODE-DIAGRAMM oder NYQUIST-DIAGRAMM.

Aus Gründen der Übersichtlichkeit sind in der Graphik (Bildschirm, Drucker oder Plotter) maximal drei Simulationsläufe nebeneinander dargestellt. Ihre Anzahl ist allerdings nicht begrenzt. Falls der Anwender nämlich nach drei Simulationsläufen noch kein befriedigendes Ergebnis erzielt hat, überschreibt der jeweils letzte den zuvor gemachten Versuch. Die beiden ersten Simulationsläufe bleiben erhalten.

4.1.1 Bode-Diagramm

Mit dem ersten Menü (Hauptmenü) dieses Programmteils lassen sich neue Bode-Diagramme erstellen, bereits entworfene speichern, löschen, drucken oder auf den Bildschirm zurückrufen (**Bild 4.2**). Zusätzlich lassen sich Erläuterungen listen, die Hinweise über das "Programm-Handling", die Grenzen der Berechnung sowie regeltechnische Anweisungen enthalten.

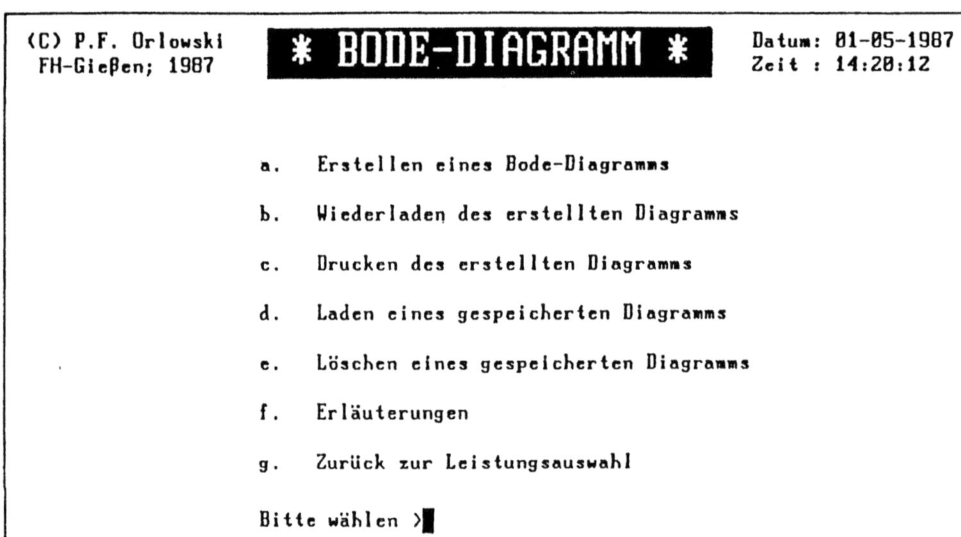

Bild 4.2 Haupt-Menü des Programmteils Bode-Diagramm

Beispielsweise ist wegen der freien Wahl der Parameter darauf zu achten, daß bei einem PID-Regler die Bedingung gilt: $T_N >> T_V$. Nach dem Ende der Simulation erfolgt der Rücksprung in das Hauptmenü und von hier auch wahlweise in die Leistungsauswahl.

Wählt der Anwender "a", erscheint das nächste Menü mit einer Liste der möglichen Regelkreisvarianten (**Bild 4.3**). Die Anzahl der möglichen Regelkreisvarianten läßt sich erheblich erhöhen, wenn man im gewünschten Fall Regelkreisparameter null oder 1e30 (gegen unendlich) setzt. So wird aus einem PID-Regler für T_N = 1e30 ein PD-Regler.

```
(C) P.F. Orlowski       * BODE-DIAGRAMM *       Datum: 01-05-1987
FH-Gießen; 1987                                 Zeit : 14:20:12

                REGLER + STRECKEN - KOMBINATION

                a.   P   - PT2 - PTt
                b.   PD  - PT1
                c.   PD  - PTt - I
                d.   PD  - PT1 - I^2
                e.   PD  - PT2 - PTt
                f.   PI  - PT1 - I
                g.   PI  - PT1 - PT1 -PT1
                h.   PI  - PT1 - PT2
                i.   PI  - PT1 - PTt
                j.   PID - PT1 - PT2 - PTt

                Bitte wählen >
```

Bild 4.3 Menü mit der Auswahl der Regler-Strecken-Kombinationen für das Bode-Diagramm

Wählt man nun beispielsweise "j", kommt das nächste Menü mit den einzugebenden Parametern der Regelung aus PID-Regler und PT_1-PT_2-PT_t-Strecke. In **Bild 4.4** sind dazu einige Werte eingegeben worden. Wegen des logarithmischen Maßstabs im Bode-Diagramm ist unter "k" die Kreisfrequenz ω_{MIN} anzugeben, bei der die Abszisse beginnen soll. Der Wert null ist nicht erlaubt, da $\lg 0 = -\infty$ ist.

Hinweise für die sinnvolle Vorgabe von ω_{MIN} sind in den Erläuterungen des Bode-Haupt-Menüs enthalten. Sie besagen, daß man zur Darstellung des interessanten Bereichs im Bode-Diagramm für ω_{MIN} ansetzt:

$$\omega_{MIN} \approx 0{,}1 / T_{MAX}$$

Darin ist T_{MAX} die größte Regelkreiszeitkonstante.

```
Parametereingabe für PID - PT1 - PT2 - PTt

a.  Reglerverstärkung    Vr   =? 2
b.  Streckenverst.       Vst1=? 1
c.  Streckenverst.       Vst2=? 1
d.  Streckenverst.       Vstt=? 1.2
e.  Nachstellzeit        Tn/s=? 0.2
f.  Vorhaltezeit         Tv/s=? 0.015
g.  Verzögerungszeit     T1/s=? 0.15
h.  Verzögerungszeit     T2/s=? 0.04
i.  Dämpfung             d   =? 0.4
j.  Totzeit              Tt/s=? 0.02
k.  Kreisfrequenz  w min/Hz =? 1

Sind die Eingaben OK (J/N) ?
```

Bild 4.4 Parameter-Liste einer Regelung aus PID-Regler und einer totzeitbehafteten Regelstrecke dritter Ordnung

Wenn alle Werte mit "Ja" bestätigt sind, beginnt der erste Simulationslauf. Nach etwa 5 s erscheint dann die Bildschirmgraphik mit folgenden Angaben:

- Datum und Zeit
- gewählte Regler-Strecken-Kombination
- eingegebene Regelkreisparameter für maximal drei Simulationen
- Stabilitätsaussage (Ergebnisse) mit der
  Durchtrittsfrequenz ω_D,
  Amplitudenreserve A_R,
  Phasenreserve α_R und der Angabe Regelung "stabil" bzw. "instabil"
- maximal drei Bode-Diagramme über vier Dekaden der Frequenz ω dargestellt

Verschiedene Beispiele aus der Praxis sind in Abschnitt 6.1 beschrieben.

4.1.2 Nyquist-Diagramm

Mit dem Hauptmenü dieses Programmparts (**Bild 4.5**) lassen sich neue Nyquist-Diagramme (Ortskurven) entwerfen, bereits vorhandene Diagramme speichern, löschen, drucken oder auf den Bildschirm zurückrufen. Wie beim Bode-Diagramm kann auch hier eine Kurzbeschreibung abgerufen werden. Der Rücksprung in die LEISTUNGSAUSWAHL ist ebenfalls möglich. Wählt der Anwender "a", folgt das Menü mit den möglichen Regler-Strecken-Kombinationen (**Bild 4.6**).

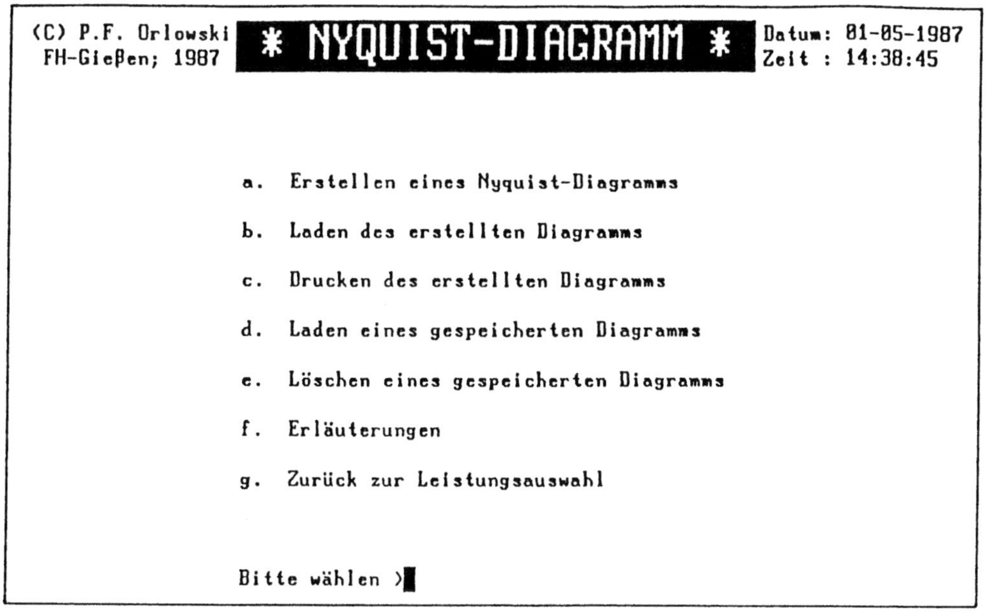

Bild 4.5 Haupt-Menü des Programmteils Nyquist-Diagramm

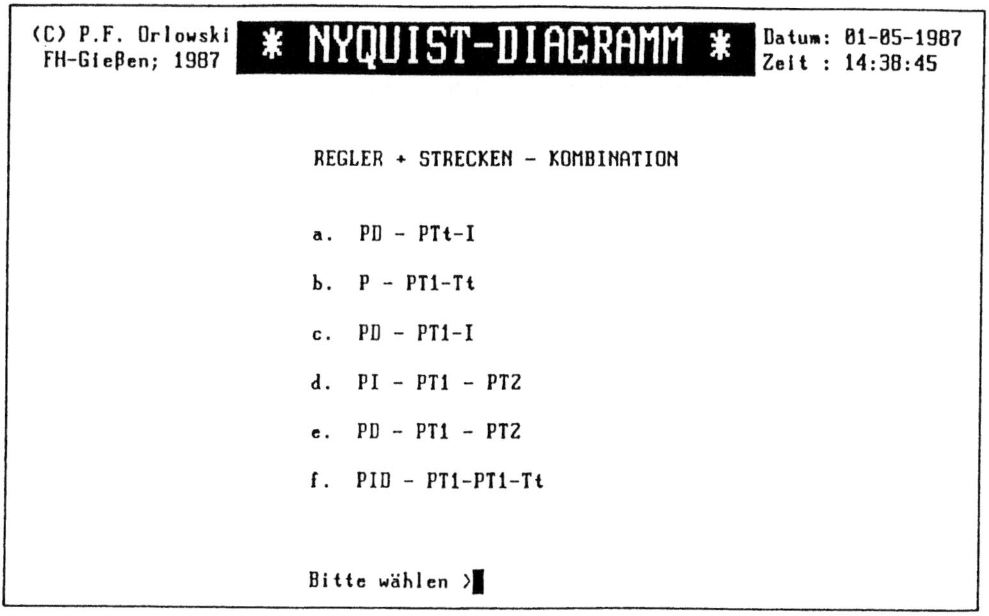

Bild 4.6 Menü mit der Auswahl der Regler-Strecken-Kombinationen für das Nyquist-Diagramm

In Analogie zum Bode-Diagramm kann auch hier die Zahl der Regelkreisvarianten durch eine geschickte Wahl der Parameter vergrößert werden. Beispielsweise wird aus der unter dem Kennbuchstaben "e" angegebenen Regelung für $T_V = 0$ eine Regelung aus P-Regler und PT_1-PT_2-Strecke. In **Bild 4.7** wurde "e" gedrückt, jedoch ohne einen Parameter null zu setzen.

```
Parametereingabe für  PD - PT1 - PT2

a.  Reglerverstärkung      Vr  =? 7.5

b.  Streckenverst.         Vst1=? 1

c.  Streckenverst.         Vst2=? 1.5

d.  Vorhaltezeit           Tv/s=? 0.1

e.  Verzögerungszeit       T1/s=? 0.25

f.  Verzögerungszeit       T2/s=? 0.04

g.  Dämpfung               d   =? 0.4


Sind die Eingaben OK (J/N)?
```

Bild 4.7 Parameter-Liste einer Regelung aus PD-Regler und einer Strecke dritter Ordnung

Falls einer der eingegebenen Parameter nicht stimmt, fragt der Rechner nach dem Kennbuchstaben (a.-g.) in der Parameterliste. Schließlich erfolgt nach der Eingabe "Ja" der erste Simulationslauf.

Nach maximal einer Minute kommt dann die Bildschirmgraphik mit den Angaben:

- Datum und Zeit
- gewählte Regler-Strecken-Kombination
- komplexe Gleichung von $\underline{F}_0$, aufgeteilt in Real- und Imaginärteil
- eingegebene Regelkreisparameter für maximal drei Simulationen
- Stabilitätsaussage (Ergebnisse) mit der
  kritischen Frequenz ω_Z,
  Durchtrittsfrequenz ω_D,
  Amplitudenreserve A_R,
  Phasenreserve α_R und der Angabe Regelung "stabil" bzw. "instabil"
- Re $\underline{F}_0(\omega = 0)$ und Im $\underline{F}_0$ $(\omega = 0)$
- maximal drei Ortskurven mit veränderlichem Maßstab und Koordinaten-Schnittpunkt

Einige praxisbezogene Beispiele sind in Abschnitt 6.2. angegeben.

Bekanntermaßen beginnen alle Ortskurven bei der Frequenz $\omega = 0$. Es kann jedoch geschehen, daß infolge der gewählten Parameter der "Ortskurven-Anfang" nicht in dem zur Verfügung stehenden Bildschirmfenster liegt. Damit der Anwender in jedem Falle sieht, woher die Ortskurve kommt, ist die Angabe von Real- und Imaginärteil des dargestellten Frequenzgangs $\underline{F}_0$ an der Stelle $\omega = 0$ sinnvoll.

Ist der vollständige Verlauf der Ortskurve gewünscht, kann dies durch eine Maßstabsänderung und/oder Koordinatenverschiebung erreicht werden. Die Frage nach derartigen Änderungen wird in die unterste Bildschirmzeile eingeblendet.

Die Zahl der zu berechnenden Kurvenpunkte wird durch eine Vorabberechnung auf die im verfügbaren Bildschirmfenster darzustellenden Punkte begrenzt. Der Rechner speichert nur Werte (Re, Im, laufendes ω), die folgender Bedingung genügen:

$$\frac{|\underline{F}_0| - 10}{\text{Maßstabfaktor}} \leqq 0 \qquad (11)$$

Während der Simulationslauf bei einer Maßstabsänderung wiederholt wird, erfordert eine Koordinatenverschiebung keine Neuberechnung.

4.1.3 Zeitverläufe

Das Hauptmenü für ZEITVERLÄUFE (**Bild 4.8**) erlaubt die Darstellung des zeitlichen Verlaufs der Regelgröße x bei Vorgabe verschiedenster Führungsgrößen-Funk-

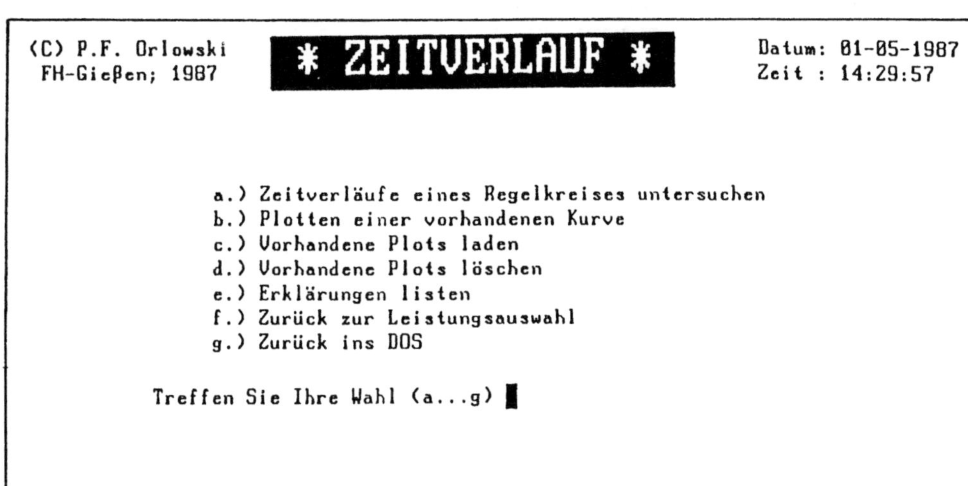

Bild 4.8 Haupt-Menü des Programmteils Zeitverläufe

tionen und Störgrößen. Für den mit der Regeltechnik noch nicht so sehr vertrauten Anwender ist dieser Programmpart besonders interessant. Hier können analogtechnische oder quasi analogtechnische Regelkreise *on-line* simuliert und optimiert werden.

Wird die Leistung "a" gewählt, folgt ein Menü für die Unterscheidung in Führungs- und Störverhalten der zu untersuchenden Regelung (**Bild 4.9**).

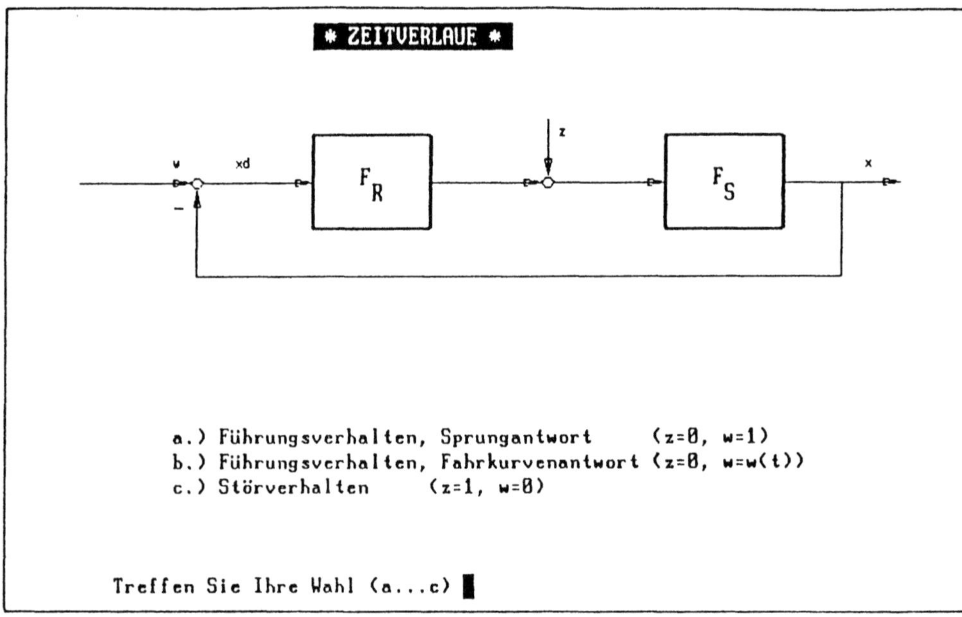

Bild 4.9 Menü zur Auswahl der gewünschten Sollwertfunktion

Die eingeblendete Graphik eines linearen Regelkreises zeigt, an welcher Stelle in diesem Programm die Störgröße z greift.

Im schulischen Bereich, aber auch bei der industriellen Inbetriebnahme von Regelkreisen wird das Übertragungsverhalten mit festgelegten Sollwertfunktionen optimiert. Dabei benutzt man häufig die sog. Einheitssprungfunktionen $\delta_0(t)$ zur Betrachtung des Führungs- und Störverhaltens.

Die Einheitssprungfunktion entspricht jedoch nicht immer der tatsächlichen in einer Anlage realisierten Sollwertvorgabe. Gerade bei Förderantrieben, Schienenfahrzeugen und Walzwerken muß der Sollwert (Führungsgröße w) in Form einer Fahrkurve vorgegeben werden. **Bild 4.10** zeigt den möglichen Verlauf einer Fahrkurvenantwort.

Nur so können beispielsweise Seilschwingungen, Momentstöße und Anfahrschwingungen vermieden und der Fahrkomfort erhöht werden /13/. Das Übertragungsverhalten von Regelkreisen bei Vorgabe einer Fahrkurve soll daher in Abschnitt 6.3 besonders untersucht werden. Dabei läßt sich die gewünschte Regelung sowohl auf Regler- als auch Fahrkurvenparameter optimieren.

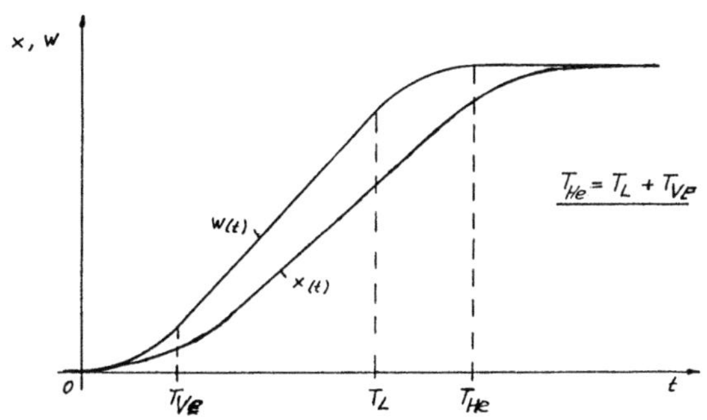

Bild 4.10
Definition einer Fahrkurve

Vorteil der Fahrkurvenfunktion w(t) ist ihr stetiger Verlauf. Stückweise zusammengesetzt aus Parabel- und Geradenfunktionen stellt sie ein universelles Mittel zur Regelkreisuntersuchung dar. Es ist:

$$w(t) = \left.\frac{w\,t^2}{2T_L\,T_{VE}}\right|_0^{T_{VE}} + \left.\frac{w}{T_L}(t - T_{VE})\right|_{T_{VE}}^{T_L} + \left.\frac{w\,T_{VE}}{2T_L}\left[1 - \frac{(t - T_{HE})^2}{T_{VE}^2}\right]\right|_{T_L}^{T_{HE}} \qquad (12)$$

Ein Abfallprodukt der Fahrkurve ergibt sich, setzt man die Verschliffzeit $T_{VE} = 0$. Dann liegt eine Rampenfunktion mit der Begrenzung auf den Sollwert w vor.

Nach der Wahl des Übertragungsverhaltens des Menüs Bild 4.9 (z.B. "b") folgt die Liste der Regler-Strecken-Kombinationen (**Bild 4.11**). Auch hier kommt man durch die geschickte Wahl der Parameter auf eine große Anzahl von Regelkreisvarianten.

Wählt man die Leistung "e", erscheint die Parameterliste der entsprechenden Regelung (**Bild 4.12**). Es sind dann die Regelkreis- und Fahrkurvenparameter einzugeben.

```
* Regler - Strecken - Kombination *

a.) P   -  PT1 - PT1 - I
b.) PID -  PT1 - PT2
c.) PI  -  PT1 - PT1 - PTt
d.) PD  -  PT1 - PT1 - PTt
e.) PID -  PT1 - PT1 - PT1

Treffen Sie Ihre Wahl (a...e)
```

Bild 4.11 Menü mit der Auswahl der Regler-Strecken-Kombinationen für Zeitverläufe

```
Parametereingabe für PID -  PT1 - PT1 - PT1

Reglerverstärkung      Vr        = 3
Streckenverstärkung    Vs1       = 1.1
Streckenverstärkung    Vs2       = 1.2
Streckenverstärkung    Vs3       = 1
Verzögerungszeit       T1/sec    = 0.8
Verzögerungszeit       T2/sec    = 0.12
Verzögerungszeit       T3/sec    = 0.04
Nachstellzeit          Tn/sec    = 0.15
Vorhaltezeit           Tv/sec    = 0.015

Verschliffzeit         Tve/sec = 0.5
Hochlaufzeit           The/sec = 2

Darzustellender Zeitbereich in sec = 7.5

Werte in Ordnung (J/N) ?
```

Bild 4.12 Parameter-Liste einer Regelung aus PID-Regler und einer Strecke dritter Ordnung

Regeltechnisch sinnvoll sind Fahrkurven, bei denen die Hochlauf- und Verschliffzeit in dem Zusammenhang $T_{HE} \approx 10 * T_{VE}$ stehen. Die Vorgabe des darzustellenden Zeitbereichs ist abhängig von der Hochlaufzeit. Es ist angebracht, für den Zeitbereich ca. den zwei- bis dreifachen Wert der Hochlaufzeit anzugeben. Sind die eingelesenen Werte in Ordnung, folgt der erste Simulationslauf. Nach ca. 1 min wird die Bildschirmgraphik aufgebaut mit:

- Datum und Zeit
- gewähltes Übertragungsverhalten
- gewählte Regler-Strecken-Kombination
- eingegebene Regelkreis- und Fahrkurvenparameter für maximal drei Simulationen
- Stabilitätsaussage mit der Durchtrittsfrequenz ω_D, Phasenreserve α_R und der Angabe Regelung "stabil" oder "instabil"
- der vereinbarte Toleranzbereich von $\pm$ 2 %
- die bleibende Regeldifferenz $x_d(\infty)$
- die An- und Ausregelzeit (T_{AN}, T_{AUS})
- optimale Reglereinstellwerte nach *Ziegler* und *Nichols*
- optimale Fahrkurvenwerte nach *Orlowski*
- maximal drei Zeitverläufe mit veränderlichem Zeit- und Ordinatenmaßstab

Die Auflösung der Graphik kann mit Hilfe einer Koordinatenänderung den Wünschen des Anwenders angepaßt werden. Bei Vergrößerung/Verkleinerung des Ordinatenmaßstabs ist ein Maßstabfaktor von maximal 100 möglich. Eine Neuberechnung der Zeitverläufe ist dann nicht erforderlich.

Wird dagegen ein Zeitmaßstab verändert, erfolgt eine Neuberechnung der Graphik, damit die Darstellung der Zeitverläufe keine Verfälschung erfahren. Daher erfolgt in der Parameterliste nach jedem Rechnerlauf die Abfrage des Zeitmaßstabs.

Zahlreiche Beispiele zur Darstellung des Einflusses der Regler- und Fahrkurvenparameter bei Führungs- und Störverhalten auf verschiedene Regelkreise sind in Abschnitt 6.3 aufgezeigt.

4.2 Berechnungen

Die Berechnung der Stabilitätsaussage wird mit den Gleichungen (1) bis (10) realisiert. Bei der Bestimmung der Stabilitätsaussage kann es vorkommen, daß die Amplitudenreserve $A_R = 1{,}0$ ist und die Phasenreserve zwischen $0^\circ < \alpha_R < 1^\circ$ liegt. Eine Regelung, die der Stabilitätsgrenze so nahe kommt, kann man nicht mehr als stabil bezeichnen. Es erfolgt in diesen Fällen die Angabe "Stab.-G."

Die Genauigkeit der berechneten Werte und Kurvenverläufe beträgt ca. 0,01 %.

4.2.1 Bode-Diagramm

Der Frequenzgangbetrag beim Bode-Diagramm muß im dekadischen Logarithmus durchgeführt werden. BASIC liefert lediglich den natürlichen Logarithmus eines Numerus x. Daher sind die Frequenzgang-Gleichungen mit der Eulerschen Zahl e zu erweitern (lg x = ln x * lg e).

Die Berechnung von $|\underline{F}_0|$ und Phasenwinkel φ_0 in Abhängigkeit von der Frequenz ω ist in den Programmzeilen 32500-36000 enthalten. Beginnend mit dem gewählten Wert ω_{MIN} werden die Werte über vier Frequenz-Dekaden berechnet (siehe auch Programmzeilen 29400-29500).

```
32450 '-------------------------------------------------------------------
32500 ' F O R M E L N   Regler-Strecken
32550 '-------------------------------------------------------------------
32600 '* * PD - PT1 * *
32650 VR=PAR(1,DU):VS=PAR(2,DU):T1=PAR(3,DU):TV=PAR(4,DU)
32700 VO=VR*VS
32750 GOSUB 36100
32800 FO(WI,DU)=20*LOG(VO*SQR((1+W^2*TV^2)/(1+W^2*T1^2)))*KL
32850 PHI(WI,DU)=(ATN(W*TV)-ATN(W*T1))*KDEG:RETURN
32900 '* * PI - PT1 - I * *
32950 VR=PAR(1,DU):VS=PAR(2,DU):TN=PAR(3,DU):T1=PAR(4,DU):TI=PAR(5,DU)
33000 VO=VR*VS
33050 GOSUB 36100
33100 FO(WI,DU)=20*LOG(VO/(W*TI)*SQR((1+1/(W^2*TN^2))/(1+W^2*T1^2)))*KL
33150 PHI(WI,DU)=(-ATN(1/(W*TN))-ATN(W*T1))*KDEG-90:RETURN
33200 '* * PD - PTt - I * *
33250 VR=PAR(1,DU):VS=PAR(2,DU):TV=PAR(3,DU):TI=PAR(4,DU):TT=PAR(5,DU)
33300 VO=VR*VS
33350 GOSUB 36100
33400 FO(WI,DU)=20*LOG(VO/(W*TI)*SQR(1+W^2*TV^2))*KL
33450 PHI(WI,DU)=(+ATN(W*TV)-W*TT)*KDEG-90:RETURN
33500 '* * PI - PT1 - PT1 - PT1 * *
33550 VR=PAR(1,DU):VST1=PAR(2,DU):VST2=PAR(3,DU):VST3=PAR(4,DU):TN=PAR(5,DU):T1=
PAR(6,DU):T2=PAR(7,DU):T3=PAR(8,DU)
33600 VO=VR*VST1*VST2*VST3
33650 GOSUB 36100
33700 FO(WI,DU)=20*LOG(VO*SQR((1+1/(W^2*TN^2))/((1+W^2*T1^2)*(1+W^2*T2^2)*(1+W^2
*T3^2))))*KL
33750 PHI(WI,DU)=(-ATN(1/(W*TN))-ATN(W*T1)-ATN(W*T2)-ATN(W*T3))*KDEG:RETURN
33800 '* * PD - PT2 - PTt * *
33850 VR=PAR(1,DU):VST2=PAR(2,DU):VSTT=PAR(3,DU):TV=PAR(4,DU):T2=PAR(5,DU):D9=PA
R(6,DU):TT=PAR(7,DU)
33900 VO=VR*VST2*VSTT
33950 GOSUB 36100
34000 FO(WI,DU)=20*LOG(VO*SQR((1+(W^2*TV^2))/((1-W^2*T2^2)^2+(4*D9^2*W^2*T2^2)))
)*KL
34050 GOSUB 35950:PHI=-ATN((2*D9*W*T2)/PHIDIV)
34100 IF PHI > 0 THEN PHI=PHI-PI
34150 PHI(WI,DU)=(ATN(W*TV)+PHI-W*TT)*KDEG:RETURN
34200 '* * PID - PT1 - PT2 - PTt * *
34250 VR=PAR(1,DU):VST1=PAR(2,DU):VST2=PAR(3,DU):VSTT=PAR(4,DU):TN=PAR(5,DU):TV=
PAR(6,DU):T1=PAR(7,DU):T2=PAR(8,DU):D9=PAR(9,DU):TT=PAR(10,DU)
34300 VO=VR*VST1*VST2*VSTT
34350 GOSUB 36100
34400 FO(WI,DU)=20*LOG(VO*SQR((1+(W*TV-1/(W*TN))^2)/((1+W^2*T1^2)*((1-W^2*T2^2)^
2+4*D9^2*W^2*T2^2))))*KL
34450 PHIDIV=1-W^2*T2^2:IF PHIDIV=0 THEN PHIDIV=9.99E-21
```

```
34500 PHI=-ATN((2*D9*W*T2)/PHIDIV):IF PHI>0 THEN PHI=PHI-PI
34550 PHI(WI,DU)=(ATN(W*TV-1/(W*TN))-ATN(W*T1)+PHI-W*TT)*KDEG:RETURN
34600 '* * P - PT2 - PTt * *
34650 VR=PAR(1,DU):VST1=PAR(2,DU):VSTT=PAR(3,DU):T2=PAR(4,DU):TT=PAR(5,DU):D9=PA
R(6,DU)
34700 VO=VR*VST1*VSTT
34750 GOSUB 36100
34800 FO(WI,DU)=20*LOG(VO/SQR((1-W^2*T2^2)^2+4*D9^2*W^2*T2^2))*KL
34850 GOSUB 35950:PHI=-ATN((2*D9*W*T2)/PHIDIV):IF PHI>0 THEN PHI=PHI-PI
34900 PHI(WI,DU)=(PHI-(W*TT))*KDEG:RETURN
34950 '* * PD - PT1 - I^2 * *
35000 VR=PAR(1,DU):VST1=PAR(2,DU):TV=PAR(3,DU):T1=PAR(4,DU):TI=PAR(5,DU)
35050 VO=VR*VST1
35100 GOSUB 36100
35150 FO(WI,DU)=20*LOG(VO/(W^2*TI^2)*SQR((1+W^2*TV^2)/(1+W^2*T1^2)))*KL
35200 PHI(WI,DU)=(ATN(W*TV)-ATN(W*T1))*KDEG-180:RETURN
35250 '* * PI - PT1 - PT2 * *
35300 VR=PAR(1,DU):VST1=PAR(2,DU):VST2=PAR(3,DU):TN=PAR(4,DU):T1=PAR(5,DU):T2=PA
R(6,DU):D9=PAR(7,DU)
35350 VO=VR*VST1*VST2
35400 GOSUB 36100
35450 FO(WI,DU)=20*LOG(VO*SQR((1+1/(W^2*TN^2))/((1+W^2*T1^2)*((1-W^2*T2^2)^2+4*D
9^2*W^2*T2^2))))*KL
35500 GOSUB 35950:PHI=-ATN((2*D9*W*T2)/PHIDIV):IF PHI>0 THEN PHI=PHI-PI
35550 PHI(WI,DU)=(-ATN(1/(W*TN))-ATN(W*T1)+PHI)*KDEG:RETURN
35600 '* * PI - PT1 - PTt * *
35650 VR=PAR(1,DU):VST1=PAR(2,DU):VSTT=PAR(3,DU):TN=PAR(4,DU):T1=PAR(5,DU):TT=PA
R(6,DU)
35700 VO=VR*VST1*VSTT
35750 GOSUB 36100
35800 FO(WI,DU)=20*LOG(VO*SQR((1+1/(W^2*TN^2))/(1+W^2*T1^2)))*KL
35850 PHI(WI,DU)=(-ATN(1/(W*TN))-ATN(W*T1)-W*TT)*KDEG:RETURN
35900 '* * BERWACHUNG DIV/NULL * *
35950 PHIDIV=1-W^2*T2^2:IF PHIDIV=0 THEN PHIDIV=9.99E-21
36000 RETURN
```

Dabei wird jeweils in Zeile 36100 abgefragt, ob die Gesamtverstärkung $V_0 > 1$ ist. Werte kleiner als eins sind regeltechnisch nicht sinnvoll und werden mit einer entsprechenden PRINT-Anweisung in Zeile 36200 abgelehnt.

Da der Phasenwinkel von PT_2-Strecken eine Sprungstelle bei -90° hat, muß in der jeweiligen Gleichung für φ_0 mit dem Wert π korrigiert werden, wenn $\varphi_0 < -90^o$ wird (beispielsweise Zeile 34100).

Die Durchtrittsfrequenz ω_D ermittelt das Programm in den Zeilen 29950-30500. Die Iterationsgrenze für den Nulldurchgang wurde auf GRENZE $= 10^{-5}$ festgelegt (siehe Zeile 29350).

```
29950 ' Zuweisung von wd und Phasenreserve
30000 PAR(AZ+1,DU)=W:PAR(AZ+3,DU)=PHI(WI,DU)+180:PHID(DU)=PHI(WI,DU):FLAGWD(DU)=
1
30050 GOTO 30700
30100 ' Iteration fr wd
30150 STP=ST*10^J:WT=W:WT1=W:ND=0
30200 WI=WI-1:STP=STP/10:ND=ND+1:IF ND=6 THEN 30000
30250 WT=WT1-10*STP
30300 WT=WT+STP
30350 WI=WI+1:WW(WI,DU)=WT:W=WT: GOSUB 32050:IF FO(WI,DU) > GRENZE THEN 30300
30400 IF FO(WI,DU) > -GRENZE THEN 29950
30450 WT1=WT: GOTO 30200
30500 GOTO 30300
```

Amplituden- und Phasenreserve für die Stabilitätsaussage werden in den Programmzeilen 30800-31400 bestimmt. Die dazu auch notwendige kritische Frequenz ω_Z gilt als berechnet, wenn der Phasenwinkel φ_0 zwischen -179,999^o bis -180,001^o liegt.

```
30800 IF PHI(WI,DU) < -179.9999 AND PAR(AZ+3,DU) > 0 THEN GOTO 30950
30850 GOTO 31550
30900 PAR(AZ+2,DU)=1/(10^(FO(WI,DU)/20)):FLAGWZ(DU)=1:GOTO 31550
30950 IF  PHI(WI,DU) > -180.001 THEN GOTO 30900
31000 ' Iteration fr wz
31050 STP=ST*10^J:WT=W:WT1=W
31100 WI=WI-1:STP=STP/10:N1=N1+1:IF N1>5 THEN GOTO 30900
31150 WT=WT1-STP*10
31200 WT=WT+STP
31250 WI=WI+1:WW(WI,DU)=WT:W=WT:GOSUB 32050:IF PHI(WI,DU) > -179.999 THEN 31400
31300 IF PHI(WI,DU) > -180.0001 THEN GOTO 30900
31350 WT1=WT:GOTO 31100
31400 GOTO 31200
```

4.2.2 Nyquist-Diagramm

Ausgehend von dem vereinfachten Stabilitätskriterium nach Nyquist, für das die Gleichungen (1) bis (7) stehen, erfolgt die Berechnung der Ortskurven in den Progammzeilen 33300-36350 und ist auf das Frequenzintervall ω/Hz = (0,0001; 100000) begrenzt (siehe Zeilen 29950 und 30050).

```
33300 '-------------------------------------------------------------------
33350 ' F O R M E L N   Regler-Strecken
33400 '-------------------------------------------------------------------
33450 '* * PD - PTt-I * *
33500 VR=PAR(1,DU):VS=PAR(2,DU):TI=PAR(3,DU):TV=PAR(4,DU):TT=PAR(5,DU)
33550 VO=VR*VS
33600 W(WI,DU)=W
33650 RE(WI,DU)=VO/(W*TI)*(SIN(W*TT)-W*TV*COS(W*TT))
33700 IM(WI,DU)=VO/(W*TI)*(COS(W*TT)+W*TV*SIN(W*TT))
33750 X$(1)="RE(F0)=VO/(w*TI)*(SIN(w*TT)-w*TV*COS(w*TT))"
33800 X$(2)="IM(F0)=VO/(w*TI)*(COS(w*TT)+w*TV*SIN(w*TT))":RETURN
33850 '* * P - PT1-Tt * *
33900 VR=PAR(1,DU):VS=PAR(2,DU):T1=PAR(3,DU):TT=PAR(4,DU)
33950 VO=VR*VS
34000 W(WI,DU)=W
34050 RE(WI,DU)=VO/(1+W^2*T1^2)*(W*T1*SIN(W*TT)-COS(W*TT))
34100 IM(WI,DU)=VO/(1+W^2*T1^2)*(W*T1*COS(W*TT)+SIN(W*TT))
34150 X$(1)="RE(F0)=VO/(1+w^2*T1^2)*(w*T1*SIN(w*TT)-COS(w*TT))"
34200 X$(2)="IM(F0)=VO/(1+w^2*T1^2)*(w*T1*COS(w*TT)+SIN(w*TT))":RETURN
34250 '* * PD - PT1-I * *
34300 VR=PAR(1,DU):VS=PAR(2,DU):T1=PAR(3,DU):TI=PAR(4,DU):TV=PAR(5,DU)
34350 VO=VR*VS
34400 W(WI,DU)=W
34450 RE(WI,DU)=VO*W^2*(T1*TI-TI*TV)/(W^2*TI^2+W^4*T1^2*TI^2)
34500 IM(WI,DU)=VO*(W*TI+W^3*T1*TI*TV)/(W^2*TI^2+W^4*T1^2*TI^2)
34550 X$(1)="RE(F0)=VO*w^2*(T1*TI-TI*TV)/(w^2*TI^2+w^4*T1^2*TI^2)"
34600 X$(2)="IM(F0)=VO*(w*TI+w^3*T1*TI*TV)/(w^2*TI^2+w^4*T1^2*TI^2)":RETURN
34650 '* * PI - PT1 - PT2 * *
34700 VR=PAR(1,DU):VST1=PAR(2,DU):VST2=PAR(3,DU):TN=PAR(4,DU):T1=PAR(5,DU):T2=PA
R(6,DU):D9=PAR(7,DU)
34750 VO=VR*VST1*VST2
34800 W(WI,DU)=W
```

```
34850 N=(1+W^2*T1^2)*((1-W^2*T2^2)^2+4*D9^2*W^2*T2^2)
34900 RE(WI,DU)=VO*(T1/TN-W^2*T1*T2^2/TN+W^2*T2^2+2*D9*T2*(W^2*T1+1/TN)-1)/N
34950 IM(WI,DU)=VO*(W*T1+1/(W*TN)+2*D9*W*T2*(1-T1/TN)-W^2*T2^2*(W*T1+1/(W*TN)))/
N
35000 XN$="((1+W^2*T1^2)*((1-W^2*T2^2)^2+4*D^2*W^2*T2^2))
35050 X$(1)="RE(F0)=VO*(T1/TN-W^2*T1*T2^2/TN+W^2*T2^2+2*D*W*T2*(W*T1+1/(W*TN))-1
)/"+XN$
35100 X$(2)="IM(F0)=VO*(W*T1+1/(W*TN)+2*D*W*T2*(1-T1/TN)-W^2*T2^2*(W*T1+1/(W*TN)
))/"+XN$
35150 RETURN
35200 '* * PD - PT1 - PT2 * *
35250 VR=PAR(1,DU):VST1=PAR(2,DU):VST2=PAR(3,DU):TV=PAR(4,DU):T1=PAR(5,DU):T2=PA
R(6,DU):D9=PAR(7,DU)
35300 VO=VR*VST1*VST2
35350 W(WI,DU)=W
35400 N=(1+W^2*T1^2)*((1-W^2*T2^2)^2+4*D9^2*W^2*T2^2)
35450 RE(WI,DU)=VO*(2*D9*W^2*T2*(T1-TV)+W^4*T1*T2^2*TV-W^2*(T1*TV-T2^2)-1)/N
35500 IM(WI,DU)=VO*(W*(T1-TV)+2*D9*W*T2*(1+W^2*T1*TV)-W^3*T2^2*(T1-TV))/N
35550 XN$="((1+W^2*T1^2)*((1-W^2*T2^2)^2+4*D^2*W^2*T2^2))
35600 X$(1)="RE(F0)=VO*(2*D*W^2*T2*(T1-TV)+W^4*T1*T2^2*TV-W^2*(T1*TV-T2^2)-1)/"+
XN$
35650 X$(2)="IM(F0)=VO*((W-W^3*T2^2)*(T1-TV)+2*D*W*T2*(1+W^2*T1*TV))/"+XN$
35700 RETURN
35750 '* * PID - PT1-PT1-Tt * *
35800 VR=PAR(1,DU):VS=PAR(2,DU):T1=PAR(3,DU):T2=PAR(4,DU):TV=PAR(5,DU):TN=PAR(6,
DU):TT=PAR(7,DU)
35850 VO=VR*VS
35900 W(WI,DU)=W
35950 RE(WI,DU)=VO*(((W*T1+W*T2)*(1/(W*TN)-W*TV)+W^2*T1*T2-1)*COS(W*TT)+(W^2*T1*
T2*(W*TV-1/(W*TN))+W*(T2+T1-TV)+1/(W*TN))*SIN(W*TT))/((1+W^2*T1^2)*(1+W^2*T2^2))
36000 IM(WI,DU)=VO*((W^2*T1*T2*(W*TV-1/(W*TN))+W*(T2+T1-TV)+1/(W*TN))*COS(W*TT)-
((W*T1+W*T2)*(1/(W*TN)-W*TV)+W^2*T1*T2-1)*SIN(W*TT))/((1+W^2*T1^2)*(1+W^2*T2^2))
36050 XZ1$="RE(F0)=V0(((wT1+wT2)(1/(wTn)-wTv)+w^2T1T2-1)cos(wTt)+(w^2T1T2(wTv-1/
(wTn))+"
36100 XZ2$="w(T1+T2-Tv)+1/(wTn))sin(wTt))/((1+w^2T^2))
36150 X$(1)=XZ1$+XZ2$
36200 XZ11$="IM(F0)=V0((w^2T1T2(wTv-1/(wTn))+w(T1+T2-Tv)+1/(wTn))cos(wTt)-"
36250 XZ22$="((wT1+wT2)(1/(wTn)-wTv)+w^2T1T2-1)sin(wTt))/((1+w^2T1^2)(1+w^2T2^2)
)"
36300 X$(2)=XZ11$+XZ22$
36350 RETURN
```

Das Programm ermittelt insgesamt 4000 Wertepaare des Real- und Imaginärteils von $\underline{F}_0$. Wird diese Zahl überschritten, ohne daß die Ortskurve bei ω = 100000 Hz angekommen ist. erfolgt eine Meldung über den Abbruch der Berechnung in Zeile 30300.

Immer dann, wenn der Graph totzeitbehafteter Regelkreise berechnet wird, kommt es bei einer konstanten Schrittweite für ω zu erheblichen Verfälschungen der Darstellung.

Es ist daher eine Überwachung der Kurvensteigung eingeführt worden, die immer dann greift, wenn es bei der vorliegenden Bildschirmauflösung zu "Darstellungssprüngen" käme (siehe Programmzeilen 30550-30750). Je nach Zuwachs des Zeigers $|\underline{F}_0|$ wird der Frequenzzuwachs verdoppelt oder halbiert.

Die Stabilitätsaussage ergibt sich aus den Werten von ω_Z, ω_D, α_R und A_R und ist in den Programmzeilen 30850-32300 realisiert. Bei der Bestimmung der Phasenreserve α_R mit Gleichung (7) sind die Unstetigkeitsstellen der Tangens-Funktion bei $(2n-1)*\pi/2$ mit n = 1; 2; 3... zu beachten.

Bei $\alpha_R > 90^O$ muß mit Hilfe der Vorzeichen des Real- und Imaginärteils von $\underline{F}_0$ der Quadrant ermittelt werden, in dem sich die Tangensfunktion befindet. Gegebenenfalls ist dann der errechnete Wert von α_R um π zu korrigieren (Zeile 31350).

```
30850 WI(DU)=WI
30900 IF FLAGWZ(DU)=0 AND ABS(RE)<1 THEN PA$(AZ+5,DU)="   stabil"
30950 GOTO 32500
31000 WT=W:K3=0
31050 IF ABS(F0-1)<.0001 OR K3>20 THEN 31300
31100 WE=W:W=(WK+WE)/2:GOSUB 32850
31150 IF F0=1 THEN 31050
31200 IF SGN(FT-1)=SGN(F0-1) THEN WK=W:FT=F0:W=WE:K3=K3+1:GOTO 31050
31250 WE=W:K3=K3+1:GOTO 31050
31300 K3=0:FLAGWD(DU)=1:IF RE=0 THEN PAR(AZ+4,DU)=90:GOTO 31400
31350 PAR(AZ+4,DU)=ATN(IM/RE)*KDEG: IF FLAGWZ(DU)=0 AND RE<0 AND IM>0 THEN PAR(A
Z+4,DU)=PAR(AZ+4,DU)+180
31400 PAR(AZ+3,DU)=W:W=WT:RETURN
31450 WT=W:K3=0
31500 IF (ABS(IM)<.0001 OR K3>20)  THEN GOTO 31750
31550 WE=W:W=(WK+WE)/2:GOSUB 32850
31600 IF IM=0 THEN 31500
31650 IF SGN(IT)=SGN(IM) THEN WK=W:IT=IM:W=WE:K3=K3+1:GOTO 31500
31700 WE=W:K3=K3+1:GOTO 31500
31750 IF RE<0 THEN 31850
31800 FLAGWZ(DU)=1:PAR(AZ+1,DU)=W:PAR(AZ+2,DU)=1/RE:IF RE<1 THEN PA$(AZ+5,DU)="
  stabil"
31850 K3=0:W=WT:RETURN
31900 F0=SQR(RE^2+IM^2):RETURN
31950 K3=0
32000 INC=W/10:FT=F0:IT=IM:WK=W:W=W+INC:GOSUB 32850:IF SGN(IT)<>SGN(IM) AND FLAG
WZ(DU)=0 THEN GOSUB 31450
32050 IF SGN(F0-10/ZOOM)=SGN(FT-10/ZOOM) THEN 32000
32100 IF ABS(F0-10/ZOOM)<.01/ZOOM OR K3>20 THEN 32300
32150 WE=W:W=(WE+WK)/2:GOSUB 32850
32200 IF SGN(FT-10/ZOOM)=SGN(F0-10/ZOOM) THEN WK=W:FT=F0:W=WE:K3=K3+1:GOTO 32100
32250 WE=W:K3=K3+1:GOTO 32100
32300 INC=W/1000:GOTO 30150
```

Die Werte des Real- und Imaginärteils von $\underline{F}o$ für $\omega = 0$ zeigen den Beginn der Ortskurve. Sie werden in den Programmzeilen 36500-37750 berechnet.

Wie beim Programmteil Bode-Diagramm wird auch hier die Gesamtverstärkung V_0 auf Werte kleiner gleich eins überwacht und eine entsprechende Meldung auf dem Bildschirm erzeugt (Zeilen 33050-33100).

```
36500 TI$(DU)="  unendl."
36550 RE=PAR(1,DU)*PAR(2,DU)/PAR(3,DU)*(PAR(5,DU)-PAR(4,DU))
36600 GOSUB 37700
36650 RETURN
36700 TI$(DU)="    0    "
36750 RE=-PAR(1,DU)*PAR(2,DU)
36800 GOSUB 37700
36850 RETURN
36900 TI$(DU)="  unendl."
36950 RE=PAR(1,DU)*PAR(2,DU)*(PAR(3,DU)-PAR(5,DU))/PAR(4,DU)
37000 GOSUB 37700
37050 RETURN
37100 TI$(DU)="    0    "
37150 RE=-PAR(1,DU)*PAR(2,DU)*PAR(3,DU)
37200 GOSUB 37700
37250 RETURN
37300 TI$(DU)="  unendl."
37350 RE=PAR(1,DU)*PAR(2,DU)*PAR(3,DU)*(((2*PAR(6,DU)*PAR(7,DU)+PAR(5,DU))/PAR(4
,DU))-1)
37400 GOSUB 37700
37450 RETURN
37500 TI$(DU)="  unendl."
37550 RE=PAR(1,DU)*PAR(2,DU)*(PAR(3,DU)/PAR(6,DU)+PAR(4,DU)/PAR(6,DU)+PAR(7,DU)/
PAR(6,DU)-1)
37600 GOSUB 37700
37650 RETURN
37700 'Übergabe
37750 PAR(AZ+6,DU)=RE: PA$(AZ+7,DU)=TI$(DU)
```

4.2.3 Zeitverläufe

Die digitale Simulation des Führungs- und Störverhaltens linearer, einschleifiger Regelkreise beruht hier auf der numerischen Lösung gewöhnlicher Differentialgleichungen.

Aus dem Intervall (a,b), auf dem die Differentialgleichung gegeben ist, wird eine endliche diskrete Punktmenge P gewählt und die Differentialgleichung nur noch auf P = (p1,p2,...pn) betrachtet. Anstelle der Lösungsfunktion y(t) werden nun die Werte y(p1), y(p2) usw. näherungsweise errechnet.

Die numerische Lösung gewöhnlicher Differentialgleichungen erfolgt sehr häufig mit Diskretisierungsverfahren. Ein bei Anfangswertproblemen gebräuchliches Berechnungsverfahren ist das "Runge-Kutta-Merson-Verfahren" /10/, /11/. Dazu ein Beispiel.

Die zugehörige Differentialgleichung einer Regelung aus PI-Regler und PT_1-PT_1-Strecke für Führungsverhalten erhält man aus den Differentialgleichungen der einzelnen Regelkreisglieder (Tabelle 2.1) entsprechend dem Blockschaltplan (**Bild 4.13**). Sie lauten für

PI-Regler $$y_1 = V_R * [(1 - x) + \frac{1}{T_N}\int_0^t (1 - x)\,dt]$$

bzw. $$\dot{y}_1 = V_R(\frac{1}{T_N} - \dot{x}) - \frac{V_R}{T_N}\,x$$

erste PT_1-Strecke $$y_2 + T_1 * \dot{y}_2 = V_{S1} * y_1$$

zweite PT_1-Strecke $$x + T_2 * \dot{x} = V_{S2} * y_2$$

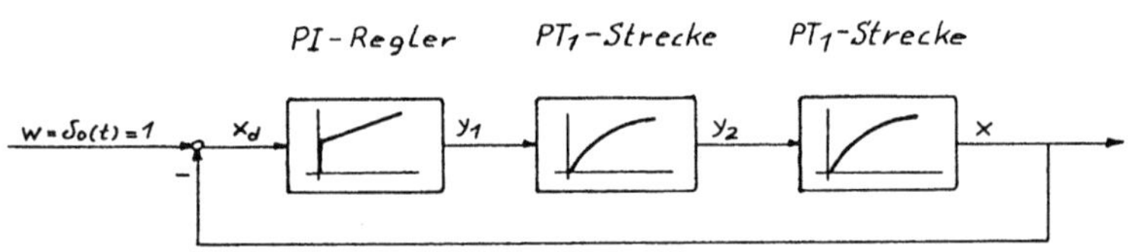

Bild 4.13 Blockschaltbild einer einschleifigen Regelung aus PI-Regler und zwei PT_1-Strecken

Aus den in Reihe geschalteten Regelkreisgliedern ergibt sich eine lineare Differentialgleichung 3. Ordnung mit konstanten Koeffizienten.

$$\dddot{x} + \frac{T_1 + T_2}{T_1 T_2}\,\ddot{x} + \frac{1 + V_0}{T_1 T_2}\,\dot{x} + \frac{V_0}{T_1 T_2 T_N}\,x - \frac{V_0}{T_1 T_2 T_N} = 0$$

Diese Gleichung läßt sich in ein äquivalentes System von Differentialgleichungen 1. Ordnung umwandeln. Man setzt:

$$x = z_0$$

$$\dot{x} = \dot{z}_0 = z_1$$

$$\ddot{x} = \dot{z}_1 = z_2$$

$$\dddot{x} = \dot{z}_2 = B_3(B_0 - B_0 z_0 + B_1 z_1 + B_2 z_2)$$

mit

$$B_0 = - V_0 / T_N$$
$$B_1 = 1 + V_0$$
$$B_2 = T_1 + T_2$$
$$B_3 = - 1/(T_1 T_2)$$

Hier entspricht dann die Funktion y = f(x,y) der zu ermittelnden Regelgröße x. Die numerische Berechnung eines Punktes $x_{i+1} = x_i + \triangle x_i$ erfolgt nach dem Runge-Kutta-Merson-Verfahren mit variabler Schrittweite h.

Es ist:

$$\triangle x_i = \frac{1}{6}(k_1 + 2k_2 + 2k_3 + k_4)$$

mit $k_1 = h * f(x_i, y_i)$

$$k_2 = h * f(x_i + \frac{h}{2}, y_i + \frac{k_1}{2})$$

$$k_3 = h * f(x_i + \frac{h}{2}, y_i + \frac{k_2}{2})$$

$$k_4 = h * f(x_i + h, y_i + k_3)$$

Für jeden Simulationslauf werden in der Prozedur "dgl" insgesamt 2400 Wertepaare berechnet. Je nach der horizontalen Bildschirmauflösung des Rechners werden entsprechend weniger Wertepaare benutzt. Bei Darstellung innerhalb von 600 Punkten horizontal beispielsweise nur jeder vierte (2400/600).

```
overlay procedure dgl;
(* Loesen von Differentialgleichungen hoeherer Ordnung mit dem Verfahren von
Runge und Kutta *)
var
   x,th1,tv1,tl1       :real;
   e,e1,e2,e3          :real;
   bx,bz,xa            :real;
   j,i,n1              :integer;
   f                   :array(.0..4.) of real;
   y                   :array(.1..4,0..1.) of real;
   k1,k2,k3,k4,k5      :array(.0..4.) of real;
procedure alledgln;
      BEGIN
      J := 1;
      WHILE J <= n - 1 DO
          BEGIN
          F(.J.) := Y(.J + 1,1.);
          J := SUCC(J)
          END;
      END;
```

```
(* Definition der Differentialgleichungen *)
FUNCTION FN01:real;
(* Fuehrungsverhalten P  -  PT1 - PT1 - I *)
      BEGIN
      if (a1 = 'c') then
      e := 0.0
      else
      IF (A1 = 'a') OR (X >= TH1) THEN E := 1.0
      ELSE IF (X < TV1) THEN E := X*X/2/TV1/TL1
      ELSE IF (X >= TV1) AND (X < TL1) THEN E := (X-TV1/2)/TL1
      ELSE IF (X >= TL1) AND (X < TH1) THEN E := 1-SQR(X-TH1)/2/TV1/TL1;
      FN01 := (b1*(e-y(.1,1.))-b2*y(.2,1.)-b3*y(.3,1.)+s)*b4
      END;
FUNCTION FN02:REAL;
(* Fuehrungsverhalten PID  -  PT1 -  PT2 *)
      BEGIN
      if (a1 = 'c') then
      begin
      e1 := 0.0;
      e2 := 0.0;
      e3 := 0.0;
      end
      else
      IF (A1 = 'a') OR (X >= TH1) THEN
          BEGIN
          E1 := 1.0;
          E2 := 0.0;
          E3 := 0.0
          END
      ELSE IF (X < TV1) THEN
          BEGIN
          E1 := X*X/2/TV1/TL1;
          E2 := X/TV1/TL1;
          E3 := 1.0/TV1/TL1
          END
      ELSE IF (X >= TV1) AND (X < TL1) THEN
          BEGIN
          E1 := (X/TL1)-TV1/2.0/TL1;
          E2 := 1.0/TL1;
          E3 := 0.0
          END
      ELSE IF (X >= TL1) AND (X < TH1) THEN
          BEGIN
          E1 := 1.0-SQR(X-TH1)/2.0/TV1/TL1;
          E2 := -(x-TH1)/TV1/TL1;
          E3 := -1.0/TV1/TL1
          END;
      FN02 := (b1*e1+b2*e2-b1*y(.1,1.)+b3*e3-b4*y(.2,1.)-b5*y(.3,1.)-b6*
      y(.4,1.))*b7;
      end;
function fn03:real;
(* Fuehrungsverhalten PI  -  PT1 - PT1 - PTt *)
      BEGIN
      BX := 0.0;
      BZ := 0.0;
      N1 := TRUNC(TT/H);
       IF (I > N1) THEN
          BEGIN
          BX := XTT(.I-N1.);
          BZ := YTT(.I-N1.)
          END;
       IF (N1 < 1) THEN
          BEGIN
          BX := Y(.1,1.);
          BZ := Y(.2,1.)
          END;
```

```
        if (a1 = 'c') then
        begin
        e1 := 0.0;
        e2 := 0.0;
        end
        else
        if ((a1 = 'a') or (x >= th1)) then
        begin
        e1 := 1.0;
        e2 := 0.0;
        end
        else IF (X < TV1) THEN
             BEGIN
             E1 := X*X/2.0/TV1/TL1;
             E2 := X/TV1/TL1
             END
        else IF ((X >= TV1) AND (X < TL1)) THEN
             BEGIN
             E1 := (X/TL1)-TV1/2.0/TL1;
             E2 := 1.0/TL1
             END
        else if ((x >=tl1) and (x < th1)) then
             begin
             E1 := 1.0-SQR(X-TH1)/2.0/TV1/TL1;
             E2 := -(X-TH1)/TV1/TL1
             END;
        FN03 := (b1*(e1-b2*bx)+b3*(e2-b2*bz)-b4*y(.2,1.)-b5*y(.3,1.))*b6
        END;
FUNCTION FN04:REAL;
(* Fuehrungsverhalten PD  -  PT1 - PT1 - PTt *)
        BEGIN
        BX := 0.0;
        BZ := 0.0;
        N1 := TRUNC(TT/H);
        IF (I > N1) THEN
             BEGIN
             BX := XTT(.I-N1.);
             BZ := YTT(.I-N1.)
             END
        ELSE IF (N1 < 1) THEN
             BEGIN
             BX := Y(.1,1.);
             BZ := Y(.2,1.)
             END;
        if (a1 = 'c') then
        begin
        e1 := 0.0;
        e2 := 0.0;
        end
        else
        IF (A1 = 'a') OR (X >= TH1) THEN
             BEGIN
             E1 := 1.0;
             E2 := 0.0
             END
        ELSE IF (X < TV1) THEN
             BEGIN
             E1 := X*X/2.0/TV1/TL1;
             E2 := X/TV1/TL1
             END
        ELSE IF (X >= TV1) AND (X < TL1) THEN
             BEGIN
             E1 := (X/TL1)-TV1/2.0/TL1;
             E2 := 1.0/TL1
             END
```

```
        ELSE IF (X >= TL1) AND (X < TH1) THEN
            BEGIN
            E1 := 1.0-SQR(X-TH1)/2.0/TV1/TL1;
            E2 := -(X-TH1)/TV1/TL1
            END;
        FN04 := (b1*(e1-b2*bx)+b3*(e2-b2*bz)-b4*y(.1,1.)-b5*y(.2,1.)+s)*b6
        END;
FUNCTION FN05:REAL;
(* Fuehrungsverhalten PID  -  PT1 - PT1 - PT1 *)
        BEGIN
        if (a1 = 'c') then
        begin
        e1 := 0.0;
        e2 := 0.0;
        e3 := 0.0;
        end
        else
        IF (A1 = 'a') OR (X >= TH1) THEN
            BEGIN
            E1 := 1.0;
            E2 := 0.0;
            E3 := 0.0
            END
        else if (x < tv1) then
        begin
        e1 := sqr(x) / 2.0 / tv1 / tl1;
        e2 := x / tv1 / tl1;
        e3 := 1.0 / tv1 / tl1;
        end
        ELSE IF ((X >= TV1) and (x < tl1)) THEN
            BEGIN
            E1 := (X/tl1) - (tv1/2.0/tl1);
            E2 := 1.0/tl1;
            E3 := 0.0
            END
        ELSE IF (X >= TL1) AND (X < TH1) THEN
            begin
            E1 := 1.0-SQR(X-TH1)/(2.0*TV1*TL1);
            E2 := -(X-TH1)/(TV1*TL1);
            E3 := -1.0/(TV1*TL1)
            END;
        FN05 := (b1*(e2-y(.2,1.))+b2*(e1-y(.1,1.))+b3*(e3-y(.3,1.))-b4*y(.2,1.)-
        b5*y(.3,1.)-b6*y(.4,1.))*b7
        END;
```

Die Stabilitätsaussage mit den Werten für die Durchtrittsfrequenz ω_D und Phasenreserve α_R erfolgt in den Prozeduren "Stabilität" und "Nullstelle" mit den Gleichungen (6) und (8).

```
procedure stabilitaet;
var
    wa,wd,ar,y    :real;
begin
    a8 := 'a';
    a9 := 1;
    wa := 1.0e-10;
    ar := 0.0;
    nullstelle(wa,wd);
    verteil1(y,wd);
    if (wd > 10000.0) then
```

```
    begin
       ergebnis(.4,nplot.)  :=  'stabil';
       ergebnis(.5,nplot.)  :=  '----';
       ergebnis(.6,nplot.)  :=  '----'
    end
    else
    ar        := 57.2958 * y + 180.0;
    if (ar > 0.0) then
       begin
       if (ar <= 1.0) then
       ergebnis(.4,nplot.)  :=  'Stab-G.'
       else
       ergebnis(.4,nplot.)  :=  'stabil';
       end
    else

       ergebnis(.4,nplot.)  :=  'instabil';
    str(ar:10,ergebnis(.5,nplot.));
    str(wd:10,ergebnis(.6,nplot.));
    if (ar <= 0.0) then
       ergebnis(.1,nplot.)  :=  '----'
    else
    begin
    case a1 of
    'a','b': begin
             case a2 of
             'a','b','c','e'   :  ergebnis(.1,nplot.) := '0';
             'd'               :  str(1.0-((vs3*vr*vs2/(1.0+vs3*vs2*vr*vs1))
                                     *vs1):10,ergebnis(.1,nplot.));
             end;
             end;
    'c'    : begin
             case a2 of
             'a'              :  str(1.0 / vr:10,ergebnis(.1,nplot.));
             'b','c','e'      :  ergebnis(.1,nplot.)  :=  '0';
             'd'         :  str(vs3*vs2*vs1/(1.0+vs3*vs2*vr*vs1):10,ergebnis(.1
                                  ,nplot.));
             end;
procedure nullstelle(wa:real;var wd:real);
(* Bestimmung der Durchtrittsfrequenz bei der Stabilitaetsberechnung und
   Regleroptimierung *)
var
   y,y1,y2,wk,w,we     :real;
   k3                  :integer;
begin
   w    := wa;
   if(a9 = 1) then verteil0(y,w) else verteil1(y,w);
   if(a9 = 2) then y := y + phi;
   y1   := y;
   wk   := w;
   repeat
      w   := w * 2.0;
      if (a9 = 1) then verteil0(y,w) else verteil1(y,w);
      if (a9 = 2) then y := y + phi;
      y2 := y;
      if (y1 * y2 > 0.0) then
      begin
         y1 := y2;
         wk := w;
      end;
```

```
   until ((y1 * y2 < 0.0) or (w > 10000.0));
(* -----------------------------------------------------------------
   if (w < 10000.0) then
   begin
   k3 := 0;
   while ((abs(y2) > 0.0001) and (k3 < 20)) do
   begin
      we := w;
      w  := (wk + we) / 2.0;
      if (a9 = 1) then verteil0(y,w) else verteil1(y,w);
      if(a9 = 2) then y := y + phi;
      y2 := y;
      if (y1 * y2 > 0.0) then
      begin
         wk := w;
         y1 := y2;
         w  := we;
         k3 := k3 + 1;
      end
      else
      begin
         we := w;
         k3 := k3 + 1;
      end;
```

Aus dem Zeitverlauf der Regelgröße x werden die bleibende Regeldifferenz $x_d(\infty)$ sowie die An- und Ausregelzeit ermittelt. Es ergeben sich bei einem vereinbarten Toleranzbereich von $\pm$ 2 % in Anlehnung an DIN 19226 folgende Gleichungen:

$$x_d(\infty) = w - \lim_{t \to \infty} x(t) \longrightarrow x_d(\infty) \tag{13}$$

$$x(t) \stackrel{!}{=} 0{,}98 \longrightarrow \text{Anregelzeit } T_{AN} \tag{14}$$

$$|x_d(t)| = |w - x(t)| \stackrel{!}{=} 0{,}02 \longrightarrow \text{Ausregelzeit } T_{AUS} \text{ für } t = (T_{AN}, \infty) \tag{15}$$

Die Frage nach den optimalen Werten der An- und Ausregelzeit läßt sich nicht allgemeingültig beantworten. In vielen Fällen dürfte jedoch gelten, daß $T_{AN}/T_{AUS} \to 1$ streben sollte.

Die bleibende Regeldifferenz $x_d(\infty)$ sowie die An- und Ausregelzeit werden in den Prozeduren "Anregelzeit" und "Ausregelzeit" bestimmt; T_{AN} und T_{AUS} jedoch nur, wenn sie innerhalb des vom Anwender gewählten Zeitmaßstabs liegen.

```
overlay procedure anregelzeit;
(* Berechnung der Anregelzeit *)
var
   flg   :boolean;
   ta    :real;
   i,i1  :integer;
begin
   ergebnis(.2,nplot.) := '---';
   flg := true;
   kp10 := -1;
   if ((a1 = 'a') or (a1 = 'b')) then
   begin
      for i := 0 to 600 do
      begin
         i1 := i;
         if (kp10 = -1) then
         begin
            if (flg) then
               begin
               if (xt(.i,nplot.) > 0.02) then
               begin
                  ta1 := i1*4.0*h-(xt(.i1,nplot.)-0.02)/((xt(.i1,nplot.)-
                  xt(.i1-1,nplot.))/4.0/h);
                  flg := false;
               end;
               end;
               if (xt(.i,nplot.) > 0.98) then kp10 := i;
            end;
         end;
        if (kp10 = -1) then ergebnis(.2,nplot.) := '---'
        else
        begin
        ta := kp10*4.0*h-(xt(.kp10,nplot.)-0.98)/((xt(.kp10,nplot.)
        -xt(.kp10-1,nplot.))/4.0/h);
   str((ta):10,ergebnis(.2,nplot.));
 end;

overlay procedure ausregelzeit;
(* Berechnung der Ausregelzeit *)
var
   flg1 :byte;
   i,j,i1,kp11  :integer;
   flg  :boolean;
   erg  :real;
   cd   :integer;
   ta,taus   :real;
begin
if ((a2='c')or(a2='d')) then for I:=1 to npunkt do xtt(.i.):=b2*xtt(.i.);
   ergebnis(.3,nplot.) := '---';
   val(ergebnis(.1,nplot.),erg,cd);
   if (cd = 0) then
   begin
   if ((abs(erg) < 0.02) and (ar >= 0.0)  and (2*kp10 <= 600))
   then
   begin
      case a1 of
      'a','b' :begin
                  flg1 := 0;
                  kp11 := 0;
                  i    := 1;
                  for i := 1 to npunkt do
                  begin
                     if (kp11 = 0) then
                     begin
                     if (flg1 = 0) then
                     begin
```

```
                if ((ytt(.i.)*ytt(.i-1.) < 0.0) and (abs (xtt(.i.)-1)
                < 0.02)) then flg1 := 1;
             end
             else
             begin
                if ((ytt(.i.)*ytt(.i-1.) < 0.0) and (abs(xtt(.i.)-1)
                > 0.02)) then flg1 := 0
                else
                if ((ytt(.i.)*ytt(.i-1.) < 0.0) and (abs(xtt(.i.)-1)
                < 0.02)) then kp11 := i;
             end;
        end;
       end;
       if (kp11 = 0) then
       begin
          flg := true;
          for i := 4 * kp10 to npunkt do
          begin
if ((xtt(.i.) > 1.02) or (xtt(.i.) < 0.98)) then flg := false;
          end;
          if (flg) then ergebnis(.3,nplot.) := ergebnis(.2,nplot.);
          end
          else
          begin
             if (kp11 = 0) then
             ergebnis(.3,nplot.) := '---'
             else
             begin
             j := kp11;
        while ((j > 0) and (xtt(.j.) < 1.02) and (xtt(.j.) > 0.98)) do
             j := pred(j);
             if (xtt(.j.) >= 1.02) then
                taus := j*h+(xtt(.j.)-1.02)/((xtt(.j.)-xtt(.j+1.))
                /h)
         else
            taus := j*h+(0.98-xtt(.j.))/((xtt(.j+1.)-xtt(.j.))
            /h);
         str(taus:10,ergebnis(.3,nplot.));
         end;
     end;
end;
'c'    :begin
     flg1 := 0;
     kp11 := 0;
     i    := 1;
     for i := 1 to npunkt do
     begin
        if (kp11 = 0) then
        begin
        if (flg1 = 0) then
        begin
           if ((ytt(.i.)*ytt(.i-1.) < 0.0) and (abs(xtt(.i.))
           < 0.02)) then flg1 := 1;
        end
        else
        begin
           if ((ytt(.i.)*ytt(.i-1.) < 0.0) and (abs(xtt(.i.))
           > 0.02)) then flg1 := 0
           else
           if ((ytt(.i.)*ytt(.i-1.) < 0.0) and (abs(xtt(.i.))
           < 0.02)) then kp11 := i;
        end;
        end;
end;
```

```
begin
   if (kp11 = 0) then
   ergebnis(.3,nplot.) := '---'
   else
   begin
   j := kp11;
while ((j > 0) and (abs(xtt(.j.)) <0.02)) do
   j := pred(j);
   if (J = 0) then
   ergebnis(.3,nplot.) := '0'
   else
   begin
   if (xtt(.j.) >= 0.02) then
      taus := j*h+(xtt(.j.)-0.02)/((xtt(.j.)-xtt(.j+1.))
      /h)
   else
      taus := j*h+(0.02-xtt(.j.))/((xtt(.j+1.)-xtt(.j.))
      /h);
   str(taus:10,ergebnis(.3,nplot.));
   end;
```

Die Optimierungshinweise nach *Ziegler* und *Nichols*, die in Abschnitt 3.1 erläutert wurden, ergeben sich mit Hilfe der folgenden Gleichungen. Sie sind in der Prozedur "Optimierung" realisiert. Die kritische Kreisfrequenz ist erreicht, wenn die Phasenreserve $\alpha_R = 0$ ist. Aus Gleichung (8) folgt dann:

$$\varphi_{R*} + \sum_i \varphi_{Si} + 180^o \stackrel{!}{=} 0 \quad \longrightarrow \text{kritische Kreisfrequenz } \omega_{kr} \text{ mit } \varphi_{R*} = 0 \text{ des P-Reglers} \qquad (16)$$

$$T_{kr} = 2\ \pi / \omega_{kr} \quad \longrightarrow \text{Periodendauer der Dauerschwingungen} \qquad (17)$$

$$A_{R*} = 10^{-\frac{|\underline{F}_0|(\omega_{kr})}{20\ dB}} \quad \longrightarrow \text{Amplitudenreserve } A_{R*} \text{ der Regelung mit P-Regler} \qquad (18)$$

$$V_{Rkr} = V_R * A_{R*} \quad \longrightarrow \text{kritische Reglerverstärkung} \qquad (19)$$

```
procedure optimierung;
var
   wa,wz,y,ampres,tkrit,vkrit    :real;
begin
   a8 := 'b';
   a9 := 2;
      wa := 1.0e-10;
      nullstelle(wa,wz);
   verteil0(y,wz);
   ampres := exp(-y);
   tkrit  := 6.283185 / wz;
   vkrit  := (v0 + ampres) / vs;
```

```
case a2 of
'a'     : contopt(.1,nplot.) := 0.5 * vkrit;
'b','e' : begin
          contopt(.1,nplot.) := 0.6 * vkrit;
          contopt(.2,nplot.) := 0.5 * tkrit;
          contopt(.3,nplot.) := 0.125 * tkrit;
          end;
'c'     : begin
          contopt(.1,nplot.) := 0.45 * vkrit;
          contopt(.2,nplot.) := 0.83 * tkrit;
          end;
'd'     : begin
          contopt(.1,nplot.) := 0.6 * vkrit;
          contopt(.2,nplot.) := 0.15 * tkrit;
          end;
```

Das Führungsverhalten einer stabilen Regelung läßt sich auch mit Hilfe der optimalen Fahrkurvenwerte T_{VEopt} und T_{HEopt} positiv beeinflussen. Dabei wird zusätzlich der "Spielraum" für die Wahl der Reglerparameter vergrößert. In diesem Buch werden erstmals Formeln für die optimalen Fahrkurven-Einstellwerte vorgestellt.

Die Vorausberechnung der Zeiten T_{VEopt} und T_{HEopt} basiert auf der von *Ziegler* und *Nichols* angegebenen optimalen Reglerverstärkung, der kleinsten Regelkreis-Zeitkonstanten T_{MIN} und der Ausregelzeit T_{AUS} bei Führungsverhalten, Sprungantwort.

Es wird vorgeschlagen, die Fahrkurvenwerte wie folgt einzustellen:

P-Regler
$$T_{VEopt} = V_{Ropt} * V_S * T_{MIN} \overset{!}{\leqq} 0{,}2 * T_{AUS} \qquad (20)$$
$$T_{HEopt} = T_{AUS}$$

PI-Regler
$$T_{VEopt} = 4{,}0 * V_{Ropt} * V_S * T_{MIN} \overset{!}{\leqq} 0{,}3 * T_{AUS} \qquad (21)$$
$$T_{HEopt} = T_{AUS}$$

PID-Regler
$$T_{VEopt} = 1{,}5 * V_{Ropt} * V_S * T_{MIN*} \overset{!}{\leqq} 0{,}4 * T_{AUS} \qquad (22)$$
$$T_{HEopt} = T_{AUS}$$

Mit T_{MIN*} ist die kleinste Regelkreis-Konstante *ohne die Vorhaltzeit* T_V gemeint. Die Berechnung der optimalen Fahrkurvenwerte ist in der Prozedur "FK" enthalten.

```
procedure fk;
var
   fkopt,vropt,t :real;
   cod           :integer;
begin
   fkpt(.1,nplot.) := '---';
   fkpt(.2,nplot.) := '---';
   if (not(ergebnis(.3,nplot.) = '---')) then
   begin
   fkpt(.2,nplot.) := ergebnis(.3,nplot.);
   case a2 of
```

```
'a': begin
     t    := t1;
     if (t2 < t) then t := t2;
     if (tn < t) then t := tn;
     fkopt := contopt(.1,nplot.) * vs * t;
     val(ergebnis(.3,nplot.),vropt,cod);
     if (fkopt > 0.2 * vropt) then fkopt := 0.2 * vropt;
     str(fkopt:10,fkpt(.1,nplot.));
     end;
'b': begin
     t    := t1;
     if (t2 < t) then t := t2;
     if (tn < t) then t := tn;
     fkopt := 1.5 * contopt(.1,nplot.) * vs * t;
     val(ergebnis(.3,nplot.),vropt,cod);
     if (fkopt > 0.4 * vropt) then fkopt := 0.4 * vropt;
     str(fkopt:10,fkpt(.1,nplot.));
     end;
'c': begin
     t    := t1;
     if (t2 < t) then t := t2;
     if (tn < t) then t := tn;
     if (tt < t) then t := tt;
     fkopt := 4.0 * contopt(.1,nplot.) * vs * t;
     val(ergebnis(.3,nplot.),vropt,cod);
     if (fkopt > 0.3 * vropt) then fkopt := 0.3 * vropt;
     str(fkopt:10,fkpt(.1,nplot.));
     end;
'd': begin
(*     t    := t1;
     if (t2 < t) then t := t2;
     if (tn < t) then t := tn;
     fkopt := contopt(.1,nplot.) * vs * t;
     val(ergebnis(.3,nplot.),vropt,cod);
     if (fkopt > 0.2 * vropt) then fkopt := 0.2 * vropt;
     str(fkopt:10,fkpt(.1,nplot.));  *)
     end;
'e': begin
     t    := t1;
     if (t2 < t) then t := t2;
     if (t3 < t) then t := t3;
     if (tn < t) then t := tn;
     fkopt := 1.5 * contopt(.1,nplot.) * vs * t;
     val(ergebnis(.3,nplot.),vropt,cod);
     if (fkopt > 0.4 * vropt) then fkopt := 0.4 * vropt;
     str(fkopt:10,fkpt(.1,nplot.));
     end;
```

Bei Verwendung eines PD-Reglers enthält die zugehörige Regelstrecke kein I-Glied (siehe Bild 4.11). So entsteht in der Fahrkurvenantwort eine bleibende Regeldifferenz $x_d(\infty)$. Nur wenn diese infolge einer großen Verstärkung V_0 innerhalb des vereinbarten Toleranzbereichs von 2 % liegt, errechnet das Programm eine Ausregelzeit, und es wird die optimale Hochlaufzeit ($T_{AUS} = T_{HEopt}$) in der Ergebnisliste angezeigt.

Im Programmteil Zeitverläufe können die Streckenzeitkonstanten nicht null gesetzt werden, weil sie immer im Nenner der Differentialgleichung stehen. Außerdem sind bei der Simulation des Führungsverhaltens für Extremwerte eines PID-Reglers Randbedingungen zu beachten. Beide Fakten sollen am Beispiel der Differentialgleichung für Fahrkurvenantworten eines Regelkreises aus PID-Regler und drei PT_1-Strecken aufgezeigt werden. Die zugehörige Differentialgleichung ist vierter Ordnung und lautet:

$$\ddddot{x} + \dddot{x}\,\frac{T_1T_2+T_1T_3+T_2T_3}{T_1T_2T_3} + \ddot{x}\,\frac{T_1+T_2+T_3+V_0T_V}{T_1T_2T_3} + \dot{x}\,\frac{1+V_0}{T_1T_2T_3} +$$

$$+ x\,\frac{V_0}{T_1T_2T_3T_N} - \frac{V_0(T_V\ddot{w} + \dot{w} + w/T_N)}{T_1T_2T_3} = 0$$

mit w = w(t) nach Gleichung (12).

Setzt man eine oder mehrere Streckenzeitkonstanten (T_1 ... T_3) null, geht der Wert für x über alle Grenzen. Im Programm ist der Benutzer daher durch eine entsprechende Abfrage an Werte größer null gebunden.

> Es ist geplant, in einer neuen Version von SIMLER-PC für jede null gesetzte Streckenzeitkonstante eine passende Differentialgleichung zu benutzen.

Setzt man beim Regler $T_N \rightarrow \infty$ (T_N = 1E10) und/oder $T_V = 0$, ergibt sich der P-/PD-Regler. Beide führen auf eine bleibende Regeldifferenz $x_d(\infty)$, weil die verwendeten Regelkreise keinen Integralanteil aufweisen. Befindet sich die Regelung im stationären Zustand ($t \rightarrow \infty$), so gilt für die Regelgröße

$$x(\infty) = \frac{V_0}{1 + V_0}\,w(\infty)$$

In der Differentialgleichung müssen demnach die Terme

$$V_0\,\dot{w}(\infty) + (1 + V_0)\,\dot{x}(\infty)$$

übrig bleiben. Hat der Benutzer "Führungsverhalten Sprungantwort" gewählt, ist $w(t) = \delta_0(t)$ = konstant. In der obigen Differentialgleichung wird dann der Term $V_0\,\dot{w} = 0$, so daß $x(\infty)$ fälschlicherweise den Wert null annimmt.

Verwendet man sehr kleine Fahrkurven beim Übergang vom PID- auf den P-/PD-Regler, geht die Fahrkurven- in die Sprungantwort über. Es ist dann der Term $V_0\,\dot{w}(t) \neq 0$, so daß auch $x(\infty) \neq 0$ wird. Der Fehler ist gering (infolge "Fahrkurve statt Sprungfunktion"), wählt man T_{VE} = 0,01 s und T_{HE} = 0,1 s.

5 Dokumentation

Erfahrungsgemäß bereitet die Realisierung der Drucker- und Plotter-Schnittstellen die größten Schwierigkeiten innerhalb eines Programms, insbesondere dann, wenn zwei Programmiersprachen nebeneinander verwendet werden und unterschiedlichste Hardware vorliegt. Einige Hilfen zu diesem Problemkreis sind in /14/-/19/ enthalten.

Bei Verwendung anderer als der erwähnten Graphikkarten erfolgt die Anpassung bei den Programmteilen Bode-/Nyquist-Diagramm jeweils in der Programmzeile 500. Ausgeführt wird diese Anpassung beim Bode-Diagramm in Zeile 10200 und beim Nyquist-Diagramm in Zeile 11950. In Programmteil "Zeitverläufe" ist die Anpassung in den Prozeduren "grafik", "graf" und "clsc" vorzunehmen.

5.1 Drucken

Das Erstellen einer *Hardcopy* mit einem Drucker erfordert programmiertechnisch den geringsten Aufwand der drei Dokumentationsarten. Mit der Tastenkombination "Shift"-"PRT.SC" wird der Bildschirminhalt vom Drucker im Maßstab 1:1 reproduziert (beim AT- und Olivetti-Programm).

In dem für den Sirius konzipierten Programmpaket wird das Drucken je nach Programmiersprache mit Hilfe des Druckbefehls und der Escape-Sequenz ...CHR$ (27)... ermöglicht. Bei allen Druckertypen mit Epson-Graphikmodus ist keine Programmänderung notwendig. Davon abweichende Graphikmodi sind für andere Programmversionen in Vorbereitung.

5.2 Plotten

Das mehrfarbige Plotten ist die komfortabelste Art der Dokumentation. Die Farbgebung verleiht der Graphik mehr Aussagekraft und erhöht die Übersichtlichkeit.

Die Zuordnung der Kurven zu den Parametern und Ergebnissen der Simulation wird außerdem durch drei verschiedene Linientypen unterstützt: die durchgezogene, gestrichelte und strichpunktierte Linie. Während bei einer *Hardcopy* oft die stückweise Darstellung der Kurven störend wirkt, verschwinden diese Darstellungsmängel bei einem "Plott" gänzlich.

Im Gegensatz zum Drucker läßt sich beim plotten mühelos die volle Blattgröße ausnutzen. Plotter mit HP-GL-Syntax bedürfen keiner Programmänderung. Andere Datenendgeräte sind bisher nicht vorgesehen.

5.3 Speichern

Diese Leistung erlaubt das Speichern von Simualtionen auf Magnetträgern (Diskette/Festplatte). Es werden alle Daten abgelegt, die zur Generierung der Bildschirmgraphik und zu einer Weiterbehandlung der Regelung notwendig sind. So lassen sich Dateien anlegen, auf die zu einem späteren Zeitpunkt wieder zurückgegriffen werden kann.

Datum und Uhrzeit werden ebenfalls gespeichert, so daß auf dem Speichermedium eine Chronologie der Simulation vorliegt. Der Name, unter dem eine Graphik festgehalten wird, ist bis zu einer Länge von acht alphanumerischen Zeichen frei wählbar. Umlaute sollten allerdings bei manchen PCs gemieden werden.

Mit Hilfe der Zuweisung gesonderter Dateikennungen wird dafür gesorgt, daß beim späteren Laden einer Graphik nur zum Programmpart gehörende Dateien im Lademenü ausgegeben werden. So erhalten Bode-Diagramme die Zuweisung PLB (von "Plott" "Bode"), Nyquist-Diagramme ein PLN und Zeitverläufe ein PLZ.

6 Simulations- und Optimierungsbeispiele

In diesem Abschnitt sollen die vielfältigen Möglichkeiten des Programmpakets SIMLER-PC anhand zahlreicher Beispiele aus der Praxis veranschaulicht werden.

Es zeigt sich, daß auch regeltechnisch unerfahrene Anwender nach kurzer Zeit den Einfluß verschiedener Regelkreisparameter auf die Stabilität einzuschätzen lernen. SIMLER-PC ist daher für den Computer-Unterstützten Unterricht (CUU) besonders geeignet.

Sowohl die Stabilität einer zunächst instabilen Regelung als auch die optimale Einstellung der Regler- und Fahrkurvenparameter lassen sich mit Hilfe der Simulationsläufe schnell erreichen.

Besonders interessant dürfte es sein, den Einfluß einer Fahrkurve auf das Übertragungsverhalten eines Regelkreises zu untersuchen oder Vergleiche zwischen den Sollwertvorgaben Einheitssprungfunktion, Rampenfunktion und Fahrkurve anzustellen. Zur Unterstützung von Übungen am Rechner gibt **Tabelle 6.1** einige Hinweise auf reale Regelstreckenparameter.

6.1 Bode-Diagramme

Im Bode-Diagramm kann der Einfluß von Parametern auf die Stabilität einer Regelung besonders gut gezeigt werden.

Oft genügt es, die Reglerverstärkung V_R zu ändern, um Stabilität zu erreichen. In diesen Fällen läßt sich der veränderte Verlauf des Frequenzgangbetrags $|\underline{F}_0|$ besonders leicht vorausbestimmen. Es wird nämlich aus der Multiplikation mit einer geänderten Verstärkung in logarithmischer Darstellung die Addition der Logarithmen. Die neue $|\underline{F}_0|$-Kurve verschiebt sich praktisch parallel nach oben oder unten (je nach Verstärkung).

Gleichzeitig bleibt der Verlauf des Phasenwinkels φ_0 erhalten, da sämtliche Phasenwinkel von der Verstärkung unabhängig sind (siehe Tabelle 2.1).

Tabelle 6.1 Hinweise auf typische Streckenzeitkonstanten für verschiedene Regelungen

Regelung der/des	beteiligte Regelstrecke(n)	Zeitkonstanten T_1, T_2, T_t
Temperatur	Glühofen, klein Glühofen, groß Raum-Zentralheizung Raum-Klimaanlage Stellantriebe	5-15min 20-120min 10-50min 5-15min 5-20s
Feuchte	Wohnraum Treibhaus	2-6min 10-30min
Druckes	Gasrohrleitung Druckbehälter Faltenbälge Magnetventile	50-100ms 1-60s 1-10ms 10-100ms
Zugkraft (Bandzug)	Hebezeuge Hanhabungsautomaten Walzwerke Tonbandgeräte	0,1-1s 10-100ms 0,1-1s 10-100ms
Drehzahl (Geschwindigkeit)	Kleinmotoren Großmotoren Walzwerksantrieb schnelle Turbinen Stromrichter	10-100ms 0,1-60s 0,1-1s 10-20s 1-100ms
Weg (Position)	Schrittmotor Scheibenläufermot. Förderantrieb elektrothermische Hubantriebe	0,1-10ms 0,1-10ms 0,1-1s 2-15min
Niveau (Flüssigkeitsstand)	kleine Behälter große Behälter	5-20s 10-60s
Netzspannung	Generatoren, klein Generatoren, groß Stromrichter	1-5s 5-15s 1-100ms
	Meßwert-Erfassung und -Umwandlung	10μs-100ms

6.1.1 PI-Regler und PT_1-PT_1-PT_1-Strecke

Die Temperatur eines Glühofens soll mit Hilfe der motorischen Verstellung des Brennerventils geregelt werden (**Bild 6.1**). Die Regelstrecke besteht im wesentlichen aus dem Stellantrieb, dem Temperaturverhalten des Glühofens und der Meßwerterfassung.

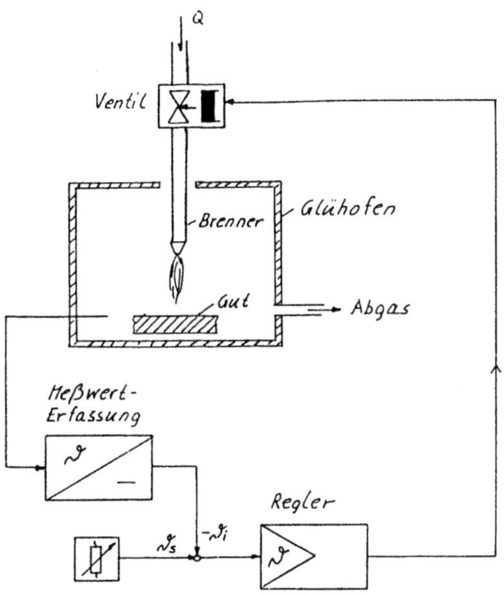

Bild 6.1
Wirkschaltplan der Temperatur-Regelung mit einem Glüofen

Das Übertragungsverhalten eines Regelkreisgliedes ist durch die in ihm enthaltenen unabhängigen Energiespeicher bestimmt. Bei einem elektromechanischen Ventil sind dies die Ventilmasse und die Induktivität der Steuerspule. Daraus resultiert ein Verzögerungsglied 2. Ordnung (PT_2-Glied).

Gilt für die zugehörigen Zeitkonstanten $T_1 >> T_2$, kann das Ventil auch durch ein Verzögerungsglied 1. Ordnung (PT_1-Glied) dargestellt werden (siehe Tabelle 2.1 oder /9/ a). Das Temperaturverhalten des Glühofens ist im allgemeinen durch ein PT_1-Glied ausreichend beschrieben.

Die Meßwerterfassung enthalte ebenfalls das PT_1-Verhalten, so daß insgesamt eine Regelstrecke 3. Ordnung vorliegt. Diese soll mit einem PI-Regler auf die gewünschte Temperatur geregelt werden. Es ergibt sich somit für die Stabilitätsbetrachtung das in **Bild 6.2** dargestellte Blockschaltbild.

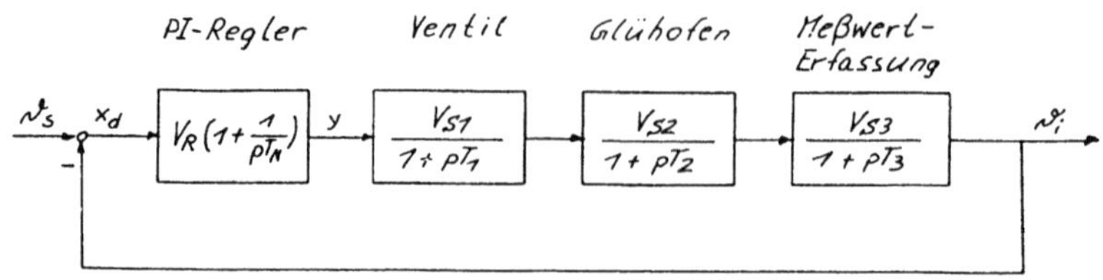

Bild 6.2 Blockschaltbild der Temperatur-Regelung mit PI-Regler

Im Bode-Diagramm dieser Regelung wurden im ersten Rechnerlauf die Reglerparameter $V_R = 5$ und $T_N = 100$ s eingegeben (**Bild 6.3**). Die Regelung ist zwar stabil, jedoch beträgt die Phasenreserve nur $\alpha_R = 3{,}3^o$.

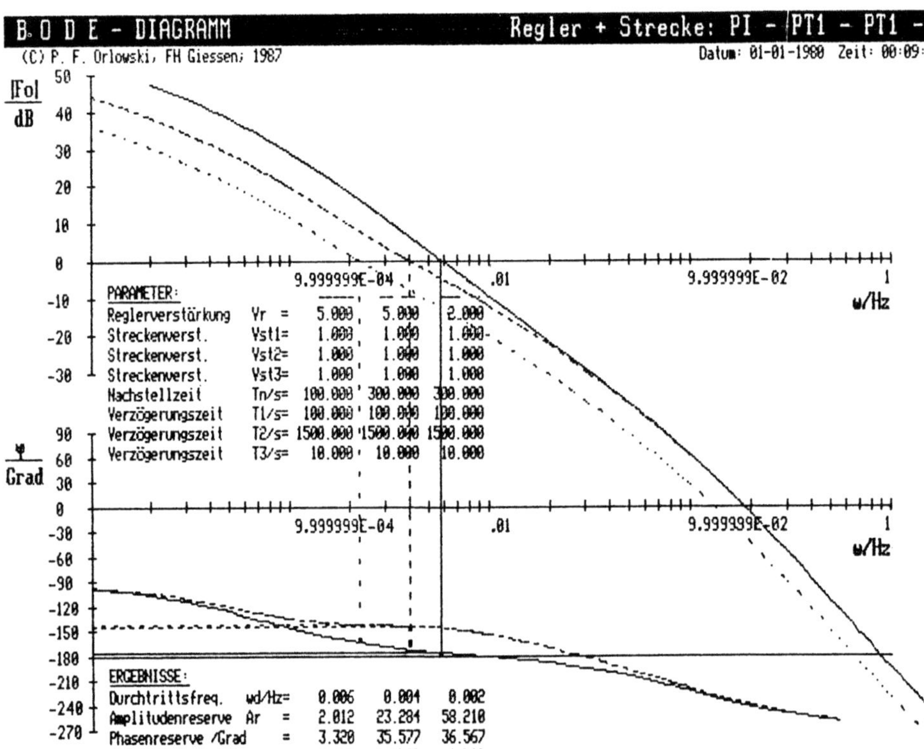

Bild 6.3 Bode-Diagramm der Regelung aus Bild 6.2 zur Darstellung des Einflusses von T_N und V_R (Hardcopy der Bildschirmgrafik)

Wie sich eine Vergrößerung der Nachstellzeit auf T_N = 300 s auswirkt, sieht man im zweiten Simulationslauf. Die Phasenreserve beträgt nun α_R = 35,6° bei einer leicht verkleinerten Durchtrittsfrequenz ω_D. Ein Herabsetzen der Verstärkung auf V_R = 2 (dritter Simulationslauf) bringt keine wesentliche Verbesserung der Stabilitätsaussage. Es ist aber gut zu erkennen, daß eine verkleinerte Verstärkung einer Parallelverschiebung des Frequenzgangbetrags gleichkommt.

6.1.2 PI-Regler und PT_1-PT_2-PT_t-Strecke

Die Position eines Tisches soll mit einem Servoventil in Verbindung mit einem Hydraulikzylinder geregelt werden (**Bild 6.4**). Diese Regelstrecke stellt ein Verzögerungsglied 2. Ordnung dar, deren Übertragungsverhalten durch die Zeitkonstante T_2 und die Dämpfung d bestimmt ist. Bei den marktführenden Herstellern von Servoventilen liegt die Dämpfung im Bereich von d = 0,6-0,8. Damit wird die unerwünschte Überhöhung des Frequenzgangbetrags bei der Resonanzfrequenz $\omega_0 = 1 / T_2$ weitgehend vermieden.

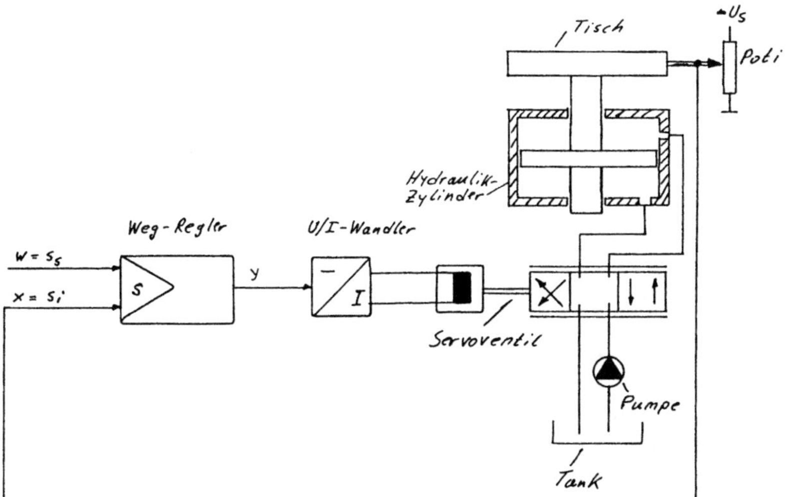

Bild 6.4 Wirkschaltplan einer Positions-Regelung mit Hilfe eines Servoventils

Es wird angenommen, daß die Meßwertbildung des Positionswertes totzeitbehaftet ist und der Spannungs-Stromwandler (U/I-Wandler) PT_1-Verhalten zeigt.

Wählt man für den Weg- bzw. Positionsregler PI-Verhalten, ergibt sich das in **Bild 6.5** dargestellte Blockschaltbild.

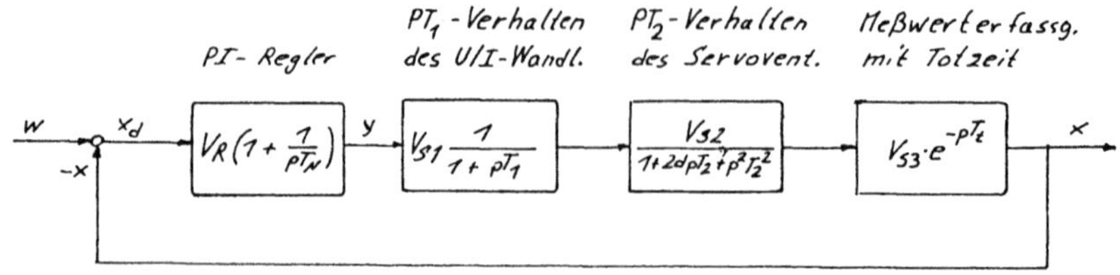

Bild 6.5 Blockschaltbild der Positions-Regelung mit PI-Regler

Die im Plott des Bode-Diagramms angezeigte Regler-Strecken-Kombination ist zwar für einen PID-Regler vorgesehen, doch mit $T_V = 0$ wird aus einem PID- der gewünschte PI-Regler (**Bild 6.6**).

Im ersten Simulationslauf ergibt sich eine instabile Regelung. Eine Vergrößerung der Nachstellzeit auf $T_N = 2$ s bringt bei fast unveränderter Durchtrittsfrequenz ω_D noch keine Stabilität. Aus dem dritten Simulationslauf ist gut zu erkennen, daß eine Parallelverschiebung der $|\underline{F}_0|$-Kurve nach unten einer Linksverschiebung der Frequenz ω_D entspricht und zu positiver Phasenreserve führt. Mit $V_R = 2$ erhält man daher eine stabile Regelung.

Wie der Verlauf des Phasenwinkels φ_0 im zweiten und dritten Simulationslauf zeigt, hat eine Verstärkungsänderung keinen Einfluß auf φ_0.

6.1.3 PD-Regler und PT_1-I^2-Strecke

Die Lageregelung eines Flugzeugs für die Drehung um seine Längsachse läßt sich bei kleinen Auslenkungen näherungsweise durch das in **Bild 6.7** gezeichnete Blockschaltbild beschreiben. Dabei wird das Flugzeug als starrer Körper angenommen. Einflüsse des aerodynamischen Drehmoments und des Windes sind vernachlässigt. Außerdem geht man vom Geradeausflug mit konstanter Geschwindigkeit aus.

Die Regelung des Rollwinkels α erfolgt mit Hilfe eines elektrohydraulischen Stellantriebs, der auf das Querruder wirkt. Damit hat die Regelstrecke insgesamt zweifaches Integralverhalten (I^2-Verhalten) mit einer Verzögerung 1. Ordnung (PT_1-Verhalten). Der Phasenwinkel der Regelstrecke verläuft demnach von -180° bis -270°. Daher kann diese Regelung nur mit einem PD-Regler stabilisiert werden, da dieser einen Phasenwinkelverlauf von 0° bis +90° aufweist.

Bei ungünstiger Wahl der Reglerparameter wird der Regelkreis instabil, nämlich bei $T_V < T_1$. Erst mit $T_V > T_1$ erhält man eine stabile Regelung (dritter Simulationslauf.) Die besten Reglerparameter ergeben sich, wenn man sie aus dem soge-

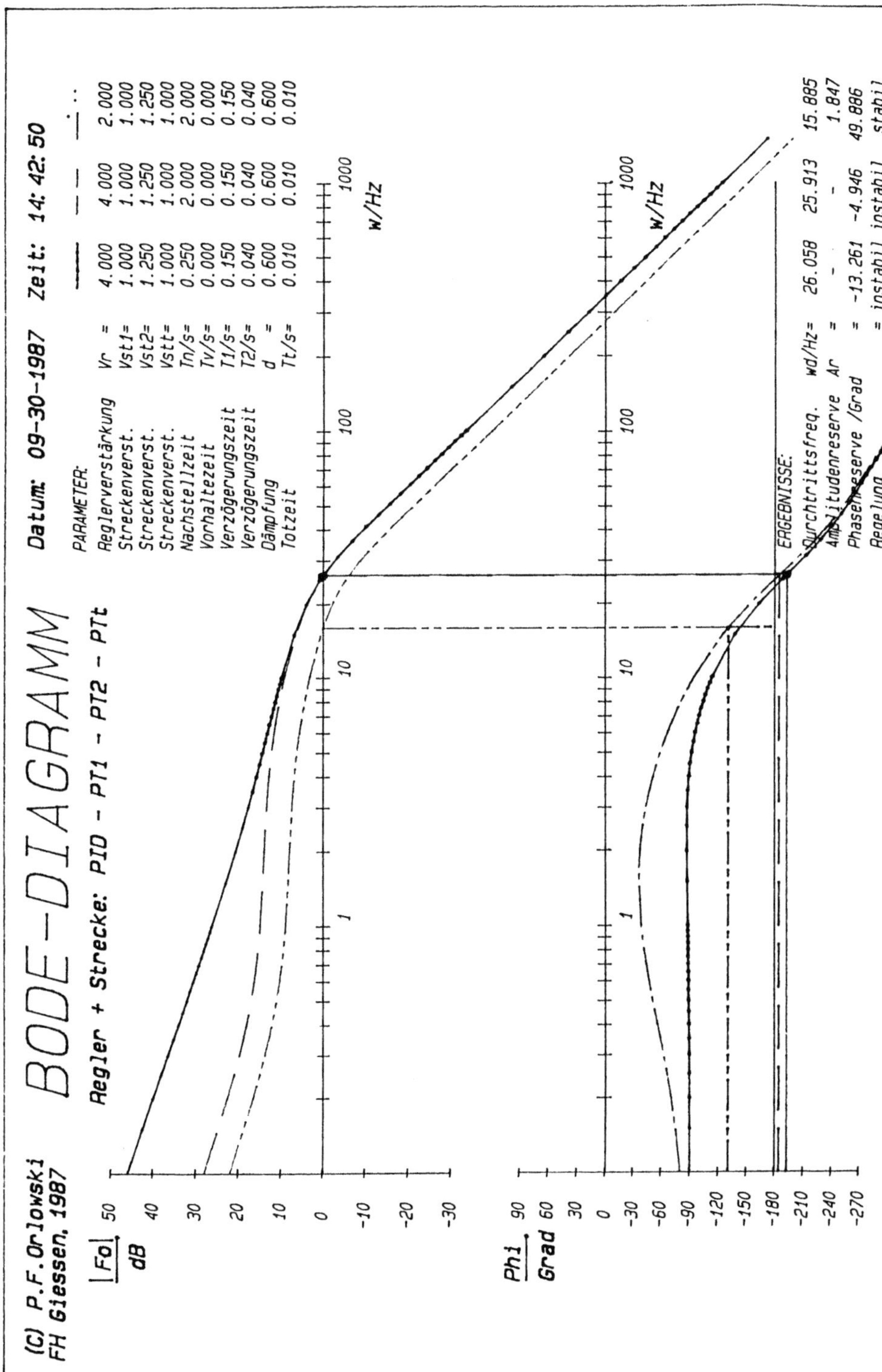

Bild 6.6 Plott des Bode-Diagramms der Regelung aus Bild 6.5 zur Verdeutlichung des Einflusses von T_N und V_R

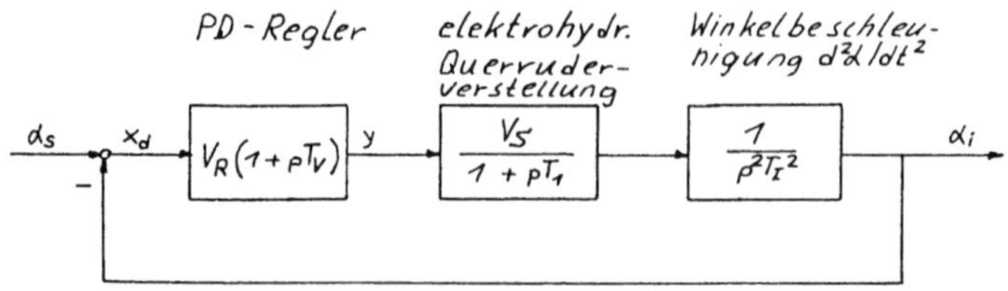

Bild 6.7 Vereinfachtes Blockschaltbild zur Regelung des Rollwinkels eines Flugzeugs

nannten Symmetrischen Optimum ermittelt, das in /9/a auf den Seiten 228-232 beschrieben ist (**Bild 6.8**).

Die optimalen Parameter hängen eng mit der Phasenreserve zusammen. Mit einem gewünschten Wert von α_R ergibt sich eine Gleichung für den Normierungsfaktor m zur Berechnung der Vorhaltzeit T_V:

$$m = \frac{1 + \sin \alpha_R}{\cos \alpha_R} = \sqrt{3} \qquad \text{für} \qquad \alpha_R = 30^o$$

$$T_V \overset{!}{=} m^2 T_1 = 0{,}45 \text{ s}$$

Für die vorliegende Regelung erhält man die Reglerverstärkung, wenn der Frequenzgangbetrag bei $\omega_D = 1 / (m * T_1)$ eins wird.

$$|\underline{F}_0| (\omega_D) \overset{!}{=} 1 = \frac{V_R V_S}{\omega_D^2 T_I^2} \sqrt{\frac{1 + \omega_D^2 T_V^2}{1 + \omega_D^2 T_1^2}}$$

Mit $\omega_D = 1 / (m * T_1)$ ergibt sich:

$$V_R = \frac{T_I^2}{m^3 V_S T_1^2} = 31{,}434$$

Die optimale Verstärkung ist in allen Simulationsläufen realisiert. Genau mit $T_V = 0{,}45$ s ist die Regelung stabil bei einem Maximum von $\alpha_R = 30^o$. Für $T_V = T_1$ heben sich die Phasenwinkel des Reglers und der PT_1-Strecke auf, so daß $\varphi_0 = -180^o$ = konstant ist.

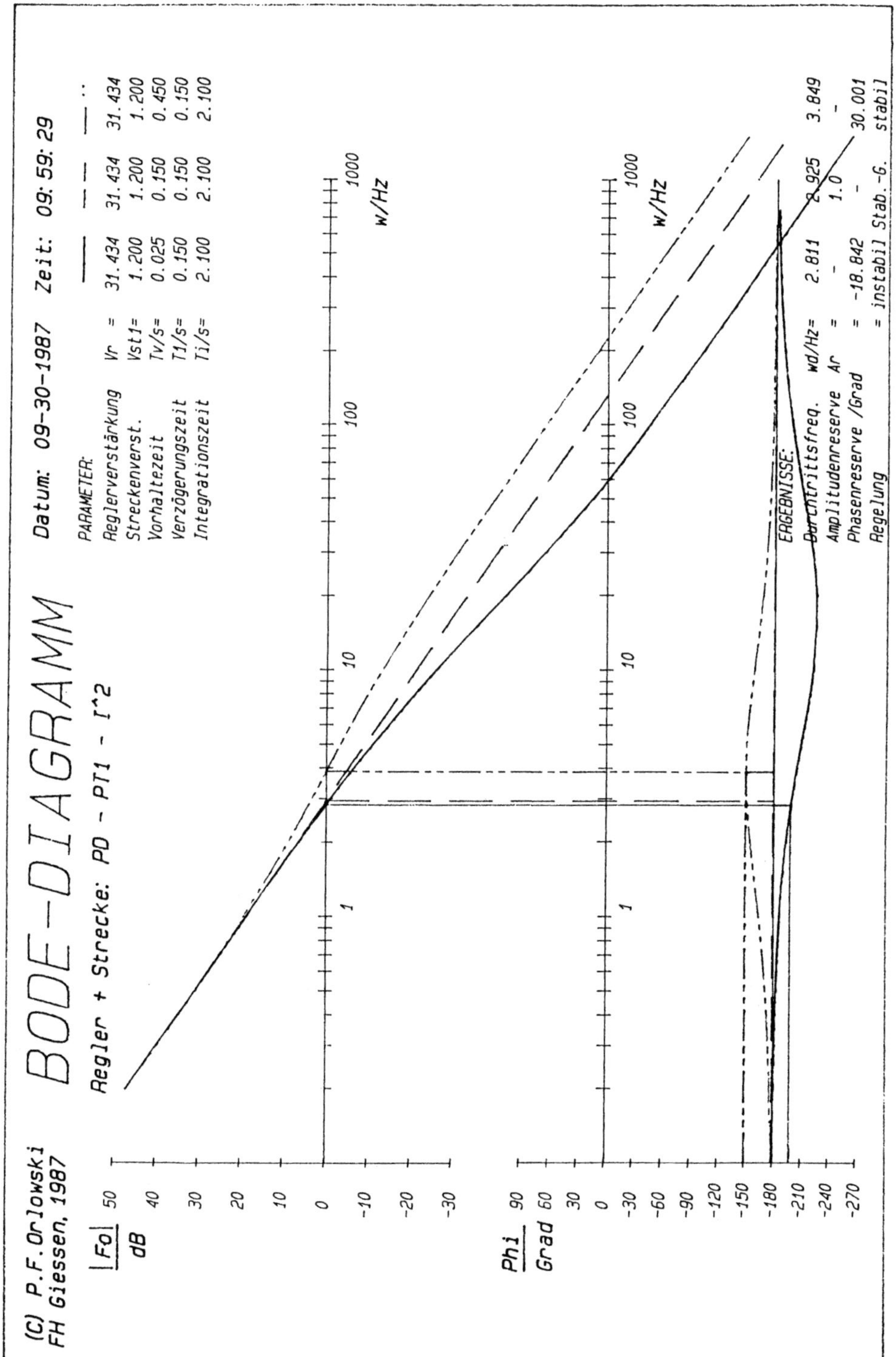

Bild 6.8 Plott des Bode-Diagramms der Regelung aus Bild 6.7 zur Veranschaulichung des Einflusses von Tv

6.1.4 PID-Regler und PT_1-PT_2-PT_t-Strecke

Viele Industrieroboter (Handhabungsautomaten) werden durch die Regelung der fünf Freiheitsgrade x, y, z, r und φ geführt. Dabei ist dem Stromregelkreis der jeweiligen Koordinate ein Positionsregelkreis überlagert. In **Bild 6.9** ist ein Wirkschaltplan dargestellt, der besonders den Zusammenhang zwischen r und φ verdeutlicht.

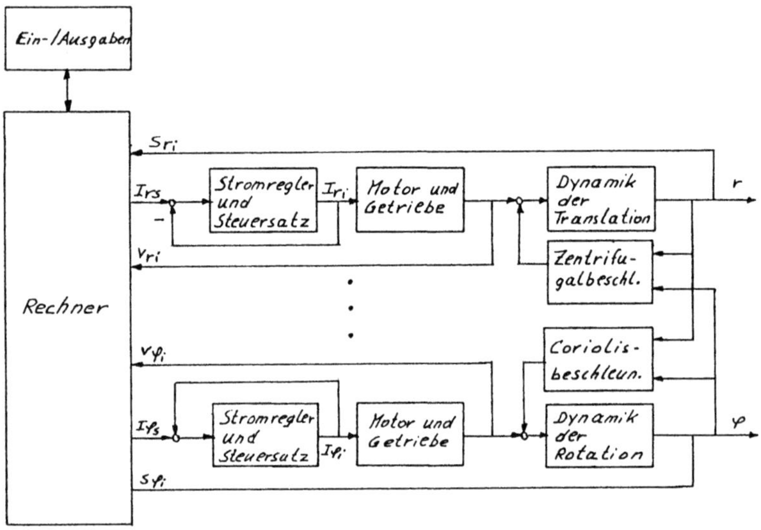

Bild 6.9 Vereinfachter Wirkschaltplan für den Zusammenhang zwischen den Freiheitsgraden r und φ eines Industrie-Roboters und deren Regelung

Für jede Koordinate wird ein PID-Regelalgorithmus im übergeordneten Rechner installiert. Außerdem realisiert der Rechner die Koordinatentransformation.

Stark vereinfacht ist jede der fünf Regelstrecken 3. Ordnung und totzeitbehaftet. Für die Koordinate r ist das Blockschaltbild mit PID-Regler in **Bild 6.10** dargestellt. In diesem Beispiel soll nun der Einfluß verschiedener Regler auf die Stabilität untersucht werden.

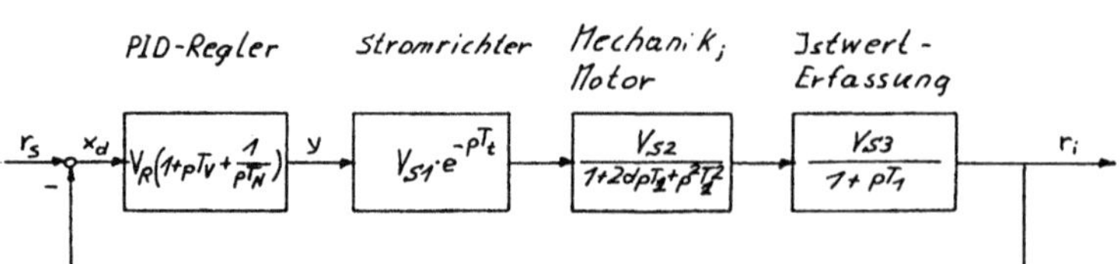

Bild 6.10 Vereinfachtes Blockschaltbild für die Regelung des Freiheitsgrades r entsprechend Bild 6.9

Das Bode-Diagramm zeigt in ersten Simulationslauf die Wirkung eines PI-Reglers auf die Strecke. Mit $T_V = 0$ und $T_N = 0{,}25$ s ist der Regelkreis instabil (**Bild 6.11**).

Setzt man einen PD-Regler ein, der sich mit $T_V = 0{,}03$ s und $T_N = 1E+20 \rightarrow \infty$ ergibt, ist die Regelung stabil (zweiter Simulationslauf). Der Einsatz eines PID-Reglers erscheint zunächst überflüssig, wie auch aus der quasi unveränderten Stabilitätsaussage der dritten Simulation ersichtlich ist.

Enthält ein Regelkreis jedoch keinen Integralanteil, ist entsprechend Gleichung (13) eine bleibende Regeldifferenz x_d unvermeidlich, zumal die Gesamtverstärkung nur $V_0 = 5$ beträgt. Die Regelstrecke enthält hier keinen I-Anteil, daher ist er im Regler zu realisieren.

6.2 Nyquist-Diagramm

Im Nyquist-Diagramm läßt sich der Einfluß von Parameteränderungen auf die Stabilität einer Regelung ebenfalls abschätzen. So wirkt sich beispielsweise das Ansteigen der Verstärkung so aus, als betrachte man die Ortskurve durch ein Vergrößerungsglas. Alle Real- und Imaginärteile sind um den Verstärkungsfaktor vergrößert. Einen Überblick über die Ortskurven der einzelnen Regelkreisglieder gibt Tabelle 2.1.

6.2.1 PI-Regler und PT_2-Strecke

Dieses Beispiel verdeutlicht den Einfluß der Nachstellzeit T_N auf die Stabilität der vorliegenden Regelung (**Bild 6.12**), die sich mit $T_1 = 0$ ergibt.

Im ersten Simulationslauf ist der Regelkreis instabil, da der Realteil von $\underline{F}_0$ größer eins ist. Vergrößert man die Nachstellzeit auf 0,15 s, wird die Regelung stabil; die Phasenreserve beträgt $\alpha_R = 29{,}8^o$. In der dritten Simulation wird mit $T_N > T_2$ ebenfalls Stabilität erreicht. Die Phasenreserve nimmt dabei erheblich zu, ohne einen merklichen Verlust an Regeldynamik zu verursachen (ω_D kaum verändert).

Damit der Schnittpunkt der ersten Ortskurve mit der Abszisse und die folgenden Ortskurven anschaulich dargestellt werden, sind der Koordinatenmittelpunkt nach links verschoben und der Koordinatenmaßstab um den Faktor zwei erhöht worden.

6.2.2 PD-Regler und PT_t-I-Strecke

Es soll fließendes Wasser in einer Rohrleitung mit einer Heizwicklung erwärmt werden. Die Regelung der Temperatur erfolgt über das Stellen der Drehspannung

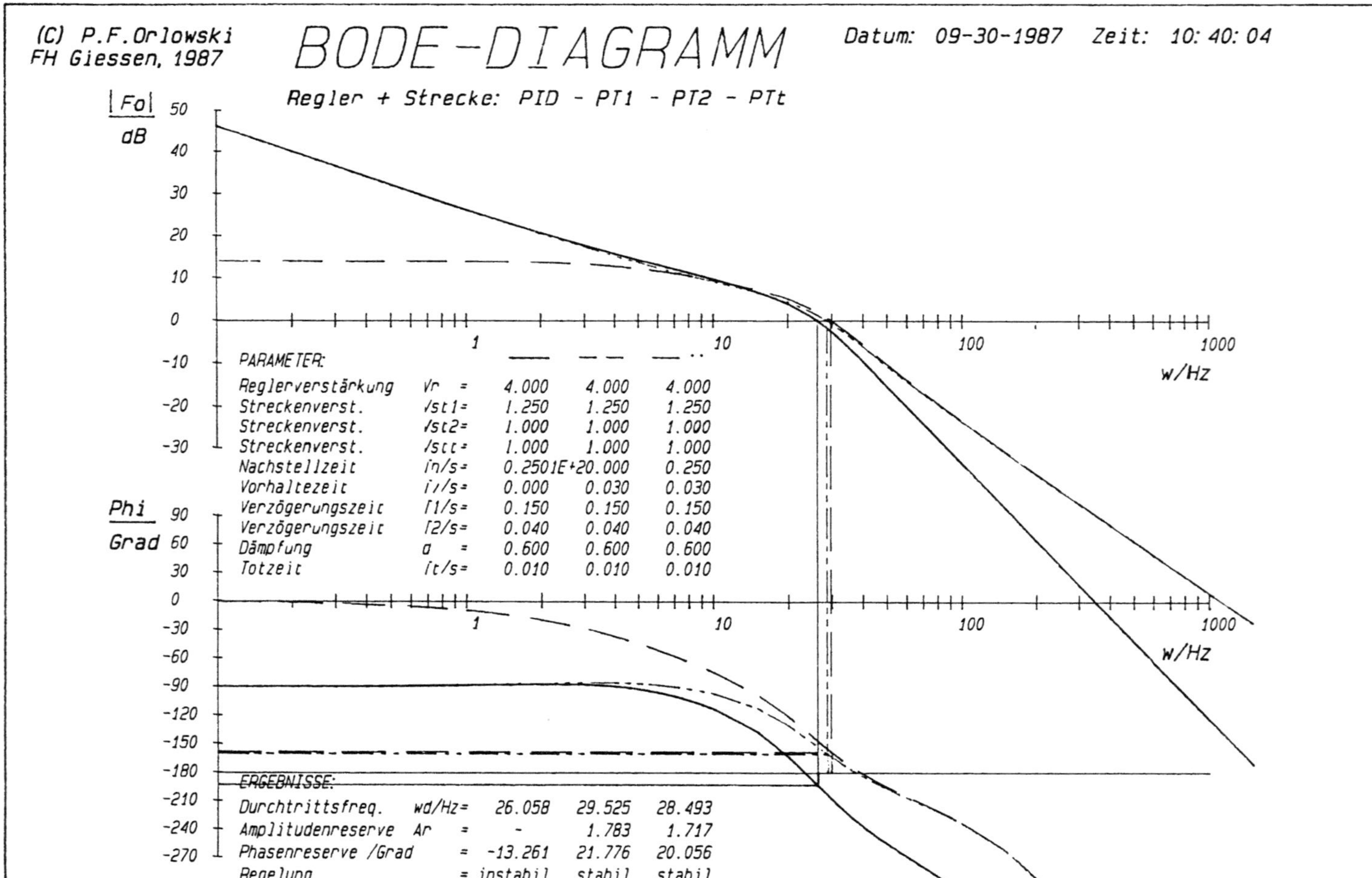

Bild 6.11 Plott des Bode-Diagramms der Regelung aus Bild 6.10 mit PI-, PD- und PID-Regler

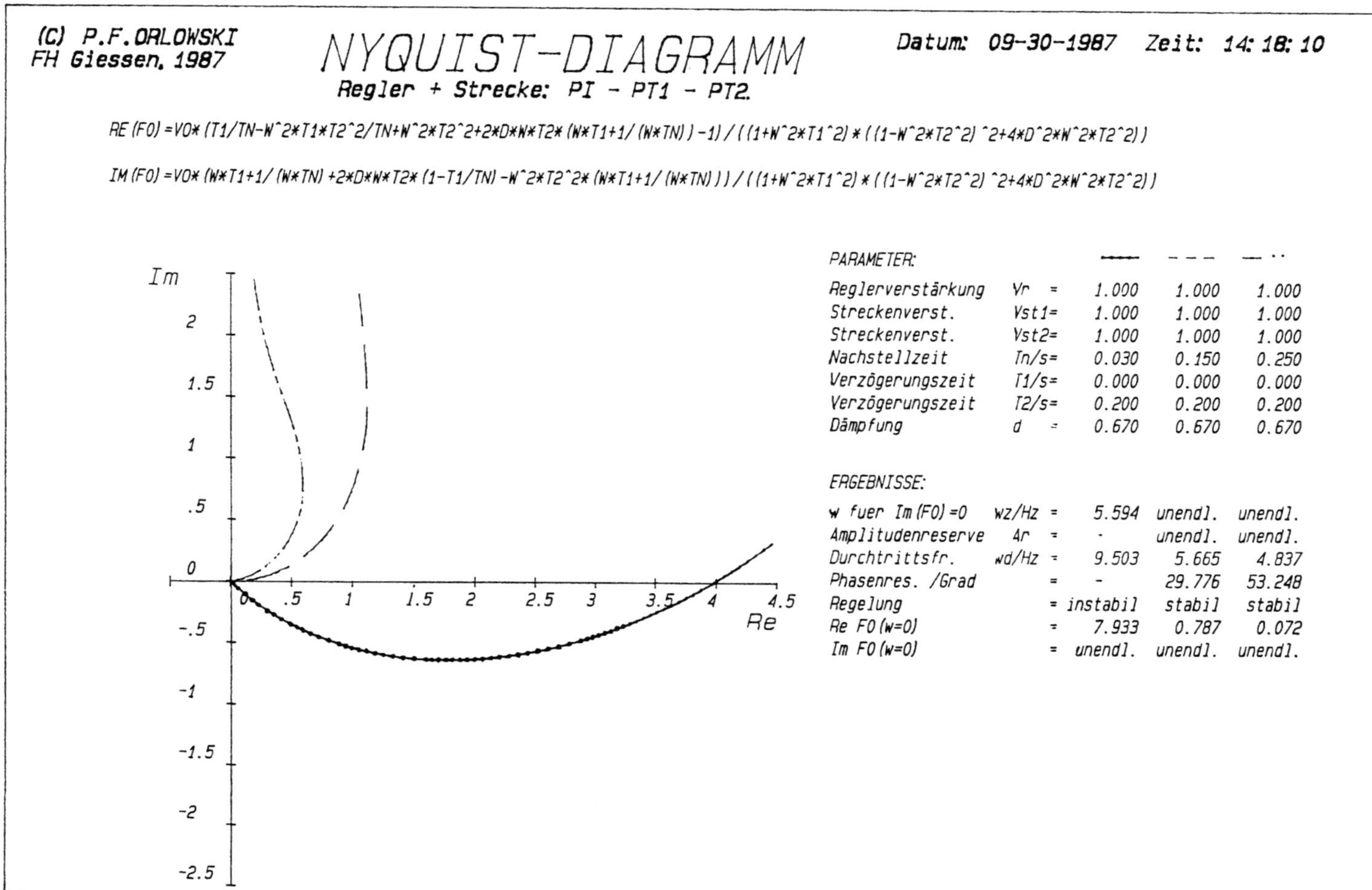

Bild 6.12 Plott des Nyquist-Diagramms einer Regelung aus PI-Regler und PT_2-Strecke für verschiedene Nachstellzeiten T_N

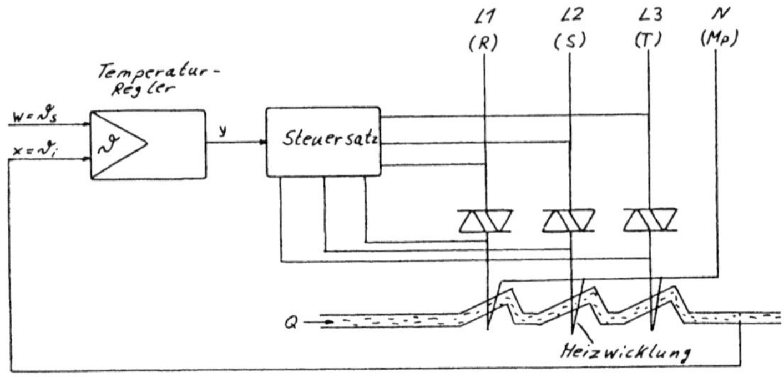

Bild 6.13 Wirkschaltplan zur Temperatur-Regelung (ähnlich einem Durchlauferhitzer) mit Drehstromsteller

mittels Drehstromsteller. Der Steuersatz, der die Zündzeitpunkte der Thyristoren bestimmt, wird von einem PD-Regler angesteuert (**Bild 6.13**).

Das Temperaturverhalten der Anordnung soll näherungsweise durch ein I-Glied dargestellt werden. Der Drehstromsteller ist ein Totzeitglied. Damit ergibt sich die Blockschaltung **Bild 6.14**. Das Nyquist-Diagramm dieses Regelkreises zeigt im ersten Simulationslauf mit $T_V = 0$ die Wirkung eines P-Reglers (**Bild 6.15**).

Wegen der relativ geringen Totzeit ist die Regelung sehr stabil mit $\alpha_R = 81{,}9^o$. Mit der recht großen Amplitudenreserve von $A_R = 11{,}1$ läßt sich die Reglerverstärkung auf maximal $V_{0kr} = V_0 * A_R = 133{,}5$ erhöhen (entsprechend Gl. (19)). Auf diese Weise kann die bleibende Regeldifferenz x_d verringert werden.

Im zweiten Simulationslauf wirkt auf die Regelstrecke der PD-Regler mit $T_V = 0{,}05$ s. Auch diese Regelung ist sehr stabil bei fast unveränderter Durchtrittsfrequenz. Die Amplitudenreserve beträgt jedoch nur noch $A_R = 2{,}8$.

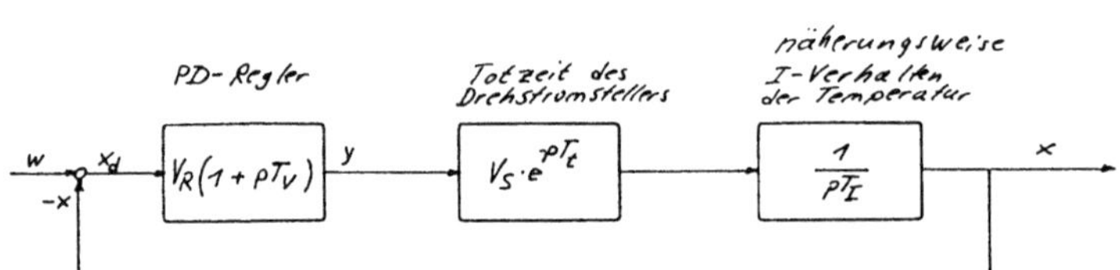

Bild 6.14 Blockschaltbild der Temperatur-Regelung nach Bild 6.13 mit PD-Regler

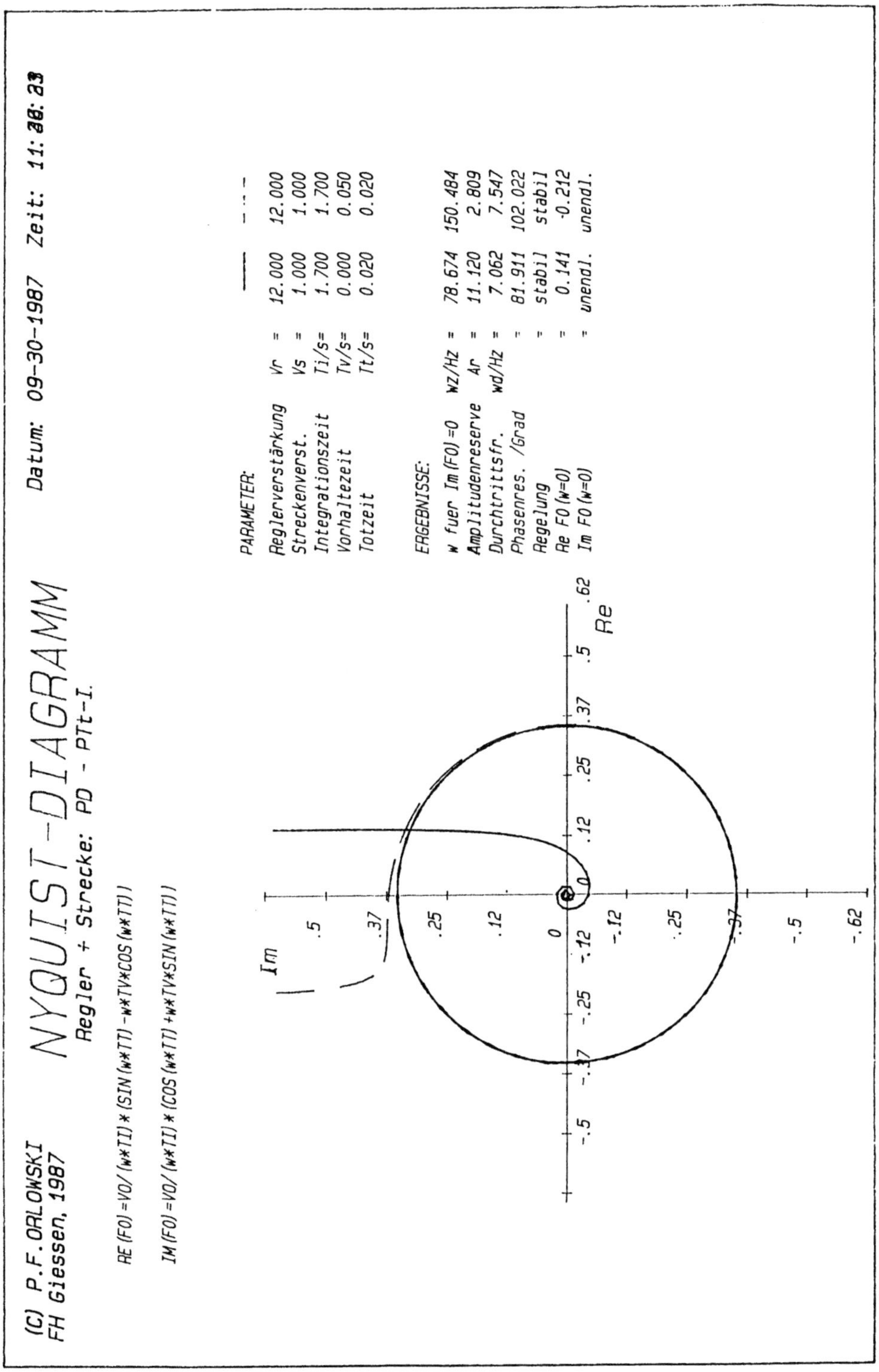

Bild 6.15 Plott des Nyquist-Diagramms zu Bild 6.14 für verschiedene Vorhaltzeiten Tv

6.2.3 PID-Regler und PT_1-PT_1-PT_t-Strecke

In einem Prüfstand soll u.a. der Bremsdruck eines Bremszylinders geregelt werden (**Bild 6.16**). Druckänderungen sind über ein Ventil möglich, das die Druckluft entweichen läßt. Die vereinfachte Blockschaltung bei Verwendung eines PID-Reglers zeigt **Bild 6.17**. Es handelt sich im wesentlichen um eine totzeitbehaftete Regelstrecke 2. Ordnung, deren größte Zeitkonstante durch die Druckverteilung im Bremszylinder gegeben ist.

Für $T_N >> T_V$ kann die Übertragungsfunktion des PID-Reglers in der Form

$$F_R(p) = V_R * \frac{(1 + pT_N)(1 + pT_V)}{pT_N}$$

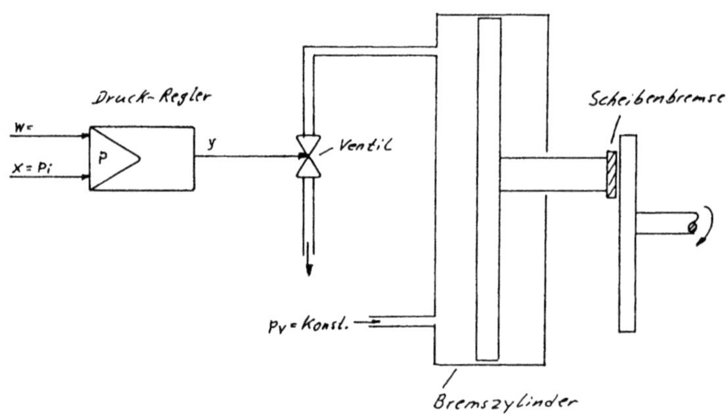

Bild 6.16 Vereinfachter Wirkschaltplan zur Regelung des Druckes an einem Bremszylinder

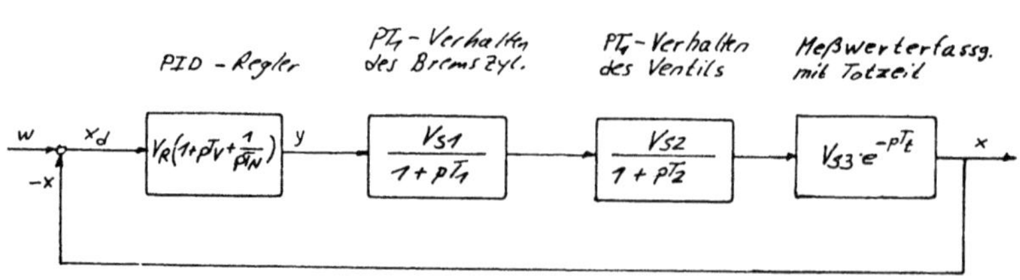

Bild 6.17 Blockschaltbild der Bremsdruck-Regelung mit PID-Regler

geschrieben werden. Die Übertragungsfunktion der Regelung lautet dann:

$$F_0(p) = V_0 * \frac{(1 + pT_N)(1 + pT_V)}{pT_N (1 + pT_1)(1 + pT_2)} e^{-pT_t}$$

Setzt man die Nachstellzeit der größten Streckenzeitkonstanten gleich, wird sofort ein Verzögerungsglied (PT_1-Glied) kompensiert. Dies ist im ersten Simulationslauf (**Bild 6.18**) geschehen.

Ist man bestrebt, die Phasenreserve zu erhöhen, muß der Anwender lediglich die Reglerverstärkung zurücknehmen, wie im zweiten und dritten Simulationslauf zu sehen ist. Dabei nimmt zwangsläufig die Amplitudenreserve zu.

Ein Anstieg der Phasenreserve hat allerdings hier den Rückgang der Durchtrittsfrequenz zur Folge. Sie ist bekanntlich ein Maß für die Reaktionsfähigkeit der Regelung auf Sollwert- und Störgrößenänderungen und sollte daher nicht zu klein gewählt werden.

6.2.4 PD-Regler und PT_1-PT_2-Strecke

An einer Regelstrecke 3. Ordnung die von einem PD-Regler geführt wird, soll gezeigt werden, wie sich die Parameter T_V und V_R auf die Phasenreserve und Durchtrittsfrequenz auswirken (**Bild 6.19**). Bei konstanter Verstärkung $V_R = 10$ wird zunächst die Vorhaltzeit T_V von 25 ms im ersten auf 150 ms im zweiten Simulationslauf gesteigert. Dabei steigt sowohl die Phasenreserve von 6,6^o auf 17,7^o als auch die Durchtrittsfrequenz von 35,3 Hz auf 64,5 Hz.

Die Dynamik des Regelkreises nimmt also zu. Wie schon in Abschnitt 6.2.3 gezeigt, nimmt ω_D ab, wenn man die Verstärkung V_R verkleinert (dritter Simulationslauf). Auch hier ist die Angabe des Real- und Imaginärteils von $\underline{F}_0(\omega = 0)$ hilfreich, damit bei einer Maßstabsänderung die gesamte Ortskurve dargestellt wird.

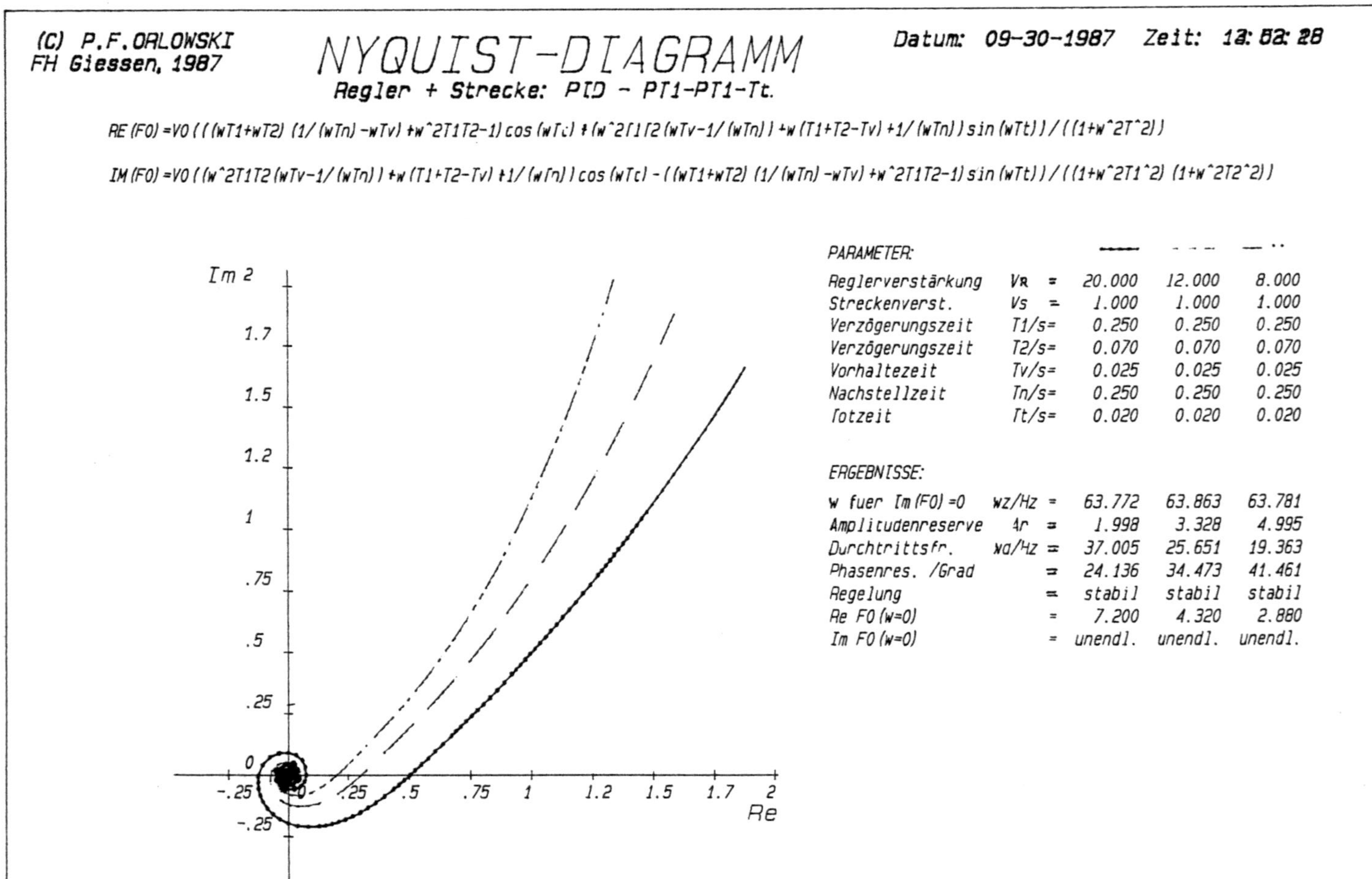

Bild 6.18 Plott des Nyquist-Diagramms der Regelung nach Bild 6.17 zur Darstellung des Einflusses der Regler-Verstärkung V_R

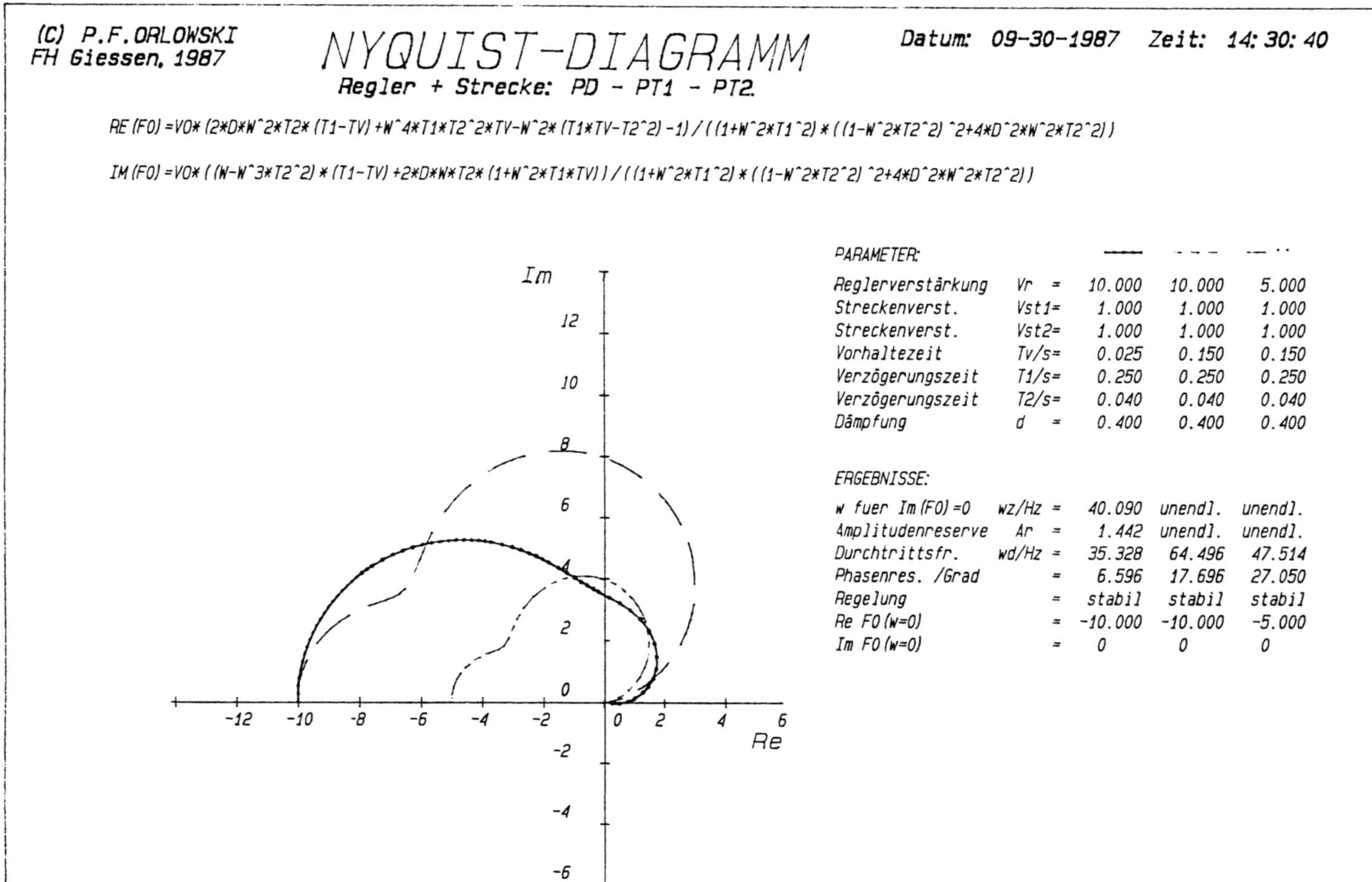

Bild 6.19 Regelung einer Strecke mit PD-Regler und dem Einfluß von T_V und V_R

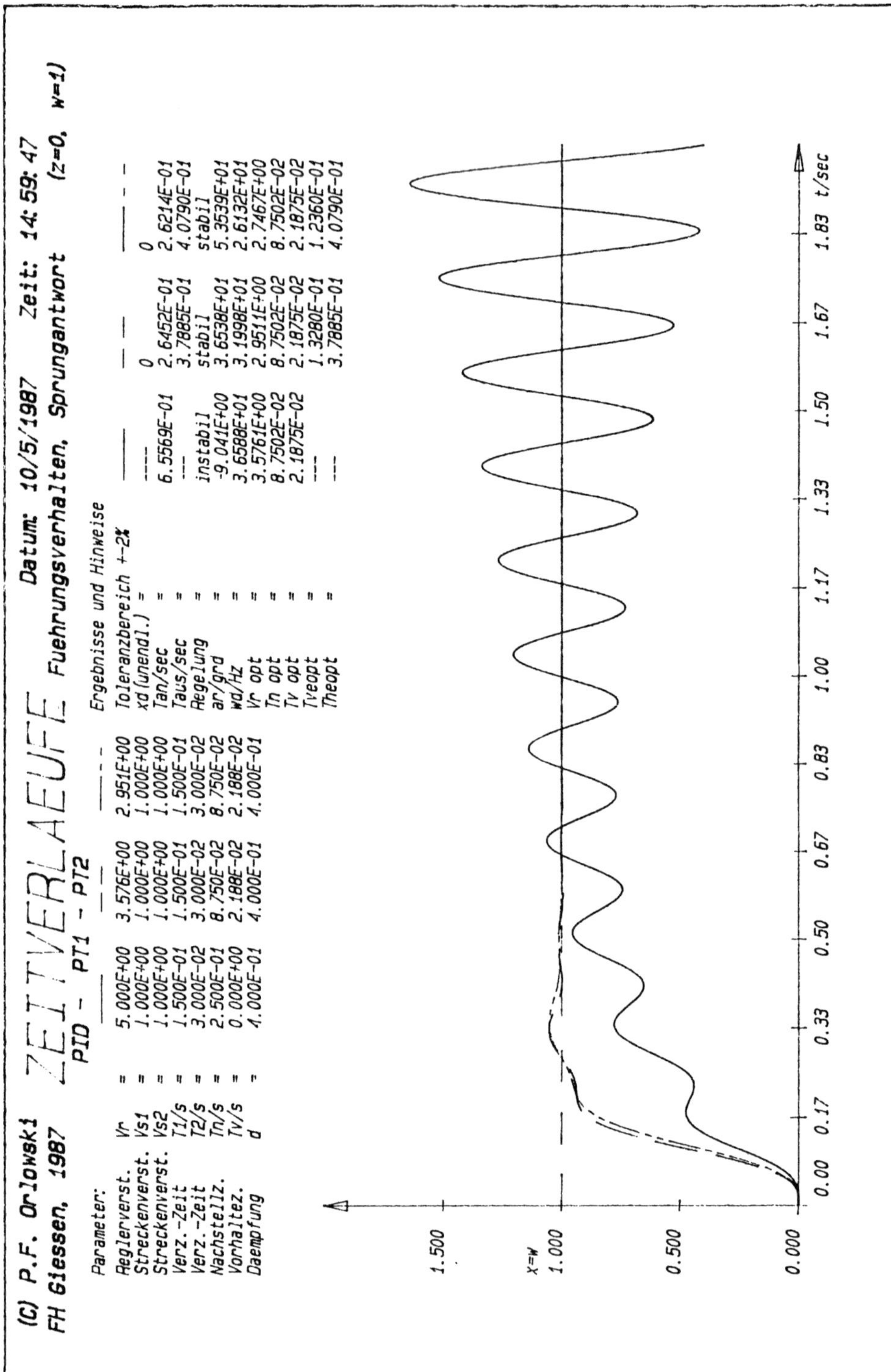

Bild 6.20 Plott der Führungs-Sprungantwort einer Regelstrecke dritter Ordnung mit PID-Regler nach Ziegler und Nichols optimiert

6.3 Zeitverläufe

Die Regelkreisoptimierung im Zeitbereich dürfte besonders interessant sein. Die gegebenen Regler-Strecken-Kombinationen lassen sich untersuchen mit der:

- Sprungantwort bei Führungsverhalten
- Sprungantwort bei Störverhalten
- Fahrkurvenantwort bei Führungsverhalten
- Rampenantwort mit Begrenzung bei Führungsverhalten.

Da eine Vorausabschätzung der Reglerparameter im Zeitbereich schwierig ist, werden in der Ergebnis- und Hinweisliste der Bildschirmgraphik die optimalen Reglereinstellwerte nach *Ziegler* und *Nichols* angegeben. Sie sind in Abschnitt 3.1 erläutert worden. Im Programm beruht die Berechnung auf den Gleichungen (16) bis (19).

Auf eine automatische Optimierung der Regelkreise wurde bewußt verzichtet. Es wird noch gezeigt, daß die Dynamik einer stabilen Regelung auch mit Hilfe einer optimalen Fahrkurvenform positiv beeinflußt werden kann. Dabei ist die Angabe der optimalen Werte T_{VEopt} und T_{HEopt} in der Bildschirmgraphik sicher hilfreich.

6.3.1 PID-Regler und PT_1-PT_2-Strecke; Sprung- und Störsprungantwort

Ein Verzögerungsglied 1. und 2. Ordnung soll zunächst von einem PI-Regler (PID-Regler mit $T_V = 0$) geführt werden. **Bild 6.20** zeigt die Sprungantwort der Regelung bei Führungsverhalten. Die im ersten Simulationslauf gewählten Reglerparameter führen zu instabilem Verhalten des Regelkreises. Dies ist u.a. in der relativ geringen Dämpfung des PT_2-Glieds von $d = 0{,}4$ begründet.

In der Ergebnis- und Hinweisliste finden sich in der ersten Spalte die optimalen Reglereinstellwerte nach *Ziegler* und *Nichols*. Diese wurden für den zweiten Simulationslauf verwendet. Das Ergebnis ist eine stabile Regelung mit guter Dynamik ($\omega_D = 32$ Hz) und geringer Überschwingneigung.

Bezüglich der Sprungantwort verbessert sich das Verhalten der Regelung bei nochmaliger Optimierung mit $V_R = 2{,}95$ nicht (dritter Simulationslauf). Die Phasenreserve nimmt zu, ω_D allerdings wird geringer. Eine Entscheidung über die letztlich einzustellenden Reglerparameter läßt sich möglicherweise mit Hilfe der Störsprungantwort treffen (**Bild 6.21**). Die Störgröße greift entsprechend Bild 3.9 zwischen Regler und Strecke an.

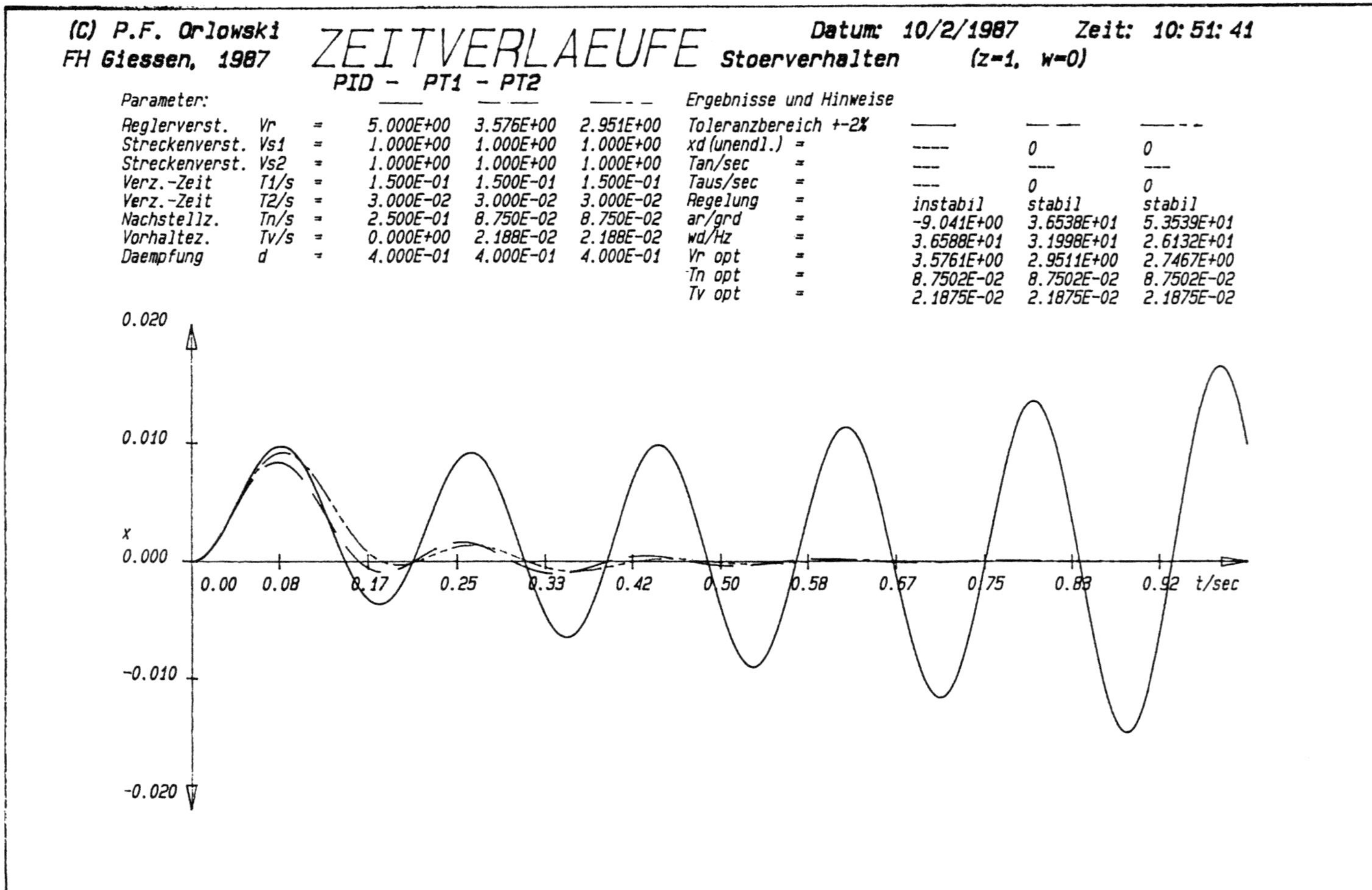

Bild 6.21 Plott der Stör-Sprungantwort einer Regelung aus PID-Regler und PT_1-PT_2-Strecke nach Ziegler und Nichols optimiert

Mit den gleichen Reglerparametern wie im ersten Simulationslauf der Führungssprungantwort ergibt sich natürlich auch bei Störverhalten Instabilität. Wegen der unveränderten Streckenparameter sind die errechneten optimalen Reglereinstellwerte dieselben wie in Bild 6.20. Es zeigt sich, daß nach zweimaliger Optimierung im letzten Rechnerlauf keine wesentliche Verbesserung des Störverhaltens erzielt wird. Damit sind die günstigeren Reglerparameter die des zweiten Simulationslaufs bei Führungs- und Störverhalten.

6.3.2 PID-Regler und drei PT_1-Strecken; Fahrkurvenantwort nach Ziegler-Nichols und mit Fahrkurven optimiert

Beim Walzen von Bandmaterial hat der Bandzug Einfluß auf die Banddicke und die Materialeigenschaften. Im Falle einer direkten Bandzugregelung (siehe /9/a S.291-305) ist der Zugregler dem Geschwindigkeits- und Stromregler überlagert. Diese Kaskadenregelung ist in **Bild 6.22** abgebildet.

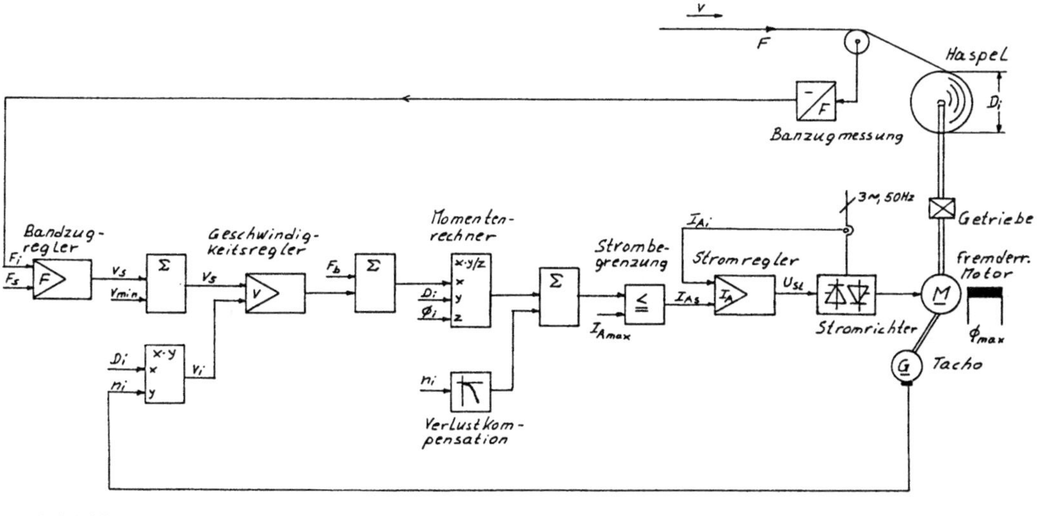

Bild 6.22 Wirkschaltplan einer direkten Bandzug-Regelung mit unterlagertem Geschwindigkeits- und Strom-Regelkreis für die Haspel eines Walzwerkes

Die Messung des Bandzugs erfolgt über eine Umlenkrolle, die auf den Kraftmesser wirkt. Die Geschwindigkeit des aufzuwickelnden Bandes entspricht der Multiplikation aus Haspeldrehzahl und dem veränderlichen Wickeldurchmesser (Bunddurchmesser) D_i.

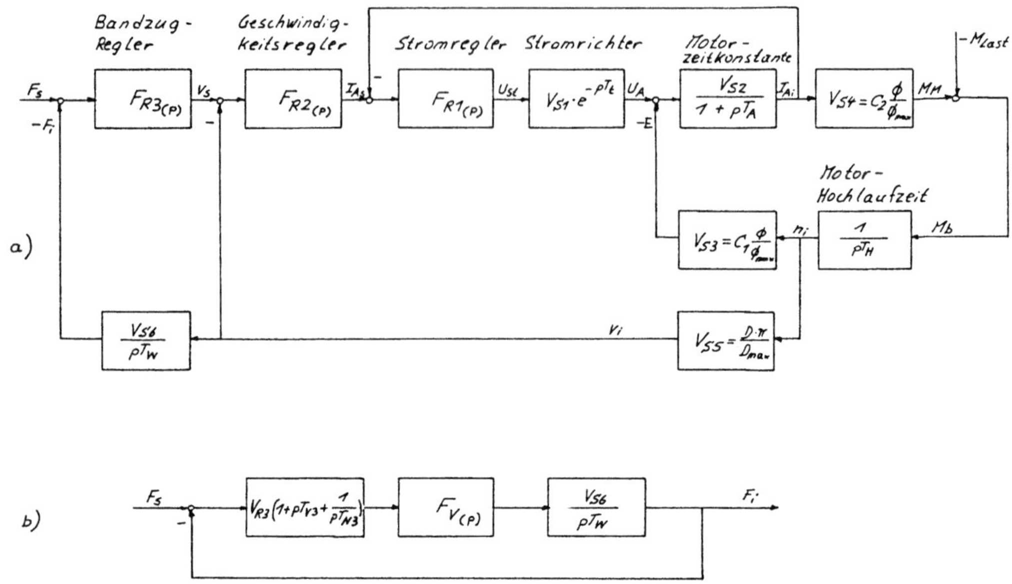

Bild 6.23 Umformung der Kaskaden-Regelung aus Bild 6.22 zum Blockschaltbild eines einschleifigen Regelkreises

Ohne Feldschwächung des Gleichstrommotors ergibt sich das Blockschaltbild **Bild 6.23a** mit den zu dimensionierenden Reglerübertragungsfunktionen $F_{R1}(p)$, $F_{R2}(p)$, $F_{R3}(p)$.

Zur Regelung des Stroms und der Geschwindigkeit setzt man meist PI-Regler ein, deren Nachstellzeiten in der Größenordnung der Ankerkreiszeitkonstanten T_A liegen, also

$$T_{N1} = T_A \quad \text{und} \quad T_{N2} = m^2 (T_A + T_t)$$

Die Reduktion von Kaskadenregelungen auf einschleifige Regelkreise ist in /9/a S.234-317 mehrfach beschrieben. Mit guter Näherung kann man dabei kleine Zeitkonstanten (hier $T_W >> T_K$) zu einer Ersatzzeitkonstanten T_K zusammenfassen.

$$T_K = \frac{T_A}{V_{R1} V_{S1} V_{S2}} + T_t \quad \text{und} \quad T_H' = \frac{T_H}{V_{R2} V_{S4}}$$

Außerdem enspricht ein PT_1- einem I-Glied für $\omega_D T_W >> 1$, d.h. im interessierenden Frequenzbereich. Auf diese Weise lassen sich die unterlagerten Regelkreise auf die Funktion $F_V(p)$ zurückführen. Man erhält das Blockschaltbild **Bild 6.23b** eines einschleifigen Regelkreises.

$$F_{03}(p) \approx V_{03} \frac{(1 + pT_{N3})(1 + pT_{V3})}{pT_{N3}(1 + pT_W)(1 + pT_H')(1 + pT_K)}$$

Nun kann die vereinfachte direkte Bandzugregelung untersucht werden. In den beiden folgenden Plotts gilt dann $T_H' \triangleq T_1$, $T_W \triangleq T_2$, $T_K \triangleq T_3$ und $V_{R3} \triangleq V_R$. Die Fahrkurvenparameter wurden auf $T_{HE} = 1$ s und $T_{VE} = 0{,}1$ s festgelegt.

Die Graphik **Bild 6.24** zeigt bei den zunächst frei gewählten Reglerparametern im ersten Simulationslauf eine erhebliche Schwingungsneigung, obwohl die Phasenreserve bereits $\alpha_R = 18{,}7^o$ beträgt.

Optimiert man im zweiten Simulationslauf nach *Ziegler* und *Nichols*, verringert sich die Schwingung der Fahrkurvenantwort deutlich, wie auch die abnehmende Ausregelzeit zeigt. Phasenreserve und Durchtrittsfrequenz steigen auf $\alpha_R = 25{,}9^o$ und $\omega_D = 6{,}8$ Hz.

In dritten Simulationslauf erhält man (auch bezüglich $\omega_D; \omega_R$) fast identische Ergebnisse, so daß eine weitere Optimierung für die gewählte Fahrkurve nicht sinnvoll ist.

Wie die Graphik in **Bild 6.25** verdeutlicht, läßt sich der gleiche Regelkreis auch mit Hilfe der Fahrkurvenparameter optimieren. Ist die Regelung stabil, bleiben die Reglerparameter dabei unverändert.

Beginnt man mit der gleichen Fahrkurve wie in Bild 6.24, schwingt die Fahrkurvenantwort relativ weit über. Im zweiten Simulationslauf ist die Fahrkurve unabhängig von den Optimalwerten auf $T_{HE} = 2$ s und $T_{VE} = 0{,}5$ s festgelegt worden. Bei gleicher Stabilitätsaussage (infolge unveränderter Reglerparameter) nimmt die Schwingungsneigung stark ab.

Die dritte Simulation zeigt mit einer Hochlaufzeit von $T_{HEopt} = 4{,}36$ s (mit T_{AUS} der Sprungantwort) und einer Verschliffzeit von $T_{VEopt} = 1{,}5 * V_{Ropt} * V_S * T_{MIN*} = 0{,}57$ s eine nochmals herabgesetzte Überschwingungsneigung.

Es ist sicher möglich, die Fahrkurvenantwort mit noch größerer Hochlaufzeit weiter zu "glätten". Die Entscheidung über eine solche Maßnahme hat jedoch großen Einfluß auf die Produktivität des hier als Beispiel gewählten Walzwerks. Mit zunehmender Hochlaufzeit wachsen auch die Anfahr- und Bremszeiten der Anlage, damit nimmt der Materialdurchsatz ab. Die optimalen Fahrkurvenwerte sollten daher möglichst klein sein.

(C) P.F. Orlowski
FH Giessen, 1987

ZEITVERLAEUFE Fuehrungsverhalten, Fahrkurvenantwort (z=0, w=w(t))

Datum: 10/2/1987 Zeit: 13:50:24

PID - PT1 - PT1 - PT1

Parameter:			———	— —	——--
Reglerverst.	Vr	=	3.000E+00	7.621E+00	6.864E+00
Streckenverst.	Vs1	=	1.000E+00	1.000E+00	1.000E+00
Streckenverst.	Vs2	=	1.000E+00	1.000E+00	1.000E+00
Streckenverst.	Vs3	=	1.000E+00	1.000E+00	1.000E+00
Verz.-Zeit	T1/s	=	8.500E-01	8.500E-01	8.500E-01
Verz.-Zeit	T2/s	=	1.200E-01	1.200E-01	1.200E-01
Verz.-Zeit	T3/s	=	5.000E-02	5.000E-02	5.000E-02
Nachstellz.	Tn/s	=	2.000E-01	2.221E-01	2.221E-01
Vorhaltez.	Tv/s	=	2.000E-02	5.553E-02	5.553E-02
Verschliffz.	Tve/sec	=	1.000E-01	1.000E-01	1.000E-01
Hochlaufzeit	The/sec	=	1.000E+00	1.000E+00	1.000E+00

Ergebnisse und Hinweise		———	— —	——--
Toleranzbereich +-2%				
xd(unendl.)	=	0	0	0
Tan/sec	=	9.4627E-01	9.3733E-01	9.2621E-01
Taus/sec	=	4.3593E+00	1.8316E+00	2.2515E+00
Regelung	=	stabil	stabil	stabil
ar/grd	=	1.8656E+01	2.5941E+01	2.5955E+01
wd/Hz	=	4.3260E+00	6.7646E+00	6.3737E+00
Vr opt	=	7.6209E+00	6.8640E+00	6.6625E+00
Tn opt	=	2.2213E-01	2.2213E-01	2.2213E-01
Tv opt	=	5.5532E-02	5.5532E-02	5.5532E-02
Tveopt	=	5.7157E-01	5.1480E-01	4.9969E-01
Theopt	=	4.3593E+00	1.8316E+00	2.2515E+00

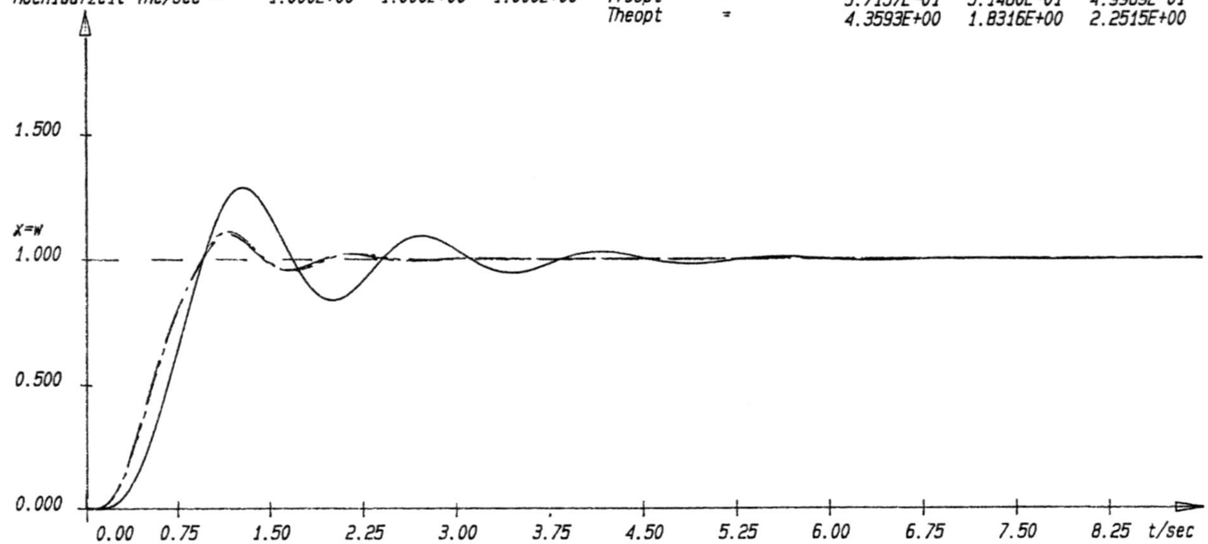

Bild 6.24 Optimierung der vereinfachten Bandzug-Regelung nach Ziegler und Nichols mit einer festen Fahrkurve als Sollwertfunktion

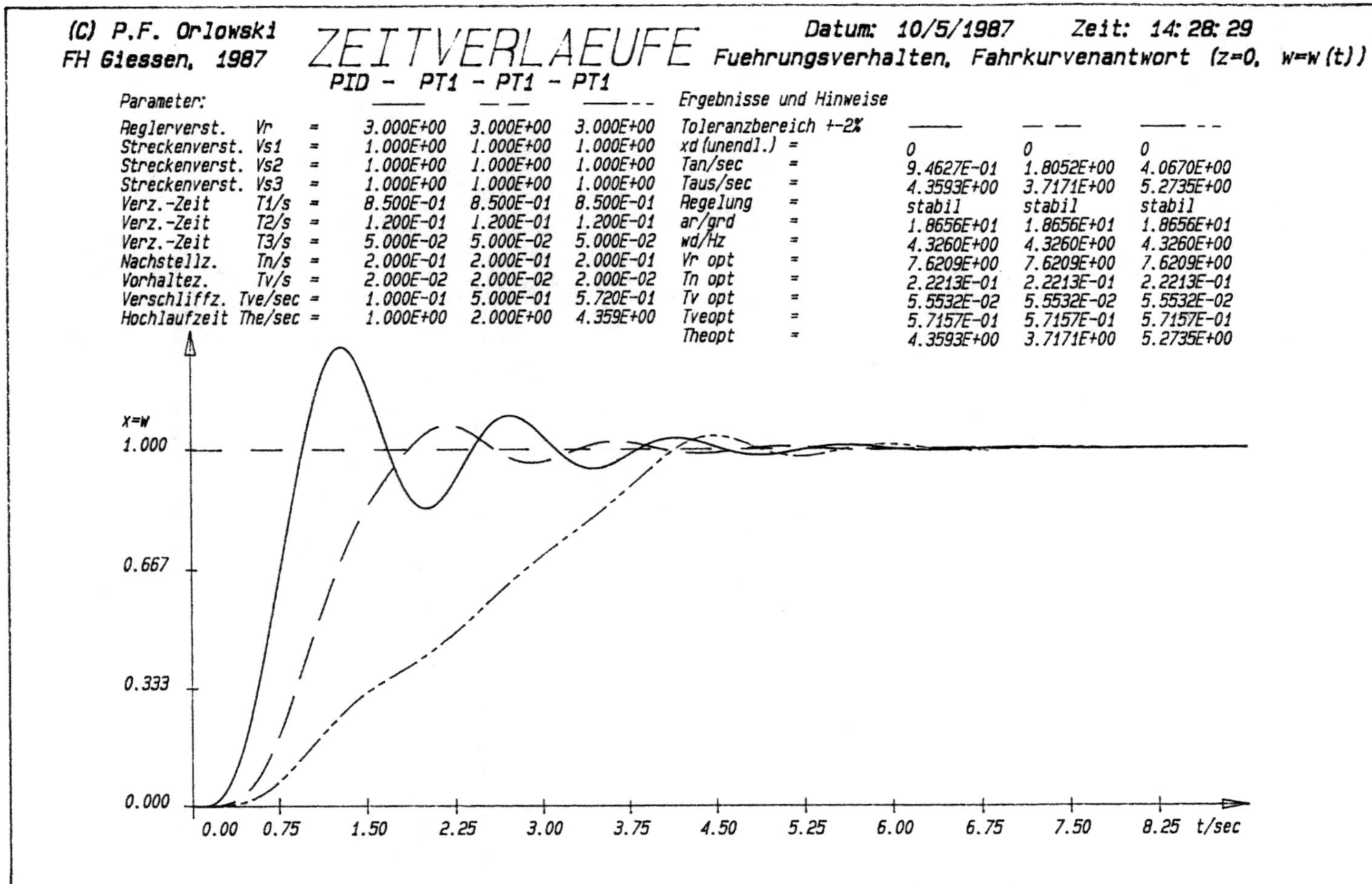

Bild 6.25 Optimierung der vereinfachten Bandzug-Regelung mit Hilfe verschiedener Fahrkurven bei festen Regler-Parametern

6.3.3 P-Regler und PT_1-PT_1-I-Strecke; Vergleich von Sprung-, Rampen- und Fahrkurvenantwort; Einfluß der Hochlaufzeit auf die Fahrkurvenantwort

In diesem Beispiel ist die Positionsregelung eines Meßtisches auf Stabilität zu untersuchen (**Bild 6.26**). Dabei wirkt der Weg- bzw. Positionsregler auf einen Gleichstrommotor, der den Meßtisch mit einer Spindel bewegt (siehe /9/b S.77-81). Die Erfassung der augenblicklichen Position s_i erfolgt mittels Winkelschrittgeber und Frequenz-Spannungs-Wandler (f/U-Wandler).

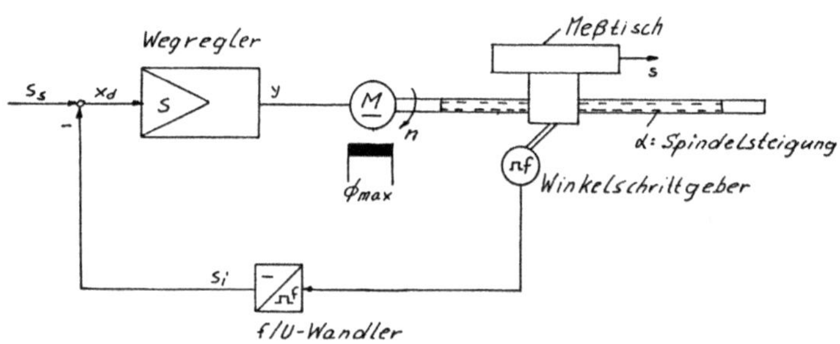

Bild 6.26 Wirkschaltplan der Positions-Regelung eines Meßtisches mit einem Spindelantrieb

Für die Ankerspannung des Gleichstrommotors lautet die Gleichung:

$$U_A = C_1 \ \phi_{MAX} \, n + I_A R_A \qquad \text{mit} \qquad L_A * dI_A/dt << I_A R_A$$

Das Motormoment sei gleich dem Beschleunigungsmoment:

$$M_M = M_b = C_2 \ \phi_{MAX} \ I_A = 2 \ \pi \ J * dn/dt$$

Daraus folgt

$$I_A(p) = p \ \frac{2 \ \pi \ J * n(p)}{C_2 \ \ \phi_{MAX}}$$

Setzt man $I_A(p)$ in die Gleichung der Ankerspannung ein, folgt:

$$U_A(p) = p \ \frac{2 \pi J R_A * n(p)}{C_2 \ \ \phi_{MAX}} + C_1 \ \ \phi_{MAX} * n(p)$$

Damit lautet die Übertragungsfunktion des Motors

$$F_{S1}(p) = \frac{n(p)}{U_A(p)} = \frac{V_{S1}}{1 + pT_1} \quad \text{mit} \quad \begin{array}{l} C1 = 2\,\pi\, C_2 \\ T1 = JR_A / (C_2^{\,2}\, \phi_{MAX}^{\,2}) \\ V_{S1} = 1 / (C_1\, \phi_{MAX}) \end{array}$$

Die Meßtischposition wird über die Motordrehzahl in Abhängigkeit von der Spindelsteigung α verstellt. Es gilt:

$$s = \alpha \int_0^t n\, dt$$

Die Übertragungsfunktion ist dann die eines I-Glieds:

$$F_{S2}(p) = \frac{s(p)}{n(p)} = \frac{\alpha}{p}$$

Nimmt man an, daß die s_i-Erfassung ein Verzögerungsglied 1. Ordnung darstellt, ergibt sich bei Verwendung eines PI-Reglers die Blockschaltung **Bild 6.27**.

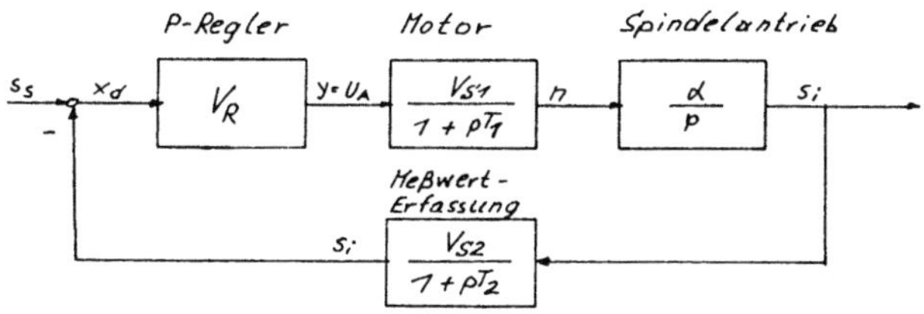

Bild 6.27
Vereinfachtes Blockschaltbild der Meßtisch-Positions-Regelung mit P-Regler

Zunächst ist die Regelung auf eine feste Reglerverstärkung eingestellt worden. Nun erfolgt der Vergleich der drei in diesem Programm möglichen Sollwertfunktionen (**Bild 6.28**).

Mit $T_{HE} = T_{VE} = 0$ erhält man im ersten Simulationslauf die Sprungantwort. Sie schwingt sehr stark über und läuft erst nach einer Ausregelzeit von $T_{AUS} = 3{,}6$ s in den Toleranzbereich ein. Setzt man nur T_{VE} null, ergibt sich die Rampenantwort mit der Begrenzung auf den Sollwert w = 1. Im zweiten Simulationslauf ist dies für die Hochlaufzeit von 3,52 s realisiert worden.

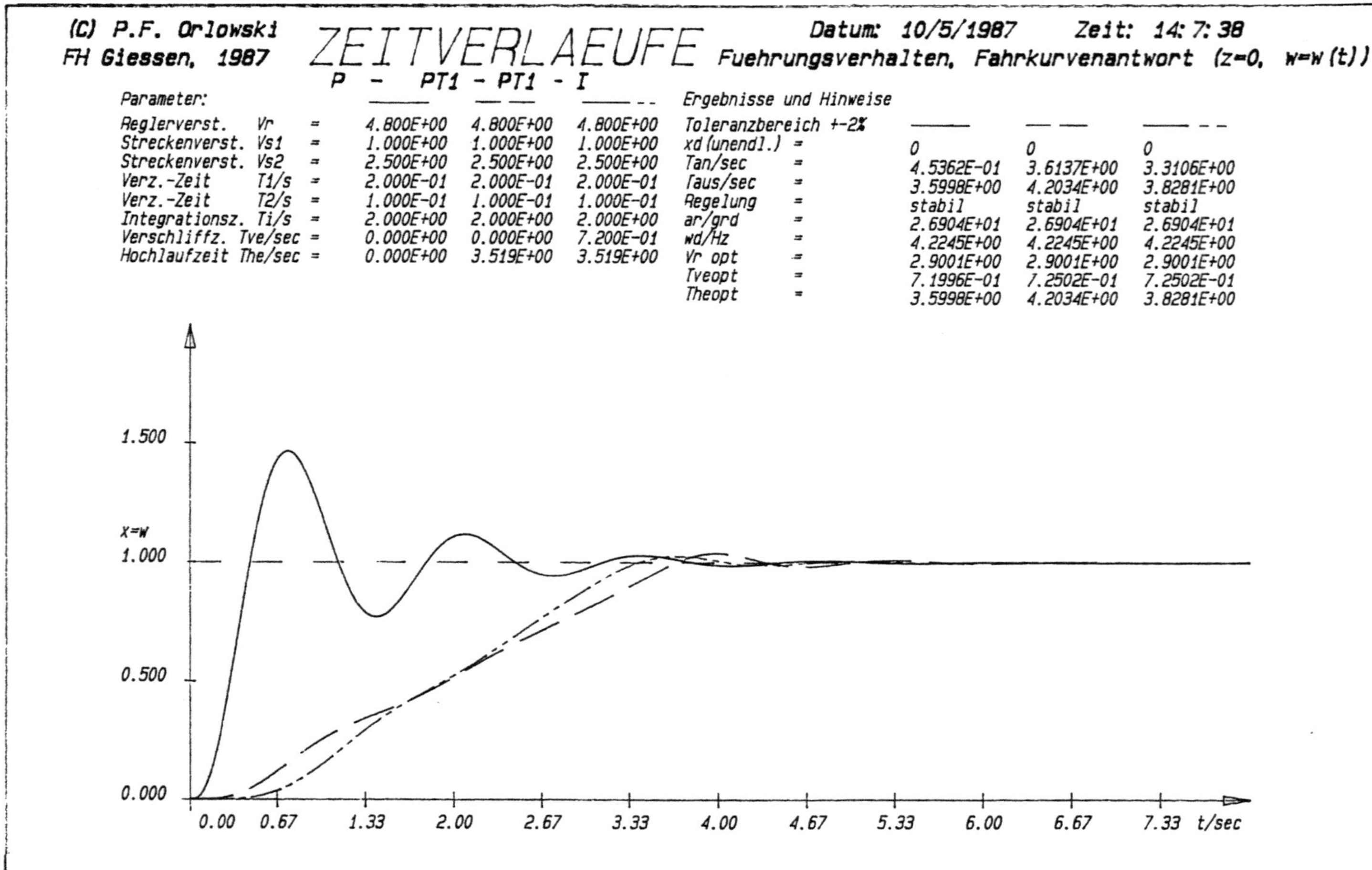

Bild 6.28 Vergleich der Zeitverläufe des Positions-Regelkreises nach Bild 6.27 für die Sollwert-Funktionen Einheitssprung $\delta_{0(t)}$, Rampe mit Begrenzung und Fahrkurve

Deutlich erkennt man die abnehmende Schwingungsneigung im Vergleich zur Sprungantwort. Trotz einer Rampe von 3,52 s Dauer liegt die Ausregelzeit noch über der des ersten Simulationslaufs.

Die optimalen Fahrkurvenwerte erhält man aus Gleichung (20). Für die Verschliffzeit ergibt sich zunächst $T_{VE} = V_{Ropt} * V_S * T_{MIN} = 0{,}725$ s. Dieser Wert ist jedoch nicht kleiner als $0{,}2*T_{AUS} = 0{,}72$ s der Sprungantwort; es gilt daher $T_{VEopt} = 0{,}72$ s.

Mit der optimalen Fahrkurve wird die Antwortfunktion der Regelung nochmals gedämpft. Die Ausregelzeit hat die gleiche Größenordnung wie die der Sprungantwort. Vor allem ist der Anstieg der Fahrkurve praktisch schwingungsfrei.

Die Fahrkurve ist demnach für diese Regelung die optimale Sollwertfunktion. Dies gilt sicher auch für andere Regelkreise und liegt hauptsächlich daran, daß eine Fahrkurve keine Unstetigkeitsstellen aufweist. Allerdings darf man nicht verkennen, daß mit Hochlaufzeiten im Sekundenbereich nur Positionsregelungen fahren, bei denen die beteiligten Massen groß sind.

In **Bild 6.29** soll der Einfluß der Hochlaufzeit bei einer ähnlich parametrierten Regelung untersucht werden. Zu Anfang ist die Hochlaufzeit auf $T_{HE} = 1{,}1$ s eingestellt worden. Die Verschliffzeit soll bei allen Plotts $T_{VEopt} = 0{,}53$ s lang sein (entsprechend Gleichung (20)).

Es zeigt sich, daß die Fahrkurvenantwort bei sehr kleinen Zeiten in die Sprungantwort übergeht (siehe erster Simulationslauf Bild 6.28). Das nur langsam abklingende Überschwingen wird mit einer Hochlaufzeit von 2,5 s bereits erheblich gedämpft. Für $T_{HEopt} = T_{AUS} = 5{,}17$ s schließlich wird die Überschwingweite so gering, daß auf eine weitere Optimierung verzichtet wird.

Man kann also eine stabile Regelung sehr gut mit einer Fahrkurve optimieren und gewinnt so größeren "Spielraum" bei der Wahl der Reglerparameter.

6.3.4 PI-Regler und PT_1-PT_1-PT_t-Strecke; Einfluß der Verschliffzeit auf die Fahrkurvenantwort

Am Beispiel einer stabilen Regelung aus PI-Regler und einer totzeitbehafteten Strecke 2. Ordnung soll die Fahrkurvenantwort mit verschiedenen Verschliffzeiten untersucht werden (**Bild 6.30**). Da die beiden Verzögerungszeiten der Regelstrecke 1 s und 10 s betragen, liegt die Nachstellzeit des Reglers ebenfalls in dieser Größenordnung. Für den Regelkreis ist demnach eine Hochlaufzeit von $T_{HE} = 20$ s nicht ungewöhnlich.

Im ersten Simulationslauf beträgt die Verschliffzeit $T_{VE} = 0{,}1$ s. Die Regelung ist zwar stabil, doch sie schwingt über, und die Ausregelzeit liegt bei 30,27 s. Diese Simulation entspricht praktisch der Rampenantwort, da $T_{VE} << T_{HE}$ ist.

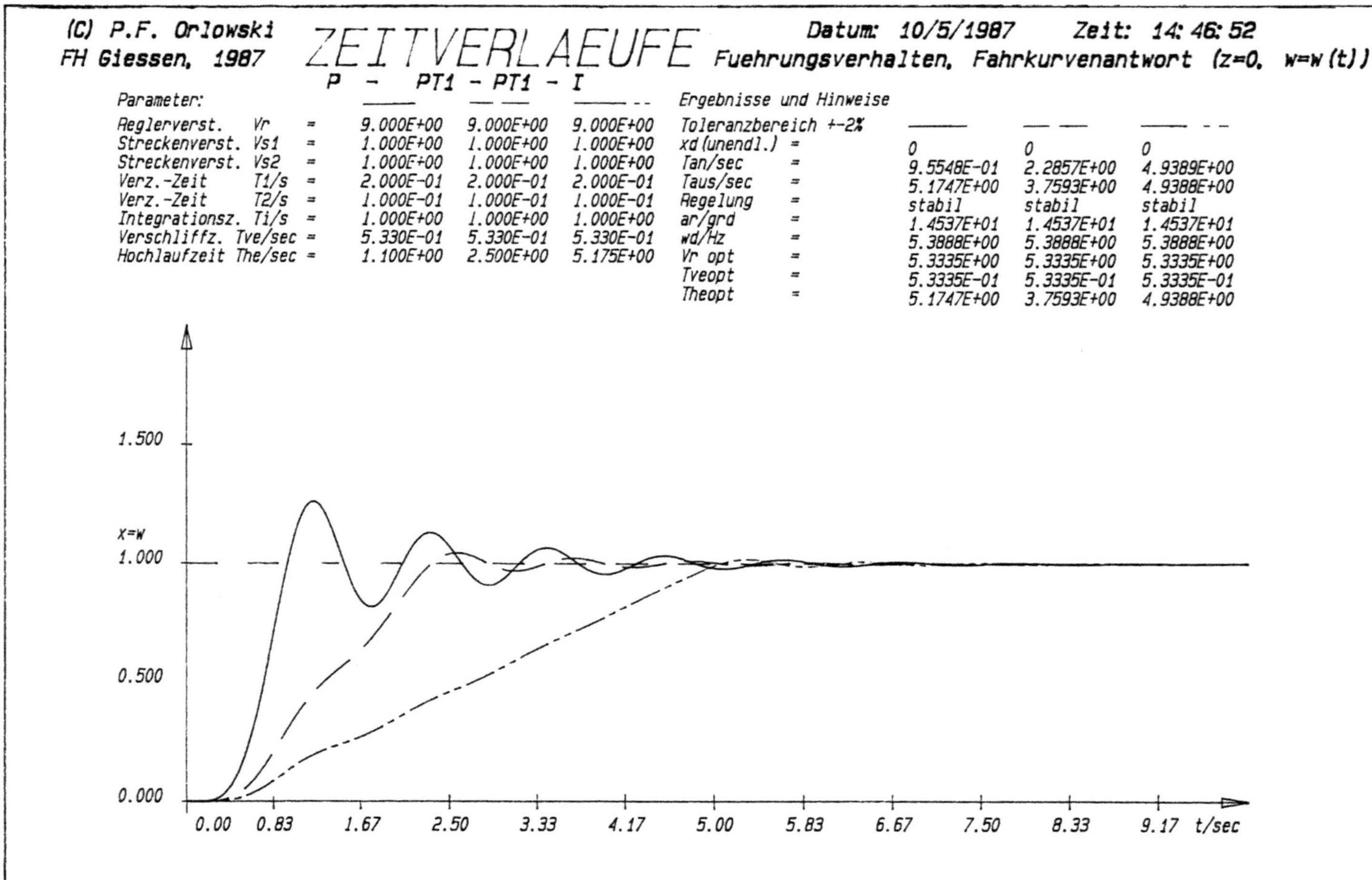

Bild 6.29 Darstellung des Einflusses der Hochlaufzeit T_{HE} auf die Fahrkurvenantwort des Regelkreises nach Bild 6.27

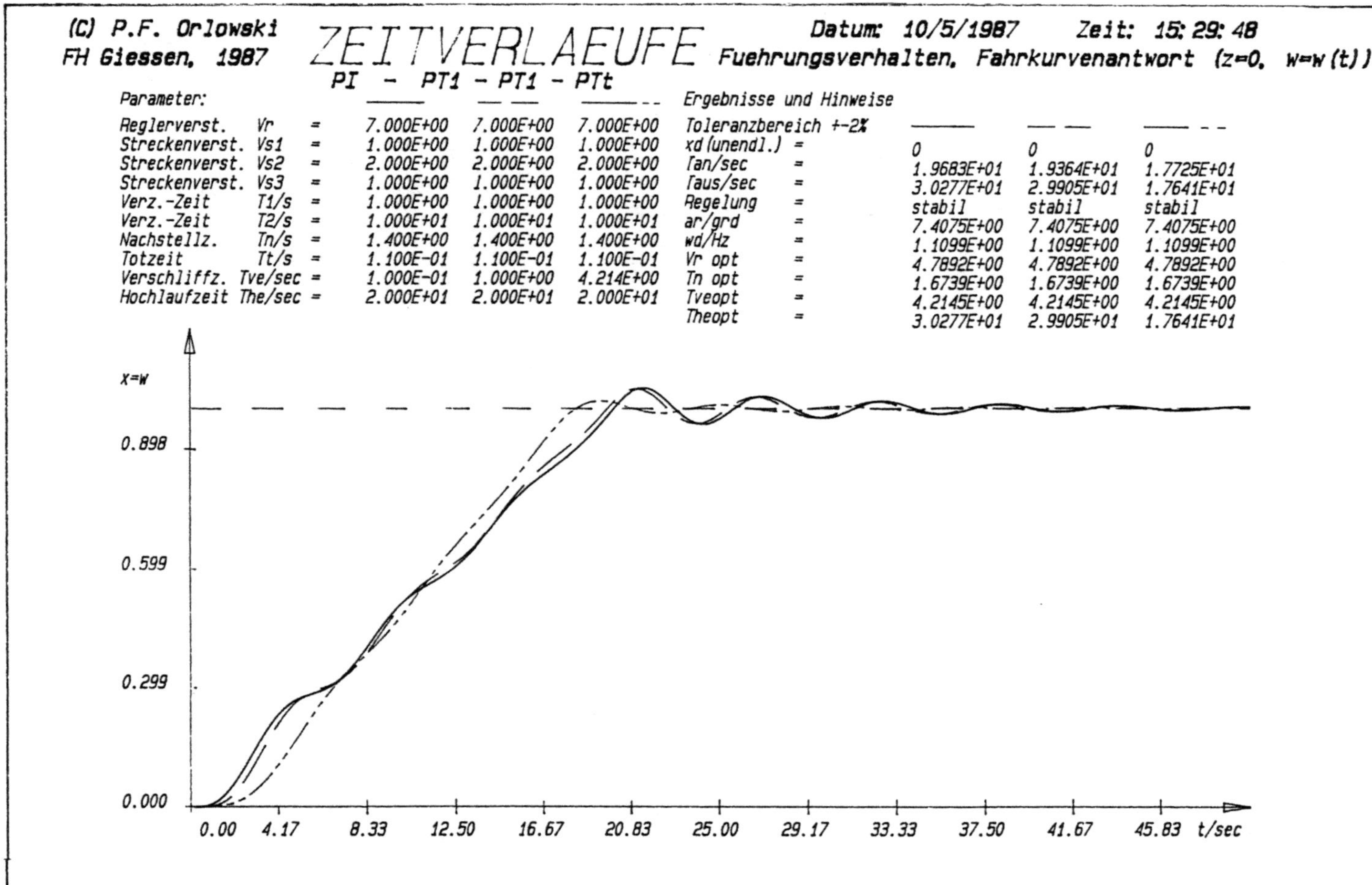

Bild 6.30 Darstellung des Einflusses der Verschliffzeit T_{VE} auf die Fahrkurbenantwort einer Regelung aus PI-Regler und einer totzeitbehafteten Strecke 2. Ordnung

Eine Vergrößerung der Verschliffzeit auf 1 s hat kaum Einfluß auf den Verlauf der Fahrkurvenantwort. Es kommt immer noch zu einer Reduktion der Kurvensteigung (Wendepunkte) während des Hochlaufs. Im dritten Simulationslauf schließlich wird die Überschwingweite mit Hilfe von $T_{VEopt} = 4{,}21$ s (nach Gleichung (21)) signifikant reduziert. Die Ausregelzeit beträgt nur noch $T_{AUS} = 17{,}64$ s.

Vor allem aber nimmt die Steigung der Fahrkurvenantwort während des Hochlaufs nicht ab. Der Einfluß der Verschliffzeit auf das Führungsverhalten einer Regelung kann demnach recht erheblich sein.

Zum Schluß noch eine Anmerkung zum Einsatz des PID-Reglers als PI-Regler. Setzt man, wie mehrfach geschehen, die Vorhaltzeit $T_V = 0$, sind die Reglereinstellwerte der Bildschirmgraphik nicht verwendbar. Es müßten die optimalen Parameter des PI-Reglers angegeben werden. Damit schränkt man allerdings die freie Parametrierbarkeit für den zweiten und dritten Simulationslauf ein.

Es sollte vielmehr dem Anwender überlassen bleiben, die richtigen Einstellwerte auszuwählen, zumal die Umrechnung von PID- auf PI-Einstellwerte einfach ist. Es gilt:

$$V_{Ropt}(PI) = 0{,}75 * V_{Ropt}(PID)$$

$$T_{Nopt}(PI) = 1{,}66 * T_{Nopt}(PID)$$

Soll die Sprungantwort stets aperiodisches Verhalten zeigen, läßt sich eine Formel für die "Ersatznachstellzeit" T_{Ners} aus den optimalen PID-Einstellwerten angeben, nämlich:

$$T_{Ners}(PI) = 3{,}5 * V_{Ropt}(PID) * V_S * T_{Vopt}(PID) \qquad (23)$$

In **Bild 6.31** sind die drei Parametervariationen aufgetragen. Im ersten Simulationslauf wurde $T_V = 0$ gesetzt unter Verwendung der optimalen Reglerparameter für PID-Verhalten. Wie zu erwarten, schwingt die Regelgröße stark über, die Ausregelzeit beträgt fast 7 s. Außerdem beträgt die Phasenreserve nur $\alpha_R = 7{,}1^o$.

Werden im zweiten Simulationslauf die auf PI-Verhalten umgerechneten Eistellwerte eingesetzt, nehmen Überschwingweite und Ausregelzeit erheblich ab. Die Phasenreserve steigt auf $26{,}7^o$.

Die dritte Simulation zeigt das aperiodische Verhalten der Regelgröße bei Verwendung der in Gleichung (23) angegebenen Ersatznachstellzeit. Die Ausregelzeit steigt dabei auf $T_{AUS} = 5{,}06$ s. Allerdings nimmt infolge $T_{Ners} > T_{Nopt}(PI)$ die Phasenreserve erfreulich zu.

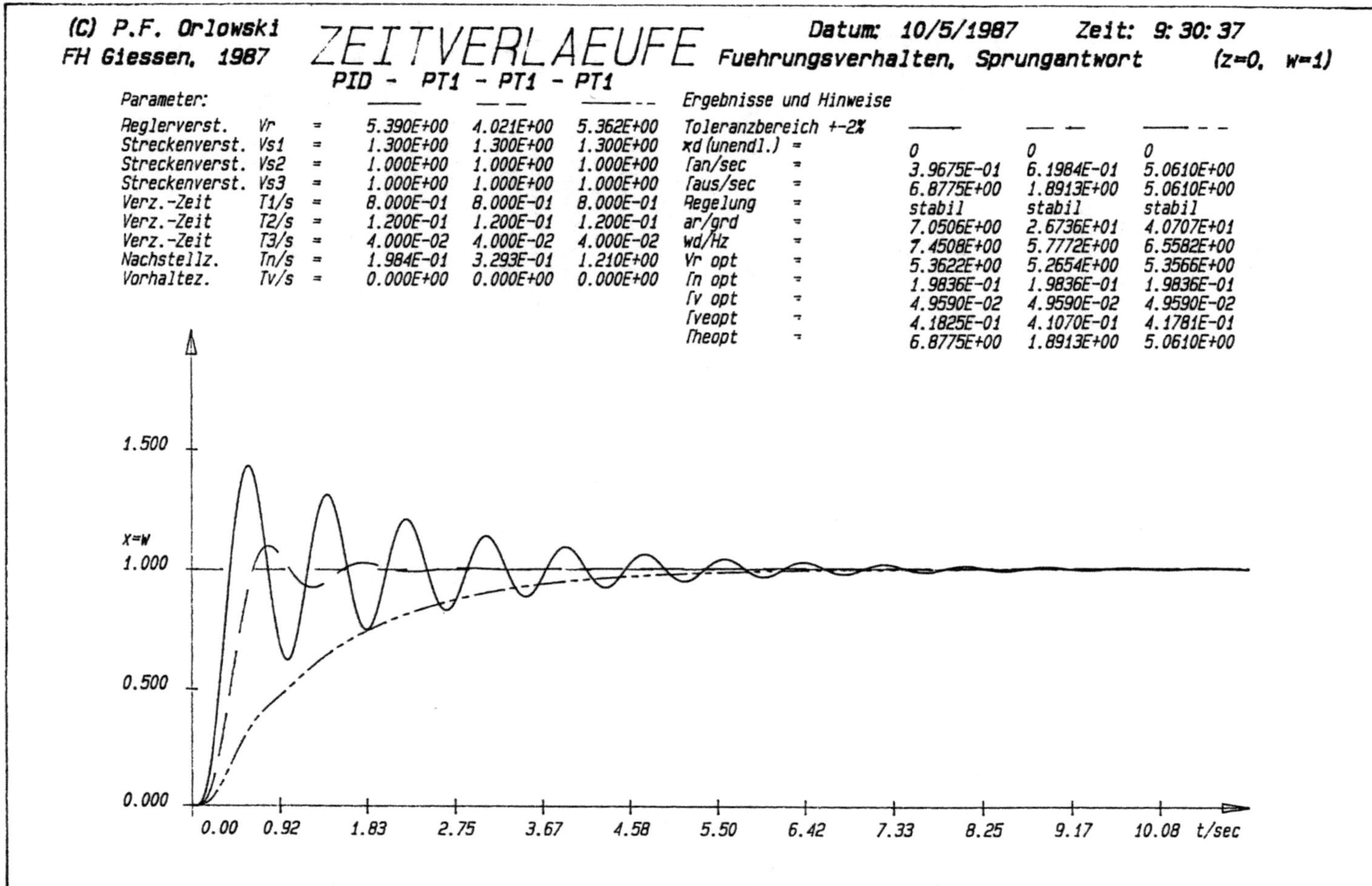

Bild 6.31 Verwendung des PID- als PI-Regler bei einer Strecke dritter Ordnung mit verschiedenen optimalen Regler-Parametern

7 Programmunterschiede zwischen der AT-, Olivetti und Sirius-Version

Kurz gesagt, ohne IBM-Kompatibilität der Rechner-Hardware und -Software werden die Absatzchancen vieler PCs zunehmend geringer. Das vorliegende Buch ist daher auf den IBM-AT bezogen.

Die meisten Programmunterschiede sind sicher Hardware-bedingt. Sie alle aufzuzählen wäre müßig, da der PC-Markt hart umkämpft ist und die Rechner-Hardware schon deshalb einem häufigen Wechsel unterworfen ist. Die bisher geschriebenen Programmversionen unterscheiden sich hauptsächlich durch die verschiedenartige Graphikfähigkeit und Bildschirmauflösung der einzelnen PCs.

Das Programmpaket SIMLER-PC wurde zunächst für den Sirius und Victor entwickelt. Dieser PC verfügt schon seit Jahren standardmäßig über eine geeignete Hardware zur hochauflösenden Darstellung mathematischer Zusammenhänge mit 400 *800 Bildpunkten.

Dazu kam die größere Speicherkapazität der Disketten von 1,2 Mbyte, da das Gerät mit verschiedenen Laufwerkgeschwindigkeiten arbeitet. Das Hauptproblem bei der Programmentwicklung ist der Aufbau einer aussagestarken Bildschirmgraphik. Mit Hilfe der Sprache GRAFIX als Bestandteil des Pakets GRAPHICS TOOL KIT /14/ wurde der Arbeitsaufwand erheblich verkürzt. GRAFIX läßt sich zusammen mit jeder Programmiersprache verwenden, sofern diese eine Druckanweisung absetzen kann.

Beim Programmpaket SIMLER-PC (für Sirius) sind die Sprachen MS-BASIC für Bode- und Nyquist-Diagramme sowie Turbo-Pascal für Zeitverläufe im Einsatz. Leider wurde nur in Turbo-Pascal der Arithmetik-Prozessor 8087 unterstützt. In BASIC wären die Rechenzeiten für eine *One-line*-Optimierung zu groß geworden.

Eine Anpassung des Programmpakets an den IBM-AT war wegen der großen Nachfrage und der verbesserten Hardware (auch zahlreicher komplatibler PCs) unumgänglich.

In Verbindung mit der EGA- oder Hercules-Karte erreicht der AT eine vergleichsweise gute Bildschirmauflösung von 350 * 640 oder 348 * 720 Punkten. Die Speicherkapazität der Disketten kann auch auf 1,2 Mbyte erhöht werden. Die Möglichkeit, den AT den verschiedensten Anforderungen anzupassen, ist sicher sein größter Vorteil. Wegen der Entstehungsgeschichte des Programmpakets SIMLER-PC sind hier die Sprachen Turbo-BASIC und Turbo-Pascal nebeneinander im Einsatz.

Bei Verwendung der Prozessoren 80186/80286/80386 ergeben sich ohne zusätzlichem Arithmetik-Prozessor quasi die gleichen Rechenzeiten wie beim Sirius. Zudem sind die Taktfrequenzen (z.B. 10 MHz) gestiegen, so daß sich auch die Rechenzeiten, speziell im Programmteil Zeitverläufe, weit unter 1 min bewegen.

Der Olivetti M24 stellt mit dem zugehörigen Graphikadapter (400 * 640 Bildpunkte) eine feste Konfiguration dar. Er gilt als ein "AT-Kompatibler" PC. Daher werden auch für diese Programmversion die Sprachen Turbo-BASIC und Turbo-Pascal verwendet.

Als Datenendgeräte sind in den drei bisher realisierten Programmversionen von SIMLER-PC der Epson-FX80-Drucker und der HP-7475A-Plotter projektiert.

SIMLER-PC /12/ ist bisher erhältlich für folgende PC-Konfigurationen:

- IBM-AT mit EGA- oder Hercules-Karte (MS-DOS 3.2)
- Commodore AT 4040
- Epson AX 2
- Olivetti M24 (MS-DOS 2.11)
- Victor Sirius (MS-DOS 2.11)

8 Zusammenfassung

Ziel des Programmpakets SIMLER-PC ist die schnelle und anschauliche Simulation und Optimierung linearer, einschleifiger Regelkreise. Das gesamte Programm ist auf kurze Rechenzeiten und geringen Speicherbedarf ausgelegt.

Es eignet sich nicht nur für den hier verwendeten IBM-AT, sondern auch für den Olivetti und den Sirius von Victor (Diskette mit Dokumentation vom Autor erhältlich).

Werden die Graphikroutinen auf die Anwender-Hardware umgeschrieben, läuft das Programm auch auf kompatiblen PCs.

Zu Anfang der Programmentwicklung wies der Sirius-PC mit seinen 400 * 800 Bildpunkten, der größeren Disketten-Speicherkapazität und der Sprache GRAFIX die günstigeren Standards auf. Doch die Forderung nach IBM-Kompatibilität sowie die verbesserte Prozessorbestückung heutiger PCs haben schließlich den Anstoß zur Anpassung des Programmpakets gegeben.

Mit der Hercules-Karte erreicht der AT dann auch eine mit dem Sirius vergleichbare Auflösung von 348 * 720 Bildpunkten. Wegen der sehr häufig eingesetzten Datenendgeräte von Epson und HP, die auch hier benutzt werden, erübrigt sich oft eine Änderung der Ausgaberoutinen.

Der gesamte Programmablauf geschieht über sehr anwenderfreundliche Menüs. Dabei wurde die Programmablaufsicherheit durch intensive Tests sichergestellt.

Die Zuverlässigkeit der Berechnungen wurde durch vergleichende Simulation mit Analog-Regelkreisen und einem vom Autor entwickelten frei parametrierbaren Fahrkurvenrechner nachgewiesen.

Die Simulationsergebnisse sind mit HP-41CV-Taschenrechnerprogrammen unter Verwendung Laplace-transformierter, problemäquivalenter Übertragungsfunktionen bestätigt worden. Das mehrfach erweiterte Programmpaket erhebt allerdings nicht den Anspruch auf eine durchgehend "ausgefeilte" Programmierung.

In der Bildschirmgraphik werden alle Parameter, Optimierungshinweise, Ergebnisse und die Zeit- bzw. Frequenzverläufe im Zusammenhang dargestellt. Auf diese Weise können Parametereinflüsse der Sollwertfunktion, des Reglers und der Strecke im Zeit- und Frequenzbereich veranschaulicht werden.

Besonders gute Ergebnisse lassen sich bei der Fahrkurvenantwort mit der optimalen Hochlauf- und Verschliffzeit erzielen. Dabei nimmt die Projektierungsbandbreite der Reglerparameter zu.

Der Programmausbau zur Simulation von Regelkreisen mit Ansprechschwelle, Begrenzung, Störgrößenaufschaltung und Zweipunktverhalten des Reglers ist in Vorbereitung.

Das Haupteinsatzgebiet des Programmpakets /12/ dürfte in der Aus-und Fortbildung an Hochschulen (CUU, Computer-Unterstützter Unterricht) und in der Industrie liegen. Aus didaktischen Gründen wurde daher bewußt auf eine automatische Optimierung der Regelkreise verzichtet.

9 Formelzeichen und Abkürzungen

A_R	Amplitudenreserve bzw. Amplitudenrand
$B_0 \dots B_4$	Konstante
d	Dämpfung
dB	Dezibel (entspricht 20*lg einer Funktion)
F(p)	Bildfunktion (Laplace-Transformierte des Frequenzgangs)
$\underline{F}_R$	Regler-Frequenzgang
$\underline{F}_S$	Strecken-Frequenzgang
$F_W(j\,\omega)$	Führungs-Frequenzgang
$\underline{F}_0$	Frequenzgang des offenen Regelkreises
h	Schrittweite bei der numerischen Lösung von Differentialgleichungen
Im	Imaginärteil
k_1-k_4	Funktionen zur numerischen Lösung von Differentialgleichungen
P_k	kritischer Punkt
Re	Realteil
T_{AN}	Anregelzeit
T_{AUS}	Ausregelzeit
T_D	Differentiationszeitkonstante
T_I	Integrationszeitkonstante
T_{HE}	Hochlaufzeit einer Fahrkurve
T_{HEopt}	optimale Hochlaufzeit
T_{kr}	Zeitkonstante der Dauerschwingung
T_{MIN}, T_{MIN}^*	kleinste Regelkreiszeitkonstante
T_N, T_{Ners}	Nachstellzeit des Reglers
T_t	Totzeit eines Regelkreisglieds
T_V	Vorhaltzeit des Reglers
T_{VE}	Verschliffzeit einer Fahrkurve
T_{VEopt}	optimale Verschliffzeit
T_1, T_2	Strecken-Zeitkonstante
V_P	Proportionalverstärkung eines Regelkreisglieds
V_R	Reglerverstärkung
V_{Rkr}	kritische Reglerverstärkung
V_{Ropt}	optimale Reglerverstärkung
w	Führungsgröße (Sollwert)
w(t)	Fahrkurvenfunktion
x	Regelgröße (Istwert)
x_A	Ausgangsgröße eines Regelkreisglieds
x_E	Eingangsgröße eines Regelkreisglieds
y_1, y_2	Zeitfunktionen
z	Störgröße (additiv und linear)

α Spindelsteigung

α_R Phasenreserve bzw. Phasenrand

$\delta_{0(t)}$ Einheitssprungfunktion

φ_R Phasenwinkel des Reglers

φ_S Phasenwinkel der Strecke

φ_0 Phasenwinkel der Regelung

ω Kreisfrequenz

ω_D Durchtrittsfrequenz

ω_{min} Kreisfrequenz für den Abzissenanfang im Bode-Diagramm

ω_z kritische Frequenz

10 Anweisungsliste für IBM AT

```
50 ' * * * * * * * * * * * * * * * * * * * * * * * * * * * * * * * * * * * *
100 '* *                         NYQUIST-DIAGRAMM                           * *
150 '* *                         VERSION  NYQUIAT                           * *
200 '* *                              1987                                  * *
250 '* * * * * * * * * * * * * * * * * * * * * * * * * * * * * * * * * * * *
300 ' ---------------------------------------------------------------------------
350 ' I N I T I A L I S I E R U N G
400 '----------------------------------------------------------------------------
450 KEY OFF
500 XMAX=639: YMAX=349: ADAP%=9     : REM Gaphikadapter
550 DIM CH(25): DIM CH$(95)
600 OPEN "i",#1,"CHAREGA.DAT"
650 FOR ENR%=1 TO 94
700 CH$(ENR%)=INPUT$(54,#1)
750 NEXT ENR%
800 CLOSE
850 DU=1: CLS
900 DIM PARRS$(21),PAR$(21),PAR(21,3),PARRS(21),RST$(20),PA$(15,3)
950 DIM AA$(8),UN$(8),PL$(8),X(8),X$(4),FLAGWZ(3),FLAGWD(3),WI(3),A$(3),FLAGWMIN
(3)
1000 FOR I=1 TO 7:READ AA$(I):NEXT:FOR I=1 TO 6:READ RST$(I):NEXT
1050 FOR I=1 TO 21 :READ PARRS$(I):NEXT:FOR I=1 TO 6:READ PL$(I):NEXT
1100 DIM RE(600,3),IM(600,3),W(600,3),TR$(3),TI$(3)
1150 ON ERROR GOTO 39450
1200 GOTO 4200
1250 '---------------------------------------------------------------------------
1300 ' P L O T T - S T A R T
1350 '---------------------------------------------------------------------------
1400 DIRECD=1
1450 START=1
1500 DEV=1  :        ' 1 - Bildschirm / 2 - Plotter
1550 ANSZ=0:ANSV=0
1600 CLS
1650 GOSUB 14300:GOSUB 14450:GOSUB 11800: LOCATE 25,1
1700 LINE (0,YMAX/26)-(XMAX,YMAX/26)
1750 Y=YMAX/22: X=XMAX/50
1800 CHRTYP$="small":IF DEV =2 THEN 44300
1850 A$="(C) P. F. Orlowski, FH Giessen; 1987": GOSUB 17250
1900 IF FLAGLAD=0 THEN 2000
1950 X=CINT(.65*XMAX):LEF$=LEFT$(TIMEF$,8):DATU$=DATEF$: A$="Datum: "+DATU$+"   Z
eit: "+LEF$:GOSUB 17250: FLAGLAD=0: GOTO 2100
2000 X=CINT(.65*XMAX): LEF$=LEFT$(TIME$,8): A$="Datum: "+DATE$+"  Zeit: "+LEF$
2050 GOSUB 17250
2100 TFA=25: TFE=25
2150 GOSUB 22200:IF KCOPY$="ja" THEN RETURN
2200 IF PFLAG=1 THEN PFLAG=0:'      PRINT LICOPY$: IF DIRECD=1 THEN 870 ELSE 820
2250 A$="Darstellung vergroessern oder verkleinern (J/N) ?":GOSUB 3950
2300 ZOOMV=ZOOM: GOSUB 27550:IF ANS=1 THEN ANSZ=1 ELSE 2400
2350 LOCATE 25,1: INPUT "Massstabsfaktor (Darstellung vergroessern: Zahl > 1)   "
;ZOOM:IF ZOOM < .01 OR ZOOM > 100 THEN 2350 ELSE FLAGZ=1: ANS=0: GOTO 2500
```

```
2400 GOSUB 27950: A$="Mittelpunkt des Koordinatensystems verschieben (J/N) ?": A
NS=0: GOTO 2500
2450 GOSUB 27550:IF ANS=1 THEN ANSV=1:GOSUB 26700
2500 IF ANSZ= 1 THEN K3=0:GOTO 29450
2550 IF ANSV= 1 THEN 1300
2600 A$="Daten aendern (J/N) ? "
2650 GOSUB 27950: GOSUB 3950: GOSUB 27550:IF ANS=1 THEN 2700 ELSE 2850
2700 ZOOM=1: KORR=0: IF ZOOMV=ZOOM THEN 14600
2750 A$="Geaenderten Massstab beibehalten (J/N)?":GOSUB 27950: GOSUB 3950:  GOSU
B 27550: IF ANS=1 THEN ZOOM=ZOOMV: FLAGZ=1
2800 GOTO 14600
2850 A$="Bildschirmdarstellung DRUCKEN oder PLOTTEN (D/P/N) ?": GOSUB 27950: GOS
UB 3950
2900 '-----------------------------------------------------------------------
2950 'D R U C K E N / P L O T T E N / N E I N
3000 '----------------------------------------------------------------------
3050 K$=INKEY$ : IF K$="" THEN 3050
3100 IF K$="D" OR K$="d" THEN PRINT K$; : GOTO 3300
3150 IF K$="P" OR K$="p" THEN PRINT K$; : GOTO 3550
3200 IF K$="N" OR K$="n" THEN PRINT K$; : GOTO 3650
3250 PRINT CHR$(7); : GOTO 3050
3300 IF DIRECD=1 THEN A$="Beliebige Taste druecken, dann <Shift><PtrSc>."
3350 GOSUB 27950: GOSUB 3950
3400 D$=INKEY$: IF D$="" THEN 3400
3450 GOSUB 27950
3500 D$=INKEY$: IF D$="" THEN 3500 ELSE 3600
3550 DEV=2:GOSUB 41600:GOSUB 22250
3600 TFA=25:TFE=25
3650 A$="Wertepaare ausdrucken (J/N) ?":GOSUB 27950: GOSUB 3950:GOSUB 27550
3700 IF ANS=1 THEN GOSUB 38000
3750 A$="Bildschirmdarstellung speichern (J/N)?":GOSUB 3950:GOSUB 27550
3800 IF ANS=1 THEN GOSUB 8350
3850 GOTO 4200
3900 '-----------------------------------------------------------------------
3950 ROW=25:COL=1: LOCATE ROW,COL:PRINT A$;:RETURN
4150 '-----------------------------------------------------------------------
4200 ' H A U P T - M E N U E
4250 '-----------------------------------------------------------------------
4300 CLS
4350 A$=" * NYQUIST-DIAGRAMM * ":GOSUB 11250
4400 C=7:ROW=4:COL=21:FOR I=1 TO C:UN$(I)=AA$(I):NEXT I
4450 A$=CHR$(32):FLAGR=0: ZOOMV=0:FLAGLAD=0
4500 GOSUB 10350
4550 ON ASC(B$)-96 GOTO 4750,5350,5200,6250,5600,40100,4600
4600 CLS
4650 OPEN"O",1,"MAUVWXYZ.MAI":CLOSE 1: END
4700 '-----------------------------------------------------------------------
4750 ' R E G L E R - S T R E C K E N  DEFINITON
4800 '-----------------------------------------------------------------------
4850 FLAGWD(1)=0:FLAGWD(2)=0:FLAGWD(3)=0
4900 C=6:ROW=4:COL=22:FOR I=1 TO C:UN$(I)=RST$(I):NEXT I
4950 A$="REGLER + STRECKEN - KOMBINATION"
5000 GOSUB 10100
5050 RST=X:SL$=RST$(X): D=0
5100 GOTO 28350
5150 '----------------------------------------------------------------------
5200 'B I L D S C H I R M laden / H A R D C O P Y
5250 '----------------------------------------------------------------------
5300 PFLAG=1
5350 IF START=1 THEN 1300
5400 CLS: LOCATE 18,1
5450 PRINT"                   **********   Kein Plott vorhanden !    *********":FOR
 I=2 TO 5000:NEXT:GOTO 4200
5500 GOTO 4400
```

```
5550 '-------------------------------------------------------------------
5600 ' P L O T T - F I L E  loeschen
5650 '-------------------------------------------------------------------
5700 CLS
5750 INPUT "Von welchem Laufwerk ? (A-C) ";LW$
5800 WIDTH 80:FILE$=LW$+":*.PLN"
5850 PRINT "Die vorhandenen Plotts lauten: ":PRINT:FILES FILE$:WIDTH 255
5900 PRINT:INPUT "Name des zu loeschenden Plotts (Zusatz .PLN nicht mit angeben
!) >",N$
5950 IF N$="" THEN 4400
6000 N$=N$+".PLN":PRINT:PRINT"Soll ";N$;" wirklich geloescht werden (J/N)? ";:GO
SUB 27650: IF ANS=0 THEN 4400
6050 FILE$=LW$+":"+N$:KILL FILE$
6100 PRINT:PRINT"Weiteren Plott loeschen (J/N)?";:GOSUB 27650:IF ANS=1 THEN 5700
6150 GOTO 4200
6200 '-------------------------------------------------------------------
6250 ' P L O T T - F I L E  lesen
6300 '-------------------------------------------------------------------
6350 CLS: PRINT:GOTO 6500
6400 PRINT:INPUT "Noch ein anderes Laufwerk (J/N)? ";JN$
6450 IF JN$="j" OR JN$="J" THEN 6500 ELSE 4200
6500 INPUT "Von welchem Laufwerk ? (A-C) ";LW$:IF LW$="" THEN GOTO 4200
6550 FILE$=LW$+":*.PLN"
6600 WIDTH 80: PRINT"Die vorhanden Plotts lauten:"
6650 PRINT:FILES FILE$:PRINT
6700 WIDTH 255
6750 PRINT
6800 INPUT "Welcher Plott? - Name eingeben >",F$
6850 IF F$="" THEN 4200
6900 FILE$=LW$+":"+F$+".PLN"
6950 OPEN "I",1,FILE$
7000 PRINT:PRINT:PRINT"              **********   Daten werden eingelesen !   ****
******"
7050 INPUT #1,DATEF$:INPUT #1,TIMEF$:INPUT #1,DU:INPUT #1,AZ:INPUT #1,FLAGZ:INPU
T #1,ZOOM
7100 INPUT #1,XLI:INPUT #1,YLI:INPUT #1,SL$
7150 INPUT #1,RST:INPUT #1,X$(1):INPUT #1,X$(2)
7200 FOR I= 1 TO AZ+7
7250  INPUT #1,PAR$(I)
7300 NEXT I
7350 FOR I= 1 TO DU
7400  INPUT #1,WI(I):INPUT #1,FLAGWZ(I):INPUT #1,FLAGWD(I):INPUT #1,FLAGWMIN(I)
7450  FOR J= 1 TO AZ+6
7500   INPUT #1,PAR(J,I)
7550  NEXT J
7600  FOR L= AZ+5 TO AZ+7
7650   INPUT #1,PA$(L,I)
7700  NEXT L
7750  FOR K= 1 TO WI(I)
7800   INPUT #1,IM(K,I)
7850   INPUT #1,RE(K,I)
7900  NEXT K
7950 NEXT I
8000 CLOSE 1
8050 FOR I=1 TO DU
8100  IF PA$(AZ+5,I)="instabil" THEN PA$(AZ+5,I)=" instabil" ELSE PA$(AZ+5,I)="
  stabil"
8150  IF PA$(AZ+7,I)="unendl." THEN PA$(AZ+7,I)="  unendl." ELSE PA$(AZ+7,I)="
  0    "
8200 NEXT I
8250 FLAGLAD=1:GOTO 1300
```

```
8300 '------------------------------------------------------------------
8350 ' P L O T T - F I L E  speichern
8400 '------------------------------------------------------------------
8450 IF START=0 THEN 5400
8500 CLS: PRINT: PRINT "Regler-Strecke: ";SL$
8550 INPUT "Auf welches Laufwerk soll gespeichert werden ? (A-C)";LW$
8600 PRINT "Die bereits vorhanden Files lauten:"
8650 PRINT:FILE$=LW$+":*.pln"
8700 FILES FILE$
8750 PRINT:PRINT"- Das erste Zeichen muss ein Buchstabe sein - max. 8 Zeichen!"
8800 PRINT"- Der PLottname erhaelt automatisch den Zusatz .PLN fuer Plott-Nyquis
t."
8850 INPUT "Bitte gewuenschten Plottnamen eingeben >",F$
8900 IF F$="" THEN 4200
8950 FILE$=LW$+":"+F$+".PLN"
9000 OPEN "O",1,FILE$
9050 PRINT:PRINT: PRINT"                 ********   Daten werden gespeichert !   ****
****"
9100 DATEF$=DATE$:TIMEF$=TIME$:PRINT #1,DATEF$:PRINT #1,TIMEF$:PRINT #1,DU:PRINT
 #1,AZ
9150 PRINT #1,FLAGZ:PRINT #1,ZOOM:PRINT #1,XLI:PRINT #1,YLI:PRINT #1,SL$
9200 PRINT #1,RST:PRINT #1,X$(1):PRINT #1,X$(2)
9250 FOR I= 1 TO AZ+7
9300  PRINT #1,PAR$(I)
9350 NEXT I
9400 FOR I= 1 TO DU
9450  PRINT #1,WI(I):PRINT #1,FLAGWZ(I):PRINT #1,FLAGWD(I):PRINT #1,FLAGWMIN(I)
9500  FOR J= 1 TO AZ+6
9550   PRINT #1,PAR(J,I)
9600  NEXT J
9650  FOR L= AZ+5 TO AZ+7
9700   PRINT #1,PA$(L,I)
9750  NEXT L
9800  FOR K= 1 TO WI(I)
9850   PRINT #1,IM(K,I):PRINT #1,RE(K,I)
9900  NEXT K
9950 NEXT I
10000 CLOSE 1
10050 RETURN
10100 '-----------------------------------------------------------------
10150 ' M E N U E  - R O U T I N E
10200 '-----------------------------------------------------------------
10250 TFA=5:TFE=24:GOSUB 27900
10300 SCREEN 0,0,0: LOCATE ROW,COL:COLOR 0,7:COLOR 10: PRINT A$;:COLOR 0,8:COLOR
 2:COLOR 10
10350 R0=2:IF C>7 THEN R0=1
10400 ROW=ROW+3
10450 FOR I%=1 TO C
10500 LOCATE ROW,COL
10550 ROW=ROW+R0
10600 PRINT CHR$(96+I%);".  ";UN$(I%);
10650 NEXT I%
10700 LOCATE ROW+2,COL
10750 PRINT "Bitte waehlen >";
10800 B$ = INKEY$ : IF B$= "" THEN 10800
10850 PRINT B$;:NN=RND(0)
10900 X = ASC(B$) - 96
10950 IF X<1 OR X>C THEN PRINT CHR$(7):GOTO 10700
11000 ROWW=ROW:ROW=ROWW-(C-X+1)*R0
11050 LOCATE ROW,COL
11100 IF KORR=1 THEN PRINT CHR$(96+X);".  ";PAR$(X);STRING$(3,32);: GOTO 11200
11150 PRINT CHR$(96+X);".  ";UN$(X);
11200 RETURN
```

```
11250 '------------------------------------------------------------------
11300 ' M E N U E - K O P F
11350 '------------------------------------------------------------------
11400 SCREEN 0,0,0 : LOCATE 1,27: COLOR 0,7:COLOR 10
11450 PRINT A$: COLOR 0,8:COLOR 10: SCHR$="NORMAL"
11500 A$="(C) P.F. Orlowski":ROW=1:COL=1:GOSUB 11750
11550 A$=" FH-Giessen; 1987": ROW=2:COL=1:GOSUB 11750
11600 A$="Datum: "+DATE$ :ROW=1:COL=62:GOSUB 11750
11650 LEF$=LEFT$(TIME$,8): A$="Zeit : "+LEF$ : ROW=2:COL=62:GOSUB 11750
11700 RETURN
11750 LOCATE ROW,COL:PRINT A$;:RETURN
11800 '------------------------------------------------------------------
11850 'P L O T T K O P F
11900 '------------------------------------------------------------------
11950 SCREEN ADAP%: LOCATE 1,1
12000 PRINT T$;STRING$(79-LEN(T$)-LEN(UT$),32);UT$;CHR$(32):'COLOR 0,8:COLOR 2
12050 RETURN
12100 '------------------------------------------------------------------
12150 ' T E X T E / P A R A M E T E R
12200 '------------------------------------------------------------------
12250 DATA Erstellen eines Nyquist-Diagramms
12300 DATA Laden des erstellten Diagramms
12350 DATA Drucken des erstellten Diagramms
12400 DATA Laden eines gespeicherten Diagramms
12450 DATA Loeschen eines gespeicherten Diagramms
12500 DATA Erlaeuterungen
12550 DATA Zurueck zur Leistungsauswahl
12600 REM RTS$
12650 DATA PD - PTt-I
12700 DATA P - PT1-Tt
12750 DATA PD - PT1-I
12800 DATA PI - PT1 - PT2
12850 DATA PD - PT1 - PT2
12900 DATA PID - PT1-PT1-Tt
12950 DATA Reglerverstaerkung Vr =
13000 DATA Streckenverst.    Vs  =
13050 DATA Streckenverst.    Vst1=
13100 DATA Streckenverst.    Vst2=
13150 DATA Streckenverst.    Vst3=
13200 DATA Streckenverst.    Vstt=
13250 DATA Verzoegerungszeit T1/s=
13300 DATA Verzoegerungszeit T2/s=
13350 DATA Verzoegerungszeit T3/s=
13400 DATA Integrationszeit  Ti/s=
13450 DATA Vorhaltezeit      Tv/s=
13500 DATA Nachstellzeit     Tn/s=
13550 DATA Daempfung         d   =
13600 DATA Totzeit           Tt/s=
13650 DATA w fuer Im(F0)=0 wz/Hz =
13700 DATA Amplitudenreserve Ar  =
13750 DATA Durchtrittsfr.  wd/Hz =
13800 DATA Phasenres. /Grad      =
13850 DATA Regelung              =
13900 DATA Re F0(w=0)            =
13950 DATA Im F0(w=0)            =
14000 DATA 0102101114
14050 DATA 01020714
14100 DATA 0102071011
14150 DATA 01030412070813
14200 DATA 01030411070813
14250 DATA 01020708111214
14300 ' * Titel *
14350 T$= " N Y Q U I S T  - DIAGRAMM"
14400 RETURN
14450 '* Untertitel *
14500 UT$= "Regler + Strecke: "+SL$
14550 RETURN
```

```
14600 '----------------------------------------------------------------
14650 ' P A R A M E T E R  aendern
14700 '----------------------------------------------------------------
14750 D=DU:DU=DU+1
14800 CLS
14850 FOR I%= 1 TO AZ
14900 PAR(I%,DU)=PAR(I%,DU-1)
14950 NEXT I%
15000 IF DU>3 THEN DU=3
15050 IF KORR =1 THEN D=DU
15100 ROW=4:COL=17:C=AZ
15150 GOSUB 15550:GOSUB 10150:INPUT PAR(X,DU):X(X)=X
15200 LOCATE ROWW,COL
15250 D=DU
15300 A$="Sind die Eingaben OK (J/N) ?"
15350 LOCATE ROWW+2,COL: PRINT A$;:GOSUB 27550
15400 IF ANS=0 THEN 15100
15450 GOTO 29450
15500 '----------------------------------------------------------------
15550 ' P A R A M E T E R  listen
15600 '----------------------------------------------------------------
15650 CLS
15700 A$=" Die zuletzt eingegebenen Parameter lauten: "
15750 FOR I% = 1 TO AZ
15800 UN$(I%)=PAR$(I%) +"  "+STR$(PAR(I%,D))
15850 NEXT I%
15900 PRINT
15950 RETURN
16000 '----------------------------------------------------------------
16050 ' F O R M A T I E R U N G
16100 '----------------------------------------------------------------
16150 V=5:N=3
16200 FOR D= 1 TO DU
16250  FOR I=1 TO AZ+4
16300   ZA=PAR(I,D):GOSUB 16550
16350  NEXT I
16400  I=AZ+6:ZA=PAR(I,D):GOSUB 16550
16450 NEXT D
16500 RETURN
16550 Z1=INT(ABS(ZA)):Z2=INT(10^N*(ABS(ZA)-Z1)+.5)
16600 IF ZA >= 0 THEN Z1$="    "+MID$(STR$(Z1),2,V)
16650 IF ZA < 0 THEN Z1$="   -"+MID$(STR$(Z1),2,V)
16700 Z1$=RIGHT$("    "+Z1$,V)
16750 Z2$=LEFT$(RIGHT$("00000"+MID$(STR$(Z2),2),N)+"    ",N):Z$=Z1$+"."+Z2$
16800 PA$(I,D)=Z$:RETURN
16850 '----------------------------------------------------------------
16900 ' G R A F I K - D A R S T E L L U N G
16950 '----------------------------------------------------------------
17000 '----------------------------------------------------------------
17050 ' G R A F I K - R O U T I N E N
17100 '----------------------------------------------------------------
17150 ' * LINIENTYPE UND LINIENSTAERKE *
17200 'PRINT LINET$;LINET:PRINT LINEW$;LINEW:RETURN
17250 ' * TEXT IM GRAFIKMODE *
17300 FOR SU%= 1 TO LEN(A$)
17350 CHAR$=MID$(A$,SU%,1)
17400 ELNR=ASC(CHAR$)-31
17450 FOR T%=1 TO 26
17500 CH%(T%-1)=CVI(MID$(CH$(ELNR),T%*2-1,2))
17550 NEXT T%
17600 X%=X: Y%=Y:DIS%=6: IF FLAGFORM=1 THEN DIS%=5
17650 PUT(X%+SU%*DIS%,Y%),CH%,PSET
17700 NEXT SU%
17750 RETURN
17800 ' * SCHRIFT AUSWAHL *
17850 'PRINT SCHR$;CHRTYP$
17900 ' * SCHRIFTGROESSE NORMAL *
```

```
17950 'PRINT CHRX2R$:RETURN
18000 ' * CURSOR AUS/PEN UP-HOME
18050 RETURN
18100 ' * CURSOR POSITIONIERUNG IN X UND Y *
18150 X%=X:Y%=Y: PSET(X%,Y%):RETURN
18200 ' *  ZEICHNET RELATIV IN X UND Y *
18250 X%=X:Y%=Y:DRAW "M+ " + STR$(X%) + ","+ STR$(Y%):RETURN
18300 ' *  ZEICHNET ABSOLUT IN X UND Y *
18350 IF LINET =3 THEN 18550
18400 X%=X:Y%=Y:DRAW "M " + STR$(X%) +","+ STR$(Y%):IF LINET =3 THEN FLAGDARK =1
18450 IF LINET =4 THEN PRESET (XVOR%,YVOR%): XVOR%=X%: YVOR%=Y%
18500 RETURN
18550 IF FLAGDARK =1 THEN 18600 ELSE 18400
18600 X%=X:Y%=Y:DRAW "BM " + STR$(X%) + ","+ STR$(Y%): FLAGDARK =0
18650 RETURN
18700 '----------------------------------------------------------------------
18750 ' Linientypen Darstellung
18800 '----------------------------------------------------------------------
18850 A$(1)="_____":A$(2)="__ __":A$(3)="_  _  _"
18900 FOR P=1 TO DU
18950  IF DEV = 1 THEN YERS=0 ELSE YERS=-5
19000  IF DEV=2 THEN LINEW=P+1 : GOSUB 43450
19050   X=LM+CINT(XMAX/3.8)+CINT(XMAX/14)*(P-1):Y=HM+YERS:IF DEV =2 THEN 44750
19100   A$=A$(P)
19150   ON DEV GOSUB 17250,44050
19200 NEXT:RETURN
19250 '----------------------------------------------------------------------
19300 ' P A R A M E T E R  ausgeben
19350 '----------------------------------------------------------------------
19400 GOSUB 16050
19450 HM=CINT(YMAX/4.21)
19500 LM=CINT(XMAX/1.935)
19550 CHRTYP$="small":IF DEV =2 THEN 44300
19600 X=LM:Y=HM:IF DEV =2 THEN 44750
19650 A$="PARAMETER:":ON DEV GOSUB 17250,44050
19700 X=LM:Y=HM+CINT(YMAX/30.8):IF DEV =2 THEN 44750
19750 FOR Z=1 TO 7:PAR$(AZ+Z)=PARRS$(14+Z):NEXT Z
19800 FOR N=1 TO AZ
19850  A$=PAR$(N):ON DEV GOSUB 17250,44050
19900  FOR I=1 TO DU
19950  A$=PA$(N,I)
20000  X=LM+XMAX/7.2+I*XMAX/12: ON DEV GOSUB 17250,44050
20050  NEXT I
20100  X=LM:Y=Y+CINT(YMAX/40):IF DEV =2 THEN 44750
20150 NEXT N
20200 '----------------------------------------------------------------------
20250 ' E R G E B N I S S E ausgeben
20300 ' ---------------------------------------------------------------------
20350 X=LM:Y=Y+CINT(YMAX/26.7):IF DEV = 2 THEN 44750
20400 A$="ERGEBNISSE:":ON DEV GOSUB 17250,44050
20450 X=LM:Y=Y+CINT(YMAX/30.8):IF DEV =2 THEN 44750
20500 FOR N=AZ+1 TO AZ+7
20550 A$=PAR$(N):ON DEV GOSUB 17250,44050
20600 FOR I=1 TO DU
20650 X=LM+XMAX/7.2+I*XMAX/12
20700 ON N-AZ GOTO 20750,20850,21000,20950,21100,21150,21150
20750 IF FLAGWZ(I) = 0 THEN A$="  unendl." ELSE A$=PA$(N,I)
20800 ON DEV GOSUB 17250,44050: GOTO 21200
20850 IF FLAGWZ(I) = 0 THEN A$="  unendl." ELSE IF VAL(PA$(N,I))<1 THEN A$="
-     " ELSE A$=PA$(N,I)
20900 GOTO 21050
20950 IF (VAL(PA$(AZ+4,I))<0) OR (FLAGWZ(I)=1 AND (VAL(PA$(AZ+1,I)) < VAL(PA$(AZ
+3,I)))) THEN PA$(N,I)="     -     "
21000 IF  FLAGWD(I)=0 THEN A$="     -     " ELSE A$=PA$(N,I)
21050 ON DEV GOSUB 17250,44050: GOTO 21200
21100 IF((FLAGWD(I)=1 AND PAR(AZ+4,I)<1 AND PAR(AZ+4,I)>=0) OR (VAL(PA$(AZ+2,I))
=1 AND FLAGWD(I)=1)) THEN PA$(AZ+5,I)=" Stab.-G."
21150 A$=PA$(N,I):ON DEV GOSUB 17250,44050
```

```
21200 NEXT I:X=LM:Y=Y+CINT(YMAX/40):IF DEV =2 THEN 44750
21250 NEXT N
21300 GOSUB 18750
21350 '------------------------------------------------------------------------
21400 'Darstellung der Formeln
21450 '------------------------------------------------------------------------
21500 LM=0: FLAGFORM=1
21550 CHRTYP$="small":IF DEV =2 THEN 44300
21600 GOTO 21700
21650 CHRTYP$="med":IF DEV =2 THEN 44300
21700 FOR I= 1 TO 2:X=LM: Y=CINT(YMAX/10)+((I-1)*YMAX/27): IF DEV =2 THEN 44750
21750 A$=X$(I):ON DEV GOSUB 17250,44050: NEXT I
21800 FLAGFORM=0
21850 RETURN
21900 '------------------------------------------------------------------------
21950 'F E N S T E R - K O N T R O L L E
22000 '------------------------------------------------------------------------
22050 IF X < XLMIN OR X > XLMAX THEN AUS=1:POSA=0:RETURN
22100 IF Y < YLMIN OR Y > YLMIN+YL THEN AUS=1:POSA=0
22150 RETURN
22200 '------------------------------------------------------------------------
22250 'K O O R D I N A T E N - S Y S T E M
22300 '------------------------------------------------------------------------
22350 KCOPY=1: XLI=(XLI-YLMIN)*KCOPY+YLMIN
22400 LINET=1: LINEW=1:IF DEV= 2 THEN 43450
22450 YLMIN=CINT(YMAX/4.2):YLMAX=CINT(YMAX/1.06):YL=(YLMAX-YLMIN)*KCOPY
22500 XL=YL/KCOPY*1.15:XLMIN=CINT(XMAX/320):XLMAX=XLMIN+XL
22550 IF FLAGZ=1 THEN 22750
22600 ZOOM=1
22650 XLI=YLMIN+YL/2:YLI=XLMIN+XL/2
22700 '------------------------------------------------------------------------
22750 ' Grunddarstellung
22800 '------------------------------------------------------------------------
22850 X=YLI:Y=YLMIN:ON DEV GOSUB 18100,44750:Y=YLMIN+YL:ON DEV GOSUB 18300,45250
22900 X=XLMIN:Y=XLI:ON DEV GOSUB 18100,44750:X=XLMIN+XL:ON DEV GOSUB 18300,45250
22950 '------------------------------------------------------------------------
23000 ' X- Skalierung
23050 '------------------------------------------------------------------------
23100 SW1=5/ZOOM:SKX=SW1/5:S=XL/10:MXA=XL/(SW1*2):REM sw=Skal Weite
23150 FOR K=-1 TO 1 STEP 2
23200 FOR I=0 TO 11*K STEP K
23250 AUS=0:X=YLI+S*I:Y=XLI-CINT(YMAX/200):GOSUB 21950:IF AUS=1 THEN 23350
23300 ON DEV GOSUB 18100,44750:Y=XLI+CINT(YMAX/200):ON DEV GOSUB 18300,45250
23350 NEXT I,K
23400 '------------------------------------------------------------------------
23450 ' Y - Skalierung
23500 '------------------------------------------------------------------------
23550 SKY=SW1/5:S=(XL*KCOPY)/(10*1.15):MYA=YL/(SW1*2):REM sw=Skal Weite
23600 FOR K=-1 TO 1 STEP 2
23650 FOR I=0 TO 11*K STEP K
23700 AUS=0:X=YLI-CINT(XMAX/267):Y=XLI+S*I:GOSUB 21950:IF AUS=1 THEN 23800
23750 ON DEV GOSUB 18100,44750:X=YLI+CINT(XMAX/267):ON DEV GOSUB 18300,45250
23800 NEXT I,K
23850 '------------------------------------------------------------------------
23900 ' Skalenbeschriftung
23950 '------------------------------------------------------------------------
24000 '------------------------------------------------------------------------
24050 ' Beschriftung der X-Skalierung
24100 '------------------------------------------------------------------------
24150 CHRTYP$="smprop":IF DEV = 2 THEN 44300
24200 S=XL/10:Y=XLI+CINT(YMAX/40)
24250 FOR K=-1 TO 1 STEP 2:X=YLI:J=1
24300 FOR I=0 TO 10*K STEP K
24350 AUS=0:GOSUB 21950:IF AUS =1 THEN 24500
24400 IF DEV =2 THEN 44750
24450 A$=LEFT$(STR$(SKX*I),4):ON DEV GOSUB 17250,44050
24500 X=YLI-2*K+S*J*K-10:J=J+1
24550 NEXT I,K
```

```
24600 '---------------------------------------------------------------
24650 'Beschriftung X - Achse
24700 '---------------------------------------------------------------
24750 CHRTYP$="med":IF DEV =2 THEN 44300
24800 Y=XLI+20:X=XLMIN+XL-20
24850 IF DEV = 2 THEN 44750
24900 A$="Re":ON DEV GOSUB 17250,44050
24950 '---------------------------------------------------------------
25000 'Beschriftung der Y - Skalierung
25050 '---------------------------------------------------------------
25100 CHRTYP$="smprop":IF DEV = 2 THEN 44300
25150 S=YL/10:X=YLI-CINT(XMAX/20)
25200 FOR K=-1 TO 1 STEP 2:Y=XLI-CINT(YMAX/133):J=1
25250 FOR I=0 TO 10*K STEP K
25300 AUS=0:GOSUB 21950:IF AUS=1 THEN 25500
25350 IF DEV =2 THEN 44750
25400 A$=LEFT$(STR$(SKY*I*-1),4)
25450 ON DEV GOSUB 17250,44050
25500 Y=XLI-CINT(YMAX/133)+S*J*K:J=J+1
25550 NEXT I,K
25600 '---------------------------------------------------------------
25650 'Beschriftung der Y - Achse
25700 '---------------------------------------------------------------
25750 CHRTYP$="med":IF DEV =2 THEN 44300
25800 Y=YLMIN+CINT(YMAX/80):X=YLI-CINT(XMAX/14.5)
25850 IF DEV =2 THEN 44750
25900 A$="Im":ON DEV GOSUB 17250,44050
25950 GOSUB 19300
26000 '---------------------------------------------------------------
26050 'L I N E P L O T T
26100 '---------------------------------------------------------------
26150 FOR D=1 TO DU: LINET=D: LINEW=1: IF DEV=2 THEN LINEW=D+1
26200 IF DEV =2 THEN 43450
26250 POSA=0
26300 FOR I=1 TO WI(D)-3:AUS=0
26350 X=RE(I,D)*MXA+YLI:Y=XLI-IM(I,D)*MYA:GOSUB 21950:IF AUS=1 THEN 26500
26400 IF POSA=0 THEN ON DEV GOSUB 18100,44750:POSA=1
26450 X=RE(I+1,D)*MXA+YLI:Y=XLI-IM(I+1,D)*MYA::ON DEV GOSUB 18300,45250
26500 NEXT I
26550 NEXT D
26600 RETURN
26650 '---------------------------------------------------------------
26700 'C U R S O R - S T E U E R U N G
26750 '---------------------------------------------------------------
26800 PRINT "Cursor mit Hilfe der 'Pfeiltasten' zum neuen Koordinaten-Nullpunkt
bewegen !";
26850 WARTE$=INKEY$: IF WARTE$="" THEN 26850
26900 WARTE=ASC(WARTE$): IF WARTE<65 OR WARTE>68 THEN 26850
26950 PRINT" Die Positionierung des Kursors wird mit S oder s abgeschlossen !";
27000 X=YLI:Y=XLI:ON DEV GOSUB 18100,44750
27050 Z$=INKEY$:IF Z$="" THEN 27050
27100 Z=ASC(Z$):IF Z>64 AND Z<69 THEN 27200
27150 IF Z$ = "s" OR Z$="S" THEN 27450 ELSE 27050
27200 ON Z-64 GOTO 27350,27400,27250,27300
27250 X=X+3:ON DEV GOSUB 18100,44750:GOTO 27050
27300 X=X-3:ON DEV GOSUB 18100,44750:GOTO 27050
27350 Y=Y-2:ON DEV GOSUB 18100,44750:GOTO 27050
27400 Y=Y+2:ON DEV GOSUB 18100,44750:GOTO 27050
27450 FLAGZ=1:XLI=Y:YLI=X:CLS:RETURN
27500 '---------------------------------------------------------------
27550 'JA / NEIN Antwort
27600 '---------------------------------------------------------------
27650 K$=INKEY$:IF K$="" THEN 27650
27700 IF K$="J" OR K$= "j" THEN ANS=1:GOTO 27850
27750 IF K$="N" OR K$="n" THEN ANS=0:GOTO 27850
27800 PRINT CHR$(7);:GOTO 27650
27850 PRINT K$;:RETURN
```

```
27900 '-----------------------------------------------------------------------
27950 ' T E X T F E N S T E R  definieren und loeschen
28000 '-----------------------------------------------------------------------
28050 TFA%=TFA: TFE%=TFE
28100 LOCATE TFA%,1
28150 FOR I%=TFA% TO TFE%
28200 PRINT STRING$(80,32);
28250 NEXT I%: RETURN
28300 '-----------------------------------------------------------------------
28350 'P A R A M E T E R  eingeben
28400 '-----------------------------------------------------------------------
28450 CLS
28500 ROW=4
28550 AZ=LEN(PL$(RST))/2
28600 POX=38-INT(LEN(A$)/2)
28650 COL=POX
28700 A$=" Parametereingabe fuer  "+SL$+CHR$(32)
28750 COLOR 0,7:COLOR 10: LOCATE ROW,COL: PRINT A$;:COLOR 0,8:COLOR 10
28800 ROW=ROW+3
28850 FOR I%=1 TO AZ: R0=2: IF AZ>8 THEN R0=1: STOP
28900 LOCATE ROW,COL
28950 Z=I%*2-1:X$=MID$(PL$(RST),Z,2):X=VAL(X$)
29000 PRINT CHR$(96+I%);".  ";PARRS$(X);:INPUT PARRS(X)
29050 ROW = ROW + R0
29100 PAR$(I%)=PARRS$(X):PAR(I%,1)=PARRS(X)
29150 NEXT I%
29200 DU=1:FLAGZ=0:ZOOM=1
29250 ROW=ROW+3
29300 LOCATE 24,COL
29350 PRINT"Sind die Eingaben OK (J/N)?" ;: GOSUB 27650
29400 IF ANS=0 THEN KORR=1 : GOTO 15050
29450 CLS
29500 A$= "  ********  I C H   R E C H N E ....... ********
29550 LOCATE 18,16: PRINT A$
29600 '-----------------------------------------------------------------------
29650 ' B E R E C H N U N G
29700 '-----------------------------------------------------------------------
29750 DATUM$=DATE$
29800 IF ZOOM=ZOOMV THEN ANPL=DU ELSE ANPL=1
29850 DT=DU:FOR PLOT=ANPL TO DT
29900 DU=PLOT
29950 WMIN=.0001:W=WMIN:WI=1:PI=3.14159:KDEG=180/PI:INC=.0001
30000 GOSUB 32850:IF IM(WI,DU) <1 THEN FLAGWMIN(DU)=1
30050 FLAGWZ(DU)=0:WMAX=100000!:PA$(AZ+5,DU)=" instabil":KCOPY$=""
30100 GOSUB 32850:IF F0>10/ZOOM THEN 31950
30150 FT=F0:IT=IM:WK=W
30200 W=W+INC:WI=WI+1
30250 LOCATE 25,1: PRINT "wi= ";WI;
30300 IF WI>599 THEN PRINT "Berechnung muss vorzeitig abgebrochen werden.":PRINT
 "Die Ergebnisse koennen falsch oder unvollstaendig sein !!!";CHR$(7);CHR$(7):PR
INT"weiter mit RETURN":INPUT WEITER$:GOTO 30850
30350 GOSUB 32850:M1=IM(WI-1,DU)-IM(WI,DU):M2=RE(WI-1,DU)-RE(WI,DU):M3=SQR(M1^2+
M2^2)
30400 IF F0<.0001 OR W>WMAX THEN 30850
30450 IF (SGN(FT-1)<>SGN(F0-1) OR F0-1=0) AND FLAGWD(DU)=0 THEN GOSUB 31000
30500 IF (SGN(IT)<>SGN(IM) OR IM=0) AND FLAGWZ(DU)=0 THEN GOSUB 31450
30550 IF K2=1 THEN K2=0:GOTO 30700
30600 IF M3<.1/ZOOM THEN W=W-INC:K1=1:INC=2*INC:WI=WI-1:GOTO 30200
30650 IF K1=1 THEN K1=0:GOTO 30200
30700 IF M3>.3/ZOOM AND INC>W/100000! THEN W=W-INC:K2=1:INC=INC/2:WI=WI-1:GOTO 3
0200
30750 FT=F0:IT=IM:WK=W
30800 GOTO 30200
30850 WI(DU)=WI
30900 IF FLAGWZ(DU)=0 AND ABS(RE)<1 THEN PA$(AZ+5,DU)="   stabil"
30950 GOTO 32500
31000 WT=W:K3=0
```

```
31050 IF ABS(F0-1)<.0001 OR K3>20 THEN 31300
31100 WE=W:W=(WK+WE)/2:GOSUB 32850
31150 IF F0=1 THEN 31050
31200 IF SGN(FT-1)=SGN(F0-1) THEN WK=W:FT=F0:W=WE:K3=K3+1:GOTO 31050
31250 WE=W:K3=K3+1:GOTO 31050
31300 K3=0:FLAGWD(DU)=1:IF RE=0 THEN PAR(AZ+4,DU)=90:GOTO 31400
31350 PAR(AZ+4,DU)=ATN(IM/RE)*KDEG: IF FLAGWZ(DU)=0 AND RE<0 AND IM>0 THEN PAR(A
Z+4,DU)=PAR(AZ+4,DU)+180
31400 PAR(AZ+3,DU)=W:W=WT:RETURN
31450 WT=W:K3=0
31500 IF (ABS(IM)<.0001 OR K3>20)  THEN GOTO 31750
31550 WE=W:W=(WK+WE)/2:GOSUB 32850
31600 IF IM=0 THEN 31500
31650 IF SGN(IT)=SGN(IM) THEN WK=W:IT=IM:W=WE:K3=K3+1:GOTO 31500
31700 WE=W:K3=K3+1:GOTO 31500
31750 IF RE<0 THEN 31850
31800 FLAGWZ(DU)=1:PAR(AZ+1,DU)=W:PAR(AZ+2,DU)=1/RE:IF RE<1 THEN PA$(AZ+5,DU)="
 stabil"
31850 K3=0:W=WT:RETURN
31900 F0=SQR(RE^2+IM^2):RETURN
31950 K3=0
32000 INC=W/10:FT=F0:IT=IM:WK=W:W=W+INC:GOSUB 32850:IF SGN(IT)<>SGN(IM) AND FLAG
WZ(DU)=0 THEN GOSUB 31450
32050 IF SGN(F0-10/ZOOM)=SGN(FT-10/ZOOM) THEN 32000
32100 IF ABS(F0-10/ZOOM)<.01/ZOOM OR K3>20 THEN 32300
32150 WE=W:W=(WE+WK)/2:GOSUB 32850
32200 IF SGN(FT-10/ZOOM)=SGN(F0-10/ZOOM) THEN WK=W:FT=F0:W=WE:K3=K3+1:GOTO 32100
32250 WE=W:K3=K3+1:GOTO 32100
32300 INC=W/1000:GOTO 30150
32350 '------------------------------------------------------------------
32400 'B E R E C N U N G  beendent
32450 '------------------------------------------------------------------
32500 REM
32550 PRINT"wi",WI:WI(DU)=WI:GOSUB 36400:FOR I= 1 TO 1500:NEXT I
32600 NEXT PLOT:DU=DT
32650 GOTO 1450  :REM START DES PLOT'S
32700 '------------------------------------------------------------------
32750 ' V E R T E I L E R   Regler-Strecke
32800 '------------------------------------------------------------------
32850 ON RST GOSUB 33450,33850,34250,34650,35200,35750
32900 '----------------------------------------------------------------------
32950 ' V0 - UEberwachung
33000 '----------------------------------------------------------------------
33050 IF VO >= 1 THEN 33200
33100 PRINT"****************** Gesamtverstaerkung < 1 nicht sinnvoll *********
*********"
33150 FOR I= 1 TO 4000: NEXT :KORR=1: GOTO 15050
33200 IM=IM(WI,DU):RE=RE(WI,DU):GOSUB 31900
33250 RETURN
33300 '------------------------------------------------------------------
33350 ' F O R M E L N   Regler-Strecken
33400 '------------------------------------------------------------------
33450 '* * PD - PTt-I * *
33500 VR=PAR(1,DU):VS=PAR(2,DU):TI=PAR(3,DU):TV=PAR(4,DU):TT=PAR(5,DU)
33550 VO=VR*VS
33600 W(WI,DU)=W
33650 RE(WI,DU)=VO/(W*TI)*(SIN(W*TT)-W*TV*COS(W*TT))
33700 IM(WI,DU)=VO/(W*TI)*(COS(W*TT)+W*TV*SIN(W*TT))
33750 X$(1)="RE(F0)=VO/(w*TI)*(SIN(w*TT)-w*TV*COS(w*TT))"
33800 X$(2)="IM(F0)=VO/(w*TI)*(COS(w*TT)+w*TV*SIN(w*TT))":RETURN
33850 '* * P - PT1-Tt * *
33900 VR=PAR(1,DU):VS=PAR(2,DU):T1=PAR(3,DU):TT=PAR(4,DU)
33950 VO=VR*VS
34000 W(WI,DU)=W
34050 RE(WI,DU)=VO/(1+W^2*T1^2)*(W*T1*SIN(W*TT)-COS(W*TT))
34100 IM(WI,DU)=VO/(1+W^2*T1^2)*(W*T1*COS(W*TT)+SIN(W*TT))
34150 X$(1)="RE(F0)=VO/(1+w^2*T1^2)*(w*T1*SIN(w*TT)-COS(w*TT))"
```

```
34200 X$(2)="IM(F0)=VO/(1+w^2*T1^2)*(w*T1*COS(w*TT)+SIN(w*TT))":RETURN
34250 '* * PD - PT1-I * *
34300 VR=PAR(1,DU):VS=PAR(2,DU):T1=PAR(3,DU):TI=PAR(4,DU):TV=PAR(5,DU)
34350 VO=VR*VS
34400 W(WI,DU)=W
34450 RE(WI,DU)=VO*W^2*(T1*TI-TI*TV)/(W^2*TI^2+W^4*T1^2*TI^2)
34500 IM(WI,DU)=VO*(W*TI+W^3*T1*TI*TV)/(W^2*TI^2+W^4*T1^2*TI^2)
34550 X$(1)="RE(F0)=VO*w^2*(T1*TI-TI*TV)/(w^2*TI^2+w^4*T1^2*TI^2)"
34600 X$(2)="IM(F0)=VO*(w*TI+w^3*T1*TI*TV)/(w^2*TI^2+w^4*T1^2*TI^2)":RETURN
34650 '* * PI - PT1 - PT2 * *
34700 VR=PAR(1,DU):VST1=PAR(2,DU):VST2=PAR(3,DU):TN=PAR(4,DU):T1=PAR(5,DU):T2=PA
R(6,DU):D9=PAR(7,DU)
34750 VO=VR*VST1*VST2
34800 W(WI,DU)=W
34850 N=(1+W^2*T1^2)*((1-W^2*T2^2)^2+4*D9^2*W^2*T2^2)
34900 RE(WI,DU)=VO*(T1/TN-W^2*T1*T2^2/TN+W^2*T2^2+2*D9*T2*(W^2*T1+1/TN)-1)/N
34950 IM(WI,DU)=VO*(W*T1+1/(W*TN)+2*D9*W*T2*(1-T1/TN)-W^2*T2^2*(W*T1+1/(W*TN)))/
N
35000 XN$="((1+W^2*T1^2)*((1-W^2*T2^2)^2+4*D^2*W^2*T2^2))
35050 X$(1)="RE(F0)=VO*(T1/TN-W^2*T1*T2^2/TN+W^2*T2^2+2*D*W*T2*(W*T1+1/(W*TN))-1
)/"+XN$
35100 X$(2)="IM(F0)=VO*(W*T1+1/(W*TN)+2*D*W*T2*(1-T1/TN)-W^2*T2^2*(W*T1+1/(W*TN)
))/"+XN$
35150 RETURN
35200 '* * PD - PT1 - PT2 * *
35250 VR=PAR(1,DU):VST1=PAR(2,DU):VST2=PAR(3,DU):TV=PAR(4,DU):T1=PAR(5,DU):T2=PA
R(6,DU):D9=PAR(7,DU)
35300 VO=VR*VST1*VST2
35350 W(WI,DU)=W
35400 N=(1+W^2*T1^2)*((1-W^2*T2^2)^2+4*D9^2*W^2*T2^2)
35450 RE(WI,DU)=VO*(2*D9*W^2*T2*(T1-TV)+W^4*T1*T2^2*TV-W^2*(T1*TV-T2^2)-1)/N
35500 IM(WI,DU)=VO*(W*(T1-TV)+2*D9*W*T2*(1+W^2*T1*TV)-W^3*T2^2*(T1-TV))/N
35550 XN$="((1+W^2*T1^2)*((1-W^2*T2^2)^2+4*D^2*W^2*T2^2))
35600 X$(1)="RE(F0)=VO*(2*D*W^2*T2*(T1-TV)+W^4*T1*T2^2*TV-W^2*(T1*TV-T2^2)-1)/"+
XN$
35650 X$(2)="IM(F0)=VO*((W-W^3*T2^2)*(T1-TV)+2*D*W*T2*(1+W^2*T1*TV))/"+XN$
35700 RETURN
35750 '* * PID - PT1-PT1-Tt * *
35800 VR=PAR(1,DU):VS=PAR(2,DU):T1=PAR(3,DU):T2=PAR(4,DU):TV=PAR(5,DU):TN=PAR(6,
DU):TT=PAR(7,DU)
35850 VO=VR*VS
35900 W(WI,DU)=W
35950 RE(WI,DU)=VO*(((W*T1+W*T2)*(1/(W*TN)-W*TV)+W^2*T1*T2-1)*COS(W*TT)+(W^2*T1*
T2*(W*TV-1/(W*TN))+W*(T2+T1-TV)+1/(W*TN))*SIN(W*TT))/((1+W^2*T1^2)*(1+W^2*T2^2))
36000 IM(WI,DU)=VO*((W^2*T1*T2*(W*TV-1/(W*TN))+W*(T2+T1-TV)+1/(W*TN))*COS(W*TT)-
((W*T1+W*T2)*(1/(W*TN)-W*TV)+W^2*T1*T2-1)*SIN(W*TT))/((1+W^2*T1^2)*(1+W^2*T2^2))
36050 XZ1$="RE(F0)=V0(((wT1+wT2)(1/(wTn)-wTv)+w^2T1T2-1)cos(wTt)+(w^2T1T2(wTv-1/
(wTn))+"
36100 XZ2$="w(T1+T2-Tv)+1/(wTn))sin(wTt))/((1+w^2T^2))
36150 X$(1)=XZ1$+XZ2$
36200 XZ11$="IM(F0)=V0((w^2T1T2(wTv-1/(wTn))+w(T1+T2-Tv)+1/(wTn))cos(wTt)-"
36250 XZ22$="((wT1+wT2)(1/(wTn)-wTv)+w^2T1T2-1)sin(wTt))/((1+w^2T1^2)(1+w^2T2^2)
)"
36300 X$(2)=XZ11$+XZ22$
36350 RETURN
36400 ON RST GOSUB 36500,36700,36900,37300,37100,37500
36450 RETURN
36500 TI$(DU)="  unendl."
36550 RE=PAR(1,DU)*PAR(2,DU)/PAR(3,DU)*(PAR(5,DU)-PAR(4,DU))
36600 GOSUB 37700
36650 RETURN
36700 TI$(DU)="    0    "
36750 RE=-PAR(1,DU)*PAR(2,DU)
36800 GOSUB 37700
36850 RETURN
36900 TI$(DU)="  unendl."
36950 RE=PAR(1,DU)*PAR(2,DU)*(PAR(3,DU)-PAR(5,DU))/PAR(4,DU)
```

```
37000 GOSUB 37700
37050 RETURN
37100 TI$(DU)="    0    "
37150 RE=-PAR(1,DU)*PAR(2,DU)*PAR(3,DU)
37200 GOSUB 37700
37250 RETURN
37300 TI$(DU)=" unendl."
37350 RE=PAR(1,DU)*PAR(2,DU)*PAR(3,DU)*(((2*PAR(6,DU)*PAR(7,DU)+PAR(5,DU))/PAR(4
,DU))-1)
37400 GOSUB 37700
37450 RETURN
37500 TI$(DU)=" unendl."
37550 RE=PAR(1,DU)*PAR(2,DU)*(PAR(3,DU)/PAR(6,DU)+PAR(4,DU)/PAR(6,DU)+PAR(7,DU)/
PAR(6,DU)-1)
37600 GOSUB 37700
37650 RETURN
37700 ' Uebergabe
37750 PAR(AZ+6,DU)=RE: PA$(AZ+7,DU)=TI$(DU)
37800 RETURN
37850 ' ----------------------------------------------------------------
37900 ' W E R T E P A A R E  ausgeben
37950 ' ----------------------------------------------------------------
38000 CLS
38050 'DEVICE$=LPT$:CALL CLST(DEVICE$,ERC%)
38100 U1$="######":U2$="######.#####"
38150 IF DU=1 THEN I1=1: GOTO 38350
38200 PRINT "Welchen Plott ? (1-";DU;")";
38250 U3$=INKEY$: IF U3$ ="" THEN 38250
38300 I1=VAL(U3$):IF I1<1 OR I1>DU THEN PRINT" Dieser Plott ist nicht vorhanden.
 ";: GOTO 38200
38350 PRINT "                    Plott Nr.";I1
38400 U$="     I      w in Hz      Re F0(w)     Im F0(w)    "
38450 PRINT U$:PRINT
38500 FOR I=1 TO WI(I1)
38550 IF I/20=INT(I/20) THEN PRINT "<RET>: weitere Werte, <E>: Ende, <D>: Werte
auf Drucker"
38600 IF I/20=INT(I/20) THEN U3$=INKEY$:IF U3$="" THEN 38600
38650 IF U3$="E" OR U3$="e" THEN 39000
38700 IF U3$="D" OR U3$="d" THEN 39100
38750 IF I/20=INT(I/20) THEN CLS:PRINT "                    Plott Nr.";I1:PRINT U$:P
RINT
38800 PRINT USING U1$;I;:PRINT USING U2$;W(I,I1);:PRINT USING U2$;RE(I,I1);:PRIN
T USING U2$;IM(I,I1)
38850 IF DU=1 THEN RETURN
38900 NEXT I
38950 PRINT
39000 PRINT "Noch einen Plott (J/N)?";:GOSUB 27550:IF ANS=1 THEN 38200
39050 RETURN
39100 '    LPRINT E$;CHR$(64);:LPRINT E$;"M";:LPRINT E$;"C";CHR$(72);:LPRINT E$;
"N";CHR$(12);
39150 LPRINT "                    Plott Nr.";I1:LPRINT:LPRINT U$:LPRINT
39200 FOR I=2 TO WI(I1)
39250 LPRINT USING U1$;I;:LPRINT USING U2$;W(I,I1);:LPRINT USING U2$;RE(I,I1);:L
PRINT USING U2$;IM(I,I1)
39300 NEXT I
39350 '    LPRINT E$;CHR$(64);
39400 GOTO 39000
39450 '-------------------------------------------------------------------
39500 ' F E H L E R - R O U T I N E
39550 '-------------------------------------------------------------------
39600 IF ERL=6050 THEN PRINT:PRINT"           **********   Dieser Plott ist nicht
gespeichert !   **********":RESUME 5900
39650 IF ERL=5850 THEN PRINT:PRINT"           ***********   Kein Plott gespeiche
rt !   ***********":FOR I=1 TO 2000:NEXT I:RESUME 4200
39700 IF ERL=6650 THEN PRINT:PRINT"           ***********   Kein Plott gespeic
hert !   ***********":FOR I=1 TO 2000:NEXT I:RESUME 6400
```

```
39750 IF ERL=6950 THEN PRINT:PRINT"        ***********   Dieser Plott ist nicht g
espeichert !   ***********":PRINT:RESUME 6800
39800 IF ERL=8700 THEN PRINT:PRINT"                ***********   Noch keine Plott
 gespeichert !   **********":RESUME 8850
39850 IF ERL=9000 THEN PRINT:PRINT"***  Nicht mehr als 8 Zeichen, erstes Zeichen
 ein Buchstabe, keine Umlaute  ***":PRINT:RESUME 8850
39900 IF (ERR=12 OR ERR=13) THEN PRINT"             **********   Fehler in der E
ingabe !   **********":FOR I=1 TO 5000: NEXT I: RESUME 4200
39950 IF (ERR=11 OR ERR=6 OR ERR=5) THEN PRINT"  Ein Weiterrechnen ist nicht moe
glich, bitte Eingaben ueberpruefen! ":FOR I=1 TO 5000:NEXT I:KORR=1:RESUME 15050
40000 IF (ERR=61 OR ERR=67) THEN PRINT"  ***   Diskette ist voll - es koennen ke
ine Daten gespeichert werden   ***": FOR I=1 TO 2500:NEXT I:RESUME 4200
40050 PRINT"            ***** Ein Weiterrechnen ist nicht moeglich ! *****":
FOR I=1 TO 2500: NEXT I:CLEAR:GOTO 50
40100 '-------------------------------------------------------------------------
40150 'E R L A E U T E R U N G E N
40200 '-------------------------------------------------------------------------
40250 CLS:PRINT"Dieses Programm bietet die Moeglichkeit drei Ortskurven derselbe
n"
40300 PRINT"Regler + Strecken - Kombination darzustellen, wobei nach jedem Durch
gang        die Parameter geaendert werden koennen."
40350 PRINT"Zur Dokumentation kann ueber einen angeschlossenen Drucker (Epson FX
-80) oder    Plotter (HP 7475A) ein Kurvenplott erstellt werden."
40400 PRINT"Das Programm kann nicht unterbrochen oder gelistet werden."
40450 Z$=" S I M L E R P C ."
40500 PRINT"Sollte das Programm 'AUSSTEIGEN', druecke die RESET-Taste an der Rec
hner-"
40550 PRINT"Rueckseite und starte wiederum mit ";:COLOR 9:PRINT Z$:COLOR 10
40600 PRINT "HINWEIS:"
40650 PRINT"Es ist darauf zu achten, dass beim Einsatz eines PID - Reglers die
40700 PRINT"Bedingung Tn >> Tv erfuellt sein muss !!
40750 PRINT"Wird bei einem Simulationslauf eine Amplitudenreserve AR = 1.0 und e
ine          Phasenreserve alpha R im Bereich von 0 - 1 Grad errechnet, wird Stab
ilitaets-    grenze (Stab.-G.) ausgegeben."
40800 PRINT"Die Genauigkeit der berechneten Ergebnisse betraegt 0.01% !
40850 PRINT"Wartezeiten, die bei der Neuberechnung von Ortskurven mit veraendert
em Massstab   entstehen, sind darin begruendet, dass der Rechner fuer jede Ortsk
urve den         Wert w neuberechnet, mit dem die Bildschirmdarstellung beginnt.
40900 PRINT"Regelungen, fuer die sich mehrere wd ergeben, sind mit der regeltech
nisch"
40950 PRINT"nicht sinnvollen Verst. Vo <=1 gerechnet worden - Ergebnisse genau b
eachten !"
41000 GOSUB 41350: CLS
41050 PRINT:PRINT"Drucker bzw. Plotter Anschluss an der Rueckseite des Rechners
: "
41100 PRINT:PRINT
41150 PRINT"             :::::::::::          ==============="
41200 PRINT"              HP Plotter             Epson Drucker"
41250 GOSUB 41350
41300 GOTO 4200
41350 PRINT:PRINT"Bitte Taste anschlagen >";
41400 TASTE$=INKEY$
41450 IF TASTE$="" THEN 41400
41500 RETURN
41550 '-------------------------------------------------------------------------
41600 ' P L O T T E R  -  A U S G A B E
41650 '-------------------------------------------------------------------------
41700 LOCATE 24,1
41750 PRINT"Plotter vorbereiten -- weiter mit <RETURN> "
41900 TASTE$= INKEY$:IF TASTE$="" THEN 41900 ELSE FORMAT$="4"
41950 XPLMAX%=11040 :YPLMAX%=7721 : MAPL=XPLMAX%/274.6 : MMXPL=274.6 : MMYPL=192
.1
42000 LPRINT "IN;"     :' Plotter initialisieren
42050 LPRINT "CS33;"   :' Zeichensatz Deutsch
42100 FORMAT%=INT(VAL(FORMAT$))
42150 LPRINT "PS",FORMAT%;
42200 GOSUB 43250
```

```
42250 '-----------------------------------------------------------------
42300 ' R A H M E N
42350 '-----------------------------------------------------------------
42400 LPRINT "SP1;PU0,700;PD;"
42450 LPRINT "PA0",YPLMAX%,",",XPLMAX%,",",YPLMAX%,",",XPLMAX%,"700,0,700;PU;"
42500 '-----------------------------------------------------------------
42550 ' K O P F P L O T T
42600 '-----------------------------------------------------------------
42650 Y=0:X=-52
42700 GOSUB 44750:CHRTYP$="BESCHR":GOSUB 44300:A$="(C) P.F.ORLOWSKI":GOSUB 44050
42750 X=525 : GOSUB 44750: A$="Datum: "+DATE$:GOSUB 44050
42800 X=690 : GOSUB 44750: A$="Zeit: "+LEFT$(TIME$,8):GOSUB 44050
42850 Y=10: X=-52: GOSUB 44750: A$="FH Giessen,1987": GOSUB 44050
42900 LPRINT "PU8500,1200;"
42950 LPRINT "PD;"
43000 LPRINT "DI-1,0;SI.4,.7;SL0.268;"
43050 LPRINT "LBNYQUIST-DIAGRAMM",CHR$(3),"PU;"
43100 CHRTYP$="BESCHR":GOSUB 44300
43150 LPRINT "PU8375,1400;PD;"
43200 LPRINT "LB"UT$;CHR$(3);"PU;"
43250 PLF=12     : ' PLOTTFAKTOR =12
43300 YVER=1000 : ' Y VERSCHIEBUNG
43350 RETURN
43400 ' ----------------------------------------------------------------
43450 ' LINIENTYPE und LINIENSTAERKE
43500 ' ----------------------------------------------------------------
43550 IF LINEW=1 THEN LPRINT "SP2;"
43600 IF LINEW=2 THEN LPRINT "SP1;"
43650 IF LINEW=3 THEN LPRINT "SP3;"
43700 IF LINEW=4 THEN LPRINT "SP4;"
43750 ' ----------------------------------------------------------------
43800 IF LINET=1 THEN LPRINT "LT;"
43850 IF LINET=2 THEN LPRINT "LT3;"
43900 IF LINET=3 THEN LPRINT "LT6;"
43950 RETURN
44000 '-----------------------------------------------------------------
44050 ' P O T T - T E X T  ausgeben
44100 '-----------------------------------------------------------------
44150 LPRINT "LB"A$;CHR$(3)
44200 RETURN
44250 '-----------------------------------------------------------------
44300 ' S C H R I F T A R T E N
44350 '-----------------------------------------------------------------
44400 IF CHRTYP$="normal" THEN LPRINT "DI-1,0;CS33;SL0;SI.3,.5;SP2;"
44450 IF CHRTYP$="med"    THEN LPRINT "DI-1,0;CS33;SL.267941;SI.22,.30;SP2;"
44500 IF CHRTYP$="small"  THEN LPRINT "DI-1,0;CS33;SL.267941;SI.12,.25;SP2;"
44550 IF CHRTYP$="smprop" THEN LPRINT "DI-1,0;CS33;SL.267941;SI.12,.24;SP2;"
44600 IF CHRTYP$="BESCHR" THEN LPRINT "DI-1,0;CS33;SL.268;SI.17,.28;SP1;"
44650 RETURN
44700 ' ----------------------------------------------------------------
44750 ' P O S I T I O N I E R U N G  in X und Y
44800 ' ----------------------------------------------------------------
44850 X%=(850-X)*PLF:Y%=YVER+Y*PLF*1.5:LPRINT "PU",X%,",",Y%,";"
44900 RETURN
44950 ' ----------------------------------------------------------------
45000 ' P L O T T E N  relativ in X und Y
45050 ' ----------------------------------------------------------------
45100 X%=-X*PLF:Y%=Y*PLF*1.5:LPRINT "PD;PR",X%,",",Y%,";"
45150 RETURN
45200 ' ----------------------------------------------------------------
45250 ' P L O T T E T  absolut in X und Y
45300 ' ----------------------------------------------------------------
45350 X%=(850-X)*PLF:Y%=YVER+Y*PLF*1.5:LPRINT "PD;PA",X%,",",Y%,";"
45400 RETURN
```

```
50 ' * * * * * * * * * * * * * * * * * * * * * * * * * * * * *
100 '* *                    BODE - DIAGRAMM                   * *
150 '* *                    VERSION  BODEAT                   * *
200 '* *                         1987                         * *
250 '* * * * * * * * * * * * * * * * * * * * * * * * * * * * *
300 ' ------------------------------------------------------------------------
350 ' I N I T I A L I S I E R U N G
400 '----------------------------------------------------------------------
450 KEY OFF
500 XMAX=639:YMAX=349:ADAP=9     :REM Graphikadapter
550 DIM CH(25):DIM CH$(95)
600 OPEN "i",#1,"CHAREGA.DAT"
650 FOR ENR%=1 TO 94
700 CH$(ENR%)=INPUT$(54,#1)
750 NEXT ENR%
800 CLOSE
850 TFA=25:TFE=25
900 CR=7:PRINT RES$:DU=1
950 ANZAHL=19
1000 DIM PARRS$(19),PAR$(19),PAR(19,3),PARRS(19),RST$(20),A$(3)
1050 DIM AA$(8),PL$(19),WD(3),ALFAR(3),X(19),PA$(19,3),YQ(3),YO(3),FLAGWD(3),PHI
D(3),FLAGWZ(3),UN$(19),YTITEL$(3),YUNIT$(3),WI(3)
1100 FOR I=1 TO 7:READ AA$(I):NEXT:FOR I=1 TO 10:READ RST$(I):NEXT:FOR I=1 TO AN
ZAHL
1150 READ PARRS$(I):NEXT:FOR I=1 TO 10:READ PL$(I):NEXT
1200 DIM FO(600,3),PHI(600,3),WW(600,3)
1250 ON ERROR GOTO 36600
1300 '-------------------------------------------------------------------
1350 DRUCK=1
1400 GOTO 3250 : 'Programmwahl
1450 '-------------------------------------------------------------------
1500 ' P L O T T - S T A R T
1550 '---------------------------------------------------------------------
1600 GOSUB 12600:GOSUB 12750:D=DU:GOSUB 14750::GOSUB 12950:GOSUB 13150:START=1
1650 DEV=1:    ' 1 - BILDSCHIRM  /  2 - HP PLOTTER
1700 CLS
1750 LI$=T$: RE$=UT$: GOSUB 10100: LOCATE 25,1
1800 LINE (0,YMAX/26)-(XMAX,YMAX/26)
1850 Y=YMAX/24: X=XMAX/50
1900 CHRTYP$="small": IF DEV = 2 THEN 41550
1950 A$="(C) P. F. Orlowski, FH Giessen; 1987":GOSUB 18500
2000 IF FLAGLAD=0 THEN 2100
2050 X=CINT(.65*XMAX): LEF$=LEFT$(TIMEF$,8): DATU$=DATEF$ : A$="Datum: "+DATU$+
  Zeit: "+LEF$:GOSUB 18500: FLAGLAD=0: GOTO 2200
2100 X=CINT(.65*XMAX): LEF$=LEFT$(TIME$,8): A$="Datum: "+DATE$+"  Zeit: "+LEF$
2150 GOSUB 18500
2200 TFA=25: TFE=25
2250 GOSUB 22950:IF PFLAG=1 THEN PFLAG=0:ANS=1:GOTO 2700
2300 A$="Parameter aendern (J/N) ? "
2350 GOSUB 3150 : GOSUB 27100 : IF ANS=1 THEN KORR=0 : GOTO 13400
2400 A$="Bildschirmdarstellung DRUCKEN oder PLOTTEN (D/P/N) ?":GOSUB 3150
2450 K$=INKEY$ : IF K$="" THEN 2450
2500 IF K$="D" OR K$="d" THEN PRINT K$;: GOTO 2700
2550 IF K$="P" OR K$="p" THEN PRINT K$;: GOTO 3050
2600 IF K$="N" OR K$="n" THEN PRINT K$;: GOTO 2900
2650 PRINT CHR$(7);: GOTO 2450
2700 IF DRUCK=1 THEN DEVICE$=LPT$: A$="Beliebige Taste druecken, dann <Shift><P
rSc> druecken."
2750 GOSUB 27400: GOSUB 3150
2800 D$=INKEY$: IF D$="" THEN 2800
2850 GOSUB 27400
2860 D$=INKEY$: IF D$="" THEN 2860
2900 A$="Bildschirmdarstellung speichern (J/N)?" :GOSUB 27400: GOSUB 3150: GOSU
 27000
2950 IF ANS=1 THEN GOSUB 4550
3000 GOTO 3250
```

```
3050 GOSUB 27400:DEV=2:GOSUB 38550 :GOSUB 22950
3100 GOTO 3250
3150 ROW=25:COL=1:LOCATE ROW,COL:PRINT A$;:RETURN
3200 '-------------------------------------------------------------------------
3250 ' H A U P T  -  M E N U E
3300 '-------------------------------------------------------------------------
3350 CLS
3400 A$=" * BODE-DIAGRAMM * ":GOSUB 9500
3450 C=7:ROW=4:COL=21:FOR I=1 TO C:UN$(I)=AA$(I):NEXT I
3500 A$=CHR$(32): FLAGR=0: PFLAG=0
3550 GOSUB 8500
3600 ON ASC(B$)-96 GOTO 3800,4350,4300,5400,4700,37300,3650
3650 CLS
3700 OPEN "O",1,"MAUVWXYZ.MAI":CLOSE 1 : END
3750 '-------------------------------------------------------------------------
3800 ' R E G L E R - S T R E C K E N - M E N U E
3850 '-------------------------------------------------------------------------
3900 C=10:ROW=4:COL=23:FOR I=1 TO C:UN$(I)=RST$(I):NEXT I
3950 A$=" Regler + Strecken - Kombination "
4000 GOSUB 8300
4050 RST=X :SL$=RST$(X) :D=DU
4100 GOTO 27800
4150 '-------------------------------------------------------------------------
4200 'H A R D - C O P Y / B I L D S C H I R M  laden
4250  '------------------------------------------------------------------------
4300 PFLAG=1
4350 IF START=1 THEN 1500
4400 COLOR 10 :A$= " * * * * * * Kein Plot gespeichert ! * * * * * * "
4450 CLS:LOCATE 18,16:PRINT A$;
4500 VERZ=2:GOSUB 8050:GOTO 3250
4550 IF START=1 THEN GOTO 6850
4600 GOTO 4400
4650 '------------------------------------------------------------------------
4700 ' P L O T T -  F I L E  loeschen
4750 '------------------------------------------------------------------------
4800 CLS
4850 INPUT "Bezeichnung des Laufwerks ? (A-C)",LA$
4900 WIDTH 80: PRINT"Die vorhandenen Plotts lauten:"
4950 PRINT:FILES LA$+":*.PLB": PRINT:WIDTH 255
5000 PRINT:INPUT "Name des zu loeschenden Plotts (Zusatz .PLB nicht mit angeben!
) >",N$
5050 IF N$="" THEN GOSUB 27400: GOTO 3250
5100 N$=N$+".PLB":PRINT:PRINT"Soll der Plott ";N$;"  wirklich geloescht werden (
J/N)?";:GOSUB 27100: IF ANS=0 THEN 3250
5150 NN$=LA$+":"+N$:KILL NN$:
5200 PRINT:PRINT"            **********   Plott ";N$;" GELOESCHT !  **********":VE
RZ=1.5:GOSUB 8050
5250 PRINT:PRINT"Weiteren Plott loeschen (J/N)?";: GOSUB 27100: IF ANS=1 THEN 47
00
5300 GOTO 3250
5350 '------------------------------------------------------------------------
5400 ' P L O T T - F I L E  lesen
5450 '------------------------------------------------------------------------
5500 CLS: PRINT:GOTO 5650
5550 PRINT:INPUT "Noch ein anderes Laufwerk (J/N)? ";JN$
5600 IF JN$="j" OR JN$="J" THEN 5650 ELSE 3250
5650 INPUT "Von welchem Laufwerk ? (A-C)",LA$
5700 IF LA$="" THEN 3250
5750 PRINT"Die vorhandenen Plotts lauten:":PRINT
5800 WIDTH 80
5850 PRINT:FILES LA$+":*.PLB":PRINT
5900 WIDTH 255
5950 PRINT
6000 INPUT "Welcher Plott? - Name eingeben! >",F$
6050 IF F$="" THEN 3250
6100 F$=F$+".PLB"
```

```
6150 FI$=LA$+":"+F$
6200 OPEN "I",1,FI$
6250 PRINT:PRINT"                **********   Daten werden eingelesen!   **********"
6300 INPUT #1,DATEF$:INPUT #1,TIMEF$:INPUT #1,DU:INPUT #1,WMIN
6350 FOR I=1 TO DU:INPUT #1,WI(I),FLAGWD(I):FOR J=1 TO WI(I):INPUT #1,FO(J,I):IN
PUT #1,PHI(J,I):INPUT #1,WW(J,I):NEXT J,I
6400 INPUT #1,RST:INPUT #1,SL$:INPUT #1,AZ
6450 FOR I=1 TO DU: IF FLAGWD(I)=0 THEN 6550
6500 INPUT #1,WD(I),ALFAR(I),PHID(I)
6550 NEXT I
6600 FOR J=1 TO DU:FOR I=1 TO (AZ+4):INPUT #1,PAR$(I):INPUT #1,PAR(I,J):NEXT I,J
6650 CLOSE 1
6700 START=1: FLAGLAD=1
6750 GOTO 1600
6800 '-----------------------------------------------------------------------
6850 ' P L O T T - F I L E  speichern
6900 '-----------------------------------------------------------------------
6950 CLS: PRINT:PRINT"Regler-Strecke: "+SL$
7000 INPUT "Auf welches Laufwerk ? (A-C)",LA$
7050 PRINT "Die Daten fuer diesen Plott werden auf Diskette in Laufwerk ";LA$;"
 gespeichert"
7100 PRINT"Die bereits vorhandenen Plotts lauten:":PRINT
7150 PRINT:FILES LA$+":*.plb":PRINT:WIDTH 255
7200 PRINT"- Das erste Zeichen muss ein Buchstabe sein - max. 8 Zeichen!!
7250 PRINT"- Plottname erhaelt automatisch den Zusatz .PLB fuer Plott-Bode."
7300 INPUT"Bitte gewuenschten Plottnamen eingeben >",F$
7350 IF F$="" THEN 3250
7400 F$=F$+".PLB"
7450 FI$=LA$+":"+F$
7500 OPEN "O",1,FI$
7550 PRINT:PRINT:PRINT"              **********   Die Daten werden gespeichert   **
********"
7600 DATEF$=DATE$:TIMEF$=TIME$:PRINT #1,DATEF$:PRINT #1,TIMEF$:PRINT #1,DU:PRINT
 #1,WMIN
7650 FOR I=1 TO DU:PRINT #1,WI(I),FLAGWD(I):FOR J=1 TO WI(I):PRINT #1,FO(J,I):PR
INT #1,PHI(J,I):PRINT #1,WW(J,I):NEXT J,I
7700 PRINT #1,RST:PRINT #1,SL$:PRINT #1,AZ
7750 FOR I=1 TO DU: IF FLAGWD(I)=0 THEN 7850
7800 PRINT #1,WD(I),ALFAR(I),PHID(I)
7850 NEXT I
7900 FOR J=1 TO DU:FOR I=1 TO (AZ+4):PRINT #1,PAR$(I):PRINT #1,PAR(I,J):NEXT I,J
7950 CLOSE 1
8000 CLS:GOTO 3250
8050 '* * Verzoegerung * *
8100 FOR ZEIT =1 TO 5000*VERZ:NEXT
8150 RETURN
8200 PRINT"Erstes Zeichen ein Buchstabe - max.8 Zeichen - keine Umlaute":RESUME
6000
8250 '-----------------------------------------------------------------------
8300 ' M E N U E - R O U T I N E
8350 '-----------------------------------------------------------------------
8400 TFA=5:TFE=24:GOSUB 27400
8450 SCREEN 0,0,0: LOCATE ROW,COL:COLOR 0,7: COLOR 10: PRINT A$;: COLOR 0,8: COL
OR 10
8500 R0=2:IF C>7 THEN R0=1
8550 ROW=ROW+3
8600 FOR I%=1 TO C
8650 LOCATE ROW,COL
8700 ROW=ROW+R0
8750 PRINT CHR$(96+I%);".    ";UN$(I%)
8800 NEXT I%
8850 LOCATE ROW+2,COL
8900 PRINT "Bitte waehlen >";
8950 B$ = INKEY$ :IF B$="" THEN 8950
9000 PRINT B$;:NN=RND(0)
9050 X=ASC(B$)-96
```

```
9100 IF X<1 OR X>C THEN PRINT CHR$(7);:GOTO 8850
9150 COLOR 0,8: COLOR 10
9200 ROWW=ROW:ROW =ROWW-(C-X+1)*R0
9250 LOCATE ROW,COL
9300 IF KORR=1 THEN PRINT CHR$(96+X);".  ";PAR$(X);STRING$(3,32); : GOTO 9400
9350 PRINT CHR$(96+X);".   ";UN$(X);
9400 RETURN
9450 '-------------------------------------------------------------------
9500 ' P L O T T K O P F
9550 '-------------------------------------------------------------------
9600 'L=10*LEN(A$)
9650 SCREEN 0,0,0: LOCATE 1,30: COLOR 0,7: COLOR 10
9700 PRINT A$;:COLOR 0,8: COLOR 10
9750 A$="(C) P.F. Orlowski":ROW=1:COL=1:GOSUB 10000
9800 A$=" FH-Giessen; 1987":ROW=2:COL=1:GOSUB 10000
9850 A$="Datum: "+DATE$ :ROW=1:COL=62:GOSUB 10000
9900 LEF$=LEFT$(TIME$,8): A$="Zeit : "+LEF$ :ROW=2:COL=62:GOSUB 10000
9950 RETURN
10000 LOCATE ROW,COL:PRINT A$;:RETURN
10050 '-------------------------------------------------------------------
10100 ' T E X T E / P A R A M E T E R
10150 '-------------------------------------------------------------------
10200 SCREEN ADAP
10250 SCHR$="NORMAL"
10300 PRINT LI$;STRING$(79-LEN(LI$)-LEN(RE$),32);RE$;CHR$(32)
10350 RETURN
10400 DATA Erstellen eines Bode-Diagramms
10450 DATA Laden des erstellten Diagramms
10500 DATA Drucken des erstellten Diagramms   :REM AA$
10550 DATA Laden eines gespeicherten Diagramms
10600 DATA Loeschen eines gespeicherten Diagramms
10650 DATA Erlaeuterungen
10700 DATA Zurueck zur Leistungsauswahl
10750 DATA P  - PT2 - PTt :REM RTS$
10800 DATA PD - PT1
10850 DATA PD - PTt - I
10900 DATA PD - PT1 - I^2
10950 DATA PD - PT2 - PTt
11000 DATA PI - PT1 - I
11050 DATA PI - PT1 - PT1 -PT1
11100 DATA PI - PT1 - PT2
11150 DATA PI - PT1 - PTt
11200 DATA PID - PT1 - PT2 - PTt
11250 DATA Reglerverstaerkung Vr   =            :REM PARR$
11300 DATA Streckenverst.      Vs  =
11350 DATA Streckenverst.      Vst1=
11400 DATA Streckenverst.      Vst2=
11450 DATA Streckenverst.      Vst3=
11500 DATA Streckenverst.      Vstt=
11550 DATA Verzoegerungszeit  T1/s=
11600 DATA Verzoegerungszeit  T2/s=
11650 DATA Verzoegerungszeit  T3/s=
11700 DATA Integrationszeit   Ti/s=
11750 DATA Vorhaltezeit       Tv/s=
11800 DATA Nachstellzeit      Tn/s=
11850 DATA Daempfung          d   =
11900 DATA Totzeit            Tt/s=
11950 DATA Kreisfrequenz w min/Hz =
12000 DATA Durchtrittsfreq.  wd/Hz=
12050 DATA Amplitudenreserve Ar   =
12100 DATA Phasenreserve /Grad    =
12150 DATA Regelung               =
12200 DATA 01020608141315,0102071115
12250 DATA 010211101415,010311071015
12300 DATA 0104061108131415,010212071015
12350 DATA 01030405120708091 5,0103041207081315
12400 DATA 01020612071415,010304061211070813141 5
```

```
12450 '--------------------------------------------------------------------
12500 ' S Y S T E M  - Beschriftung
12550 '--------------------------------------------------------------------
12600 ' * Titel *
12650 T$= " B O D E - DIAGRAMM"
12700 RETURN
12750 '--------------------------------------------------------------------
12800 '* Untertitel *
12850 UT$= "Regler + Strecke: "+SL$
12900 RETURN
12950 ' * Y Titel und Einheiten *
13000 YTITEL$(1)="/Fo/":YTITEL$(2)=" Phi"
13050 YUNIT$(1)=" dB":YUNIT$(2)="Grad"
13100 RETURN
13150 ' *  X Titel und Einheiten *
13200 XTITEL$="Kreisfrequenz   "
13250 XUNIT$="w/Hz"
13300 RETURN
13350 '--------------------------------------------------------------------
13400 ' P A R A M E T E R  aendern
13450 '--------------------------------------------------------------------
13500 D=DU:DU=DU+1
13550 CLS
13600 FOR I= 1 TO AZ
13650 PAR(I,DU)=PAR(I,DU-1)
13700 NEXT I
13750 IF DU > 3 THEN DU=3
13800 IF KORR =1 THEN D=DU
13850 ROW=4:COL=17:C=AZ
13900 GOSUB 14600:GOSUB 8450:INPUT PAR(X,DU):X(X)=X: LOCATE ROWW,COL
13950 D=DU
14000 A$="Sind die Eingaben OK (J/N) ?"
14050 LOCATE ROWW+2,COL:PRINT A$;
14100 GOSUB 27000
14150 IF ANS=0 THEN 13850
14200 PRUZ=0: IF DU=1 THEN 14400
14250 FOR PRUEF=1 TO (AZ-1)
14300 IF (PAR(PRUEF,(DU-1)))=(PAR(PRUEF,DU)) THEN PRUZ=PRUZ+1
14350 NEXT PRUEF
14400 FLAGWMIN=0: IF PAR(AZ,DU)<>WMIN THEN WMIN=PAR(AZ,DU): FLAGWMIN=1
14450 IF (AZ-1)=PRUZ THEN FOR UMW=1 TO AZ: PAR(AZ,(DU-1))=PAR(AZ,DU): NEXT UMW:D
U=DU-1
14500 GOTO 28800
14550 '--------------------------------------------------------------------
14600 ' P A R A M E T E R  listen
14650 '--------------------------------------------------------------------
14700 CLS
14750 A$=" Die zuletzt eingegebenen Parameter lauten: "
14800 FOR I = 1 TO AZ
14850 UN$(I)=PAR$(I) +" "+STR$(PAR(I,D))
14900 NEXT I
14950 RETURN
15000 '--------------------------------------------------------------------
15050 ' F O R M A T I E R U N G
15100 '--------------------------------------------------------------------
15150 V=5:N=3
15200 FOR D=1 TO DU:FOR I=1 TO AZ+3:ZA=PAR(I,D)
15250 Z1=INT(ABS(ZA)):Z2=INT(10^N*(ABS(ZA)-Z1)+.5)
15300 IF ZA >= 0 THEN Z1$="    "+MID$(STR$(Z1),2,V)
15350 IF ZA < 0 THEN Z1$="-"+MID$(STR$(Z1),2,V)
15400 Z1$=RIGHT$("    "+Z1$,V)
15450 Z2$=LEFT$(RIGHT$("0000"+MID$(STR$(Z2),2),N)+"   ",N):Z$=Z1$+"."+Z2$
15500 PA$(I,D)=Z$:NEXT I,D:RETURN
```

```
15550 '-----------------------------------------------------------------
15600 ' G R A F I K D A R S T E L L U N G
15650 '-----------------------------------------------------------------
15700 ' Linientypen Darstellung
15750 '-----------------------------------------------------------------
15800 A$(1)="_____":A$(2)="__ __":A$(3)="_  _  _"
15850 FOR P=1 TO DU
15900 IF DEV = 1 THEN YERS=0 ELSE YERS=-5
15950 IF DEV = 2 THEN LINEW=P+1: GOSUB 40700
16000 X=LM+CINT(XMAX/3.8)+CINT(XMAX/14)*(P-1):Y=HM+YERS:IF DEV =2 THEN 42000
16050 A$=A$(P)
16100 ON DEV GOSUB 18500,41300
16150 NEXT:RETURN
16200 '-----------------------------------------------------------------
16250 ' P A R A M E T E R  ausgeben
16300 '-----------------------------------------------------------------
16350 TFA=25:TFE=25:LOCATE 25,1:GOSUB 15050
16400 A$="Position der Parameterliste ? (1 = oben rechts;  2 = mitte links) "
16450 GOSUB 3150
16500 FOR N=1 TO 3000: NEXT
16550 LMPOS$=INKEY$:IF LMPOS$ < "1" OR LMPOS$ > "2" THEN PRINT CHR$(7);:GOTO 164
00
16600 GOSUB 27400
16650 IF LMPOS$="1" THEN LM=CINT(XMAX/1.94):HM=CINT(YMAX/15) ELSE LM=XLI+CINT(XM
AX/58):IF DEV=1 THEN HM=YQ(1)+CINT(XMAX/100) ELSE HM=YQ(1)+CINT(XMAX/40)
16700 CHRTYP$="small":IF DEV = 2 THEN 41550
16750 X=LM:Y=HM:IF DEV = 2 THEN 42000
16800 A$="PARAMETER:":ON DEV GOSUB 18500,41300
16850 X=LM:Y=CINT(YMAX/37)+HM:IF DEV = 2 THEN 42000
16900 FOR Z= 1 TO 4: PAR$(AZ+Z)=PARRS$(15+Z):NEXT Z
16950 FOR N=1 TO (AZ-1):A$=PAR$(N):ON DEV GOSUB 18500,41300:FOR I=1 TO DU:A$=PA$
(N,I):X=LM+XMAX/7.2+I*XMAX/12:ON DEV GOSUB 18500,41300
17000 NEXT I: X=LM: IF AZ<10 THEN Y=Y+CINT(YMAX/40) ELSE Y=Y+CINT(YMAX/44.5)
17050 IF DEV = 2 THEN 42000
17100 NEXT N
17150 '-----------------------------------------------------------------
17200 ' E R G E B N I S S E  ausgeben
17250 '-----------------------------------------------------------------
17300 X=LM:IF DEV=1 THEN Y=YQ(3)+CINT(YMAX/200) ELSE Y=YQ(3)+CINT(YMAX/57)
17350 IF DEV = 2 THEN 42000
17400 A$="ERGEBNISSE:":ON DEV GOSUB 18500,41300
17450 X=LM:Y=Y+CINT(YMAX/36.5):IF DEV = 2 THEN 42000
17500 FOR N=AZ+1 TO AZ+4:A$=PAR$(N):ON DEV GOSUB 18500,41300:FOR I =1 TO DU
17550 IF VAL(PA$(AZ+1,I))=0 THEN PA$(AZ+1,I)="      -   "
17600 IF VAL(PA$(AZ+2,I))<1 THEN PA$(AZ+2,I)="      -   "
17650 IF VAL(PA$(AZ+3,I))=0 THEN PA$(AZ+3,I)="      -   "
17700 IF PAR(AZ+4,I)=0 THEN PA$(AZ+2,I)="    1.0   "
17750 IF RST=2 THEN PA$(AZ+4,I)="   stabil" : GOTO 18000
17800 ON PAR(AZ+4,I)+2 GOTO 17850,17950,17900
17850 PA$(AZ+4,I)=" instabil": GOTO 18000
17900 PA$(AZ+4,I)="   stabil": GOTO 18000
17950 PA$(AZ+4,I)=" Stab.-G."
18000 A$=PA$(N,I)
18050 X=LM+XMAX/7.2+I*XMAX/12: ON DEV GOSUB 18500,41300:NEXT I:X=LM:Y=Y+CINT(YMA
X/40) :IF DEV =2 THEN 42000
18100 NEXT N
18150 GOSUB 15700:GOSUB 19250:RETURN
18200 '-----------------------------------------------------------------
18250 ' G R A F I K - R O U T I N E N
18300 '-----------------------------------------------------------------
18350 ' * LINIENTYPE UND LINIENSTAERKE *
18400 'PRINT LINET$;LINET:PRINT LINEW$;LINEW:RETURN
18450 RETURN
18500 ' * TEXT IM GRAFIKMODE *
18550 FOR SU%=1 TO LEN(A$)
18600 CHAR$=MID$(A$,SU%,1)
18650 ELNR=ASC(CHAR$)-31
```

```
18700 FOR T%= 1 TO 26
18750 CH%(T%-1)=CVI(MID$(CH$(ELNR),T%*2-1,2))
18800 NEXT T%
18850 'PRINT X,Y,S,A$
18900 X%=X: Y%=Y: PUT(X%+SU%*6,Y%),CH%,PSET
18950 NEXT SU%
19000 RETURN
19050 ' * SCHRIFT AUSWAHL *
19100 'PRINT SCHR$;CHRTYP$
19150 ' * SCHRIFTGROESSE NORMAL *
19200 'PRINT CHRX2R$:RETURN
19250 ' * CURSOR AUS/PEN UP-HOME
19300 RETURN
19350 ' * CURSOR POSITIONIERUNG IN X UND Y *
19400 X%=X:Y%=Y:PSET(X%,Y%):RETURN
19450 ' *  ZEICHNET RELATIV IN X UND Y *
19500 X%=X:Y%=Y:DRAW "M+ " + STR$(X%) +","+ STR$(Y%):RETURN
19550 ' *  ZEICHNET ABSOLUT IN X UND Y *
19600 IF LINET=3 THEN 19800
19650 X%=X:Y%=Y:DRAW "M " + STR$(X%) +","+ STR$(Y%): IF LINET=3 THEN FLAGDARK=1
19700 IF LINET=4 THEN PRESET (XVOR%,YVOR%): XVOR%=X%: YVOR%=Y%
19750 RETURN
19800 IF FLAGDARK=1 THEN 19850 ELSE 19650
19850 X%=X:Y%=Y:DRAW "BM " + STR$(X%) +","+ STR$(Y%): FLAGDARK=0
19900 RETURN
19950 ' * WARTESCHLEIFE *
20000 K$=INKEY$:IF K$="" THEN 20000 ELSE RETURN
20050 '-----------------------------------------------------------------------
20100 ' Beschriftung der X-Skalierung
20150 '-----------------------------------------------------------------------
20200 XS1=XLI
20250 CHRTYP$="smprop":IF DEV =2 THEN 41550
20300 FOR K=1 TO 4
20350 FOR J=1 TO 2:X=LOG(10)*KL*DE+XS1-CINT(XMAX/80):IF DEV=1 THEN Y=YQ(J)+CINT(
YMAX/80) ELSE Y=YQ(J)+CINT(YMAX/33.5)
20400 IF DEV =2 THEN 42000
20450 A$=STR$(WMIN*10^K):ON DEV GOSUB 18500,41300
20500 NEXT J:XS1=X:NEXT K
20550 RETURN
20600 '-----------------------------------------------------------------------
20650 ' Beschriftung Y-Achsen
20700 '-----------------------------------------------------------------------
20750 GOSUB 12950
20800 FOR I=1 TO 2
20850 CHRTYP$="BESCHR":IF DEV =2 THEN 41550
20900 A$=YTITEL$(I)
20950 Y=YO(I):X=0
21000 IF DEV = 2 THEN 42000
21050 ON DEV GOSUB 18500,41300
21100 A$=YUNIT$(I)
21150 Y=YO(I)+CINT(YMAX/27)
21200 IF DEV =2 THEN 42000
21250 ON DEV GOSUB 18500,41300
21300 IF DEV=1 THEN YPLK=CINT(YMAX/35) ELSE YPLK=3
21350 X=4:Y=YO(I)+YPLK:ON DEV GOSUB 19350,42000:X=CINT(XMAX/22):Y=YO(I)+YPLK:ON
DEV GOSUB 19550,42500
21400 NEXT I
21450 '-----------------------------------------------------------------------
21500 ' Beschriftung X-Achsen
21550 '-----------------------------------------------------------------------
21600 CHRTYP$="BESCHR":IF DEV =2 THEN 41550
21650 GOSUB 20100:GOSUB 13150
21700 CHRTYP$="BESCHR":IF DEV =2 THEN 41550
21750 IF DEV=1 THEN YPLK=CINT(YMAX/27) ELSE YPLK=25
21800 FOR I=1 TO 2
21850 A$=XUNIT$
21900 Y=YQ(I)+YPLK:X=CINT(XMAX/1.15)
```

```
21950 IF DEV =2 THEN 42000
22000 ON DEV GOSUB 18500,41300
22050 NEXT I
22100 '-----------------------------------------------------------------------
22150 ' Beschriftung der Y-Skalierung
22200 '-----------------------------------------------------------------------
22250 CHRTYP$="smprop":IF DEV =2 THEN 41550
22300 S=YL/8:X=XLI-CINT(XMAX/20):IF DEV=1 THEN Y=YO(1)-CINT(YMAX/100) ELSE Y=YO(
1)+2
22350 FOR I=50 TO -30 STEP -10
22400 A$=STR$(I)
22450 IF DEV = 2 THEN 42000
22500 ON DEV GOSUB 18500,41300:Y=Y+S:X=XLI-CINT(XMAX/20)
22550 NEXT I
22600 S=YL/12:X=XLI-CINT(XMAX/20):IF DEV=1 THEN Y=YO(2)-CINT(YMAX/100) ELSE Y=YO
(2)+2
22650 FOR I=90 TO -270 STEP -30
22700 A$=STR$(I)
22750 IF DEV = 2 THEN 42000
22800 ON DEV GOSUB 18500,41300:Y=Y+S:X=XLI-CINT(XMAX/20)
22850 NEXT I:RETURN
22900 '-----------------------------------------------------------------------
22950 ' K O O R D I N A T E N S Y S T E M
23000 '-----------------------------------------------------------------------
23050 LINET=1:LINEW=1:ON DEV GOSUB 18350,40700: 'Linienwahl
23100 XLI=CINT(XMAX/10): 'linker Rand des Koordinatensystems
23150 XL=CINT(XMAX/1.2):YL=CINT(YMAX/2.4):YO(1)=YMAX/14:YO(2)=YO(1)+YMAX/2.24
23200 YQ(1)=YO(1)+YL*5/8:YQ(2)=YO(2)+(3/12*YL):YQ(3)=YO(2)+(9/12*YL)
23250 FOR I=1 TO 2
23300 X=XLI:Y=YO(I):ON DEV GOSUB 19350,42000:Y=YL+YO(I):X=XLI:ON DEV GOSUB 19550
,42500
23350 X=XLI:Y=YQ(I):ON DEV GOSUB 19350,42000:X=XLI+XL:Y=YQ(I):ON DEV GOSUB 19550
,42500
23400 NEXT I
23450 '-----------------------------------------------------------------------
23500 ' Y-Skalierung
23550 '-----------------------------------------------------------------------
23600 SW=10:S=YL/8:H=0:MYA=S/SW :REM SW=Skalierungsweite- hier 10dB
23650 FOR I=0 TO 8
23700 X=XLI-CINT(XMAX/267):Y=YO(1)+H:ON DEV GOSUB 19350,42000:X=X+CINT(XMAX/133)
:ON DEV GOSUB 19550,42500:H=H+S
23750 NEXT I
23800 SW=30:S=YL/12:H=0:MYP=S/SW
23850 FOR I=0 TO 12
23900 X=XLI-3:Y=YO(2)+H:ON DEV GOSUB 19350,42000:X=X+6:ON DEV GOSUB 19550,42500:
H=H+S
23950 NEXT I
24000 X=XLI:Y=YQ(3):ON DEV GOSUB 19350,42000:X=XL+XLI:Y=YQ(3):ON DEV GOSUB 19550
,42450
24050 '-----------------------------------------------------------------------
24100 ' X-Skalierung
24150 '-----------------------------------------------------------------------
24200 XS1=XLI:KL=.434294
24250 DE=XL/4:REM Dekadenlaenge
24300 FOR K=1 TO 4
24350 FOR J=1 TO 2: FOR I=2 TO 10: XS=LOG(I)*KL*DE+XS1
24400 X=XS:Y=YQ(J)-CINT(YMAX/133):ON DEV GOSUB 19350,42000:Y=YQ(J)+CINT(YMAX/133
):ON DEV GOSUB 19550,42500
24450 NEXT I,J:XS1=XS:NEXT K
24500 GOSUB 20650
24550 '-----------------------------------------------------------------------
24600 ' F R E Q U E N Z G A N G  plotten
24650 '-----------------------------------------------------------------------
24700 FOR D=1 TO DU : LINET=D: LINEW=1: IF DEV=2 THEN LINEW=D+1
24750 ON DEV GOSUB 18350,40700
24800 VER=0
```

```
24850 LO=LOG(WW(1,1))*KL:IF LO <>0 THEN VER= LO *DE
24900 X=LO *DE+XLI-VER
24950 Y=YQ(1)-FO(1,D)*MYA
25000 ON DEV GOSUB 19350,42000
25050 ANF=1
25100 LO=LOG(WW(ANF,D))*KL
25150 X=LO*DE+XLI-VER:Y=YQ(1)-(FO(ANF,D)*MYA):IF Y> (.08*YMAX) THEN ON DEV GOSUB
 19350,42000 ELSE ANF=ANF+1:GOTO 25100
25200 FOR I=ANF TO WI(D)-1
25250 LO1=LOG(WW(I+1,D))*KL
25300 X=LO1*DE+XLI-VER:Y=YQ(1)-(FO(I+1,D)*MYA):IF X < CINT(XMAX/1.025) AND Y < (
YMAX/1.05) THEN ON DEV GOSUB 19550,42500
25350 NEXT I
25400 ' ----------------------------------------------------------------------
25450 ' P H A S E N W I N K E L  plotten
25500 ' ----------------------------------------------------------------------
25550 LO=LOG(WW(1,D))*KL:IF LO <>0 THEN VER= LO *DE
25600 X=LO *DE+XLI-VER
25650 Y=YQ(2)-PHI(1,D)*MYP
25700 ON DEV GOSUB 19350,42000
25750 ANF=1
25800 LO=LOG(WW(ANF,D))*KL
25850 X=LO*DE+XLI-VER:Y=YQ(2)-(PHI(ANF,D)*MYP):IF X>CINT(XMAX/1.025) OR Y>CINT(Y
MAX/1.05) THEN 25800
25900 ON DEV GOSUB 19350,42000
25950 FOR I=ANF TO (WI(D)*4/5)-1
26000 LO1=LOG(WW(I+1,D))*KL
26050 X=LO1*DE+XLI-VER:Y=YQ(2)-(PHI(I+1,D)*MYP):IF X < 780 AND Y < 380 THEN ON D
EV GOSUB 19550,42500
26100 NEXT I
26150 '-----------------------------------------------------------------------
26200 ' D U R C H T R I T T  markieren
26250 '-----------------------------------------------------------------------
26300 IF FLAGWD(D)= 0 THEN 26700
26350 LINEW=1:ON DEV GOSUB 18350,40700
26400 XD=LOG(PAR(AZ+1,D))*KL*DE+XLI-VER
26450 YD=YQ(2)-PHID(D)*MYP
26500 Y=YQ(1):X=XD
26550 ON DEV GOSUB 19350,42000:Y=YD:X=XD:ON DEV GOSUB 19550,42500
26600 LINEW=2:ON DEV GOSUB 18350,40700:Y=YQ(3):ON DEV GOSUB 19550,42500
26650 LINEW=1:ON DEV GOSUB 18350,41000:Y=YD:X=XLI:ON DEV GOSUB 19350,42000:Y=YD:
X=XD:ON DEV GOSUB 19550,42500
26700 NEXT D
26750 GOSUB 16250
26800 RETURN
26850 '-----------------------------------------------------------------------
26900 ' G R A F I K - E N D E
26950 '-----------------------------------------------------------------------
27000 ' J A / N E I N - A N T W O R T
27050 '-----------------------------------------------------------------------
27100 K$=INKEY$:IF K$="" THEN 27100
27150 IF K$="J" OR K$= "j" THEN ANS=1:GOTO 27300
27200 IF K$="N" OR K$="n" THEN ANS=0:GOTO 27300
27250 PRINT CHR$(7);:GOTO 27100
27300 PRINT K$;:RETURN
27350 '----------------------------------------------------------------------
27400 '* T E X T F E N S T E R  definieren und loeschen
27450 '----------------------------------------------------------------------
27500 TFA%=TFA: TFE%=TFE
27550 LOCATE TFA%,1
27600 FOR I%=TFA% TO TFE%
27650 PRINT STRING$(80,32);
27700 NEXT I% : RETURN
```

```
27750 '--------------------------------------------------------------------
27800 ' P A R A M E T E R  eingeben
27850 '--------------------------------------------------------------------
27900 CLS
27950 ROW=4:COL=20
28000 LPL=LEN(PL$(RST))/2
28050 A$=" Parametereingabe fuer  "+SL$+CHR$(32)
28100 POX=40-INT(LEN(A$)/2)
28150 COLOR 0,7: COLOR 10: LOCATE ROW,POX:PRINT A$;:COLOR 0,8: COLOR 10
28200 ROW = ROW + 3
28250 FOR I=1 TO LPL: R0=2: IF LPL>7 THEN R0=1
28300 LOCATE ROW,COL
28350 Z=I*2-1:X$=MID$(PL$(RST),Z,2):X=VAL(X$)
28400 PRINT CHR$(96+I);".   ";PARRS$(X);:INPUT PARRS(X)
28450 ROW = ROW + R0
28500 PAR$(I)=PARRS$(X):PAR(I,1)=PARRS(X)
28550 NEXT I:ROW=ROW+3
28600 AZ=LPL:WMIN=PAR(AZ,1):DU=1
28650 LOCATE 24,20
28700 PRINT"Sind die Eingaben OK (J/N) ?" ;: GOSUB 27100
28750 IF ANS=0 THEN 36250
28800 CLS
28850 A$= "  ********  I C H   R E C H N E .......  ********"
28900 LOCATE 18,16:PRINT A$
28950 '--------------------------------------------------------------------
29000 ' B E R E C H N U N G
29050 '--------------------------------------------------------------------
29100 DATUM$=DATE$
29150 ANPL=DU
29200 IF FLAGWMIN=1 THEN ANPL=1
29250 FOR PLOT=ANPL TO DU
29300 DU=PLOT
29350 WI=0:ST=WMIN/2:KL=.43429:PI=3.141534:KDEG=180/PI:FLAGWD(DU)=0:FLAGWZ(DU)=0
:GRENZE=.00001:PAR(AZ+2,DU)=0:PAR(AZ+1,DU)=0:PAR(AZ+3,DU)=0
29400 FOR J=0 TO 4
29450 FOR W=10^J*WMIN TO 9.899999^(J+1)*WMIN STEP ST*10^J
29500 WI=WI+1:WW(WI,DU)=W:GOSUB 32050
29550 IF FLAGF0=0 THEN GOSUB 36300
29600 IF FLAGWD(DU)=1 THEN 30650
29650 IF ABS(FO(WI,DU)) < GRENZE THEN 29750
29700 GOTO 29850
29750 FLAGWD(DU)=1:PAR(AZ+1,DU)=W:PHID(DU)=PHI(WI,DU):PAR(AZ+3,DU)=PHI(WI,DU)+18
0
29800 GOTO 30650
29850 IF FO(WI,DU) > GRENZE THEN 30650
29900 GOTO 30100
29950 ' Zuweisung von wd und Phasenreserve
30000 PAR(AZ+1,DU)=W:PAR(AZ+3,DU)=PHI(WI,DU)+180:PHID(DU)=PHI(WI,DU):FLAGWD(DU)=
1
30050 GOTO 30700
30100 ' Iteration fuer wd
30150 STP=ST*10^J:WT=W:WT1=W:ND=0
30200 WI=WI-1:STP=STP/10:ND=ND+1:IF ND=6 THEN 30000
30250 WT=WT1-10*STP
30300 WT=WT+STP
30350 WI=WI+1:WW(WI,DU)=WT:W=WT: GOSUB 32050:IF FO(WI,DU) > GRENZE THEN 30300
30400 IF FO(WI,DU) > -GRENZE THEN 29950
30450 WT1=WT: GOTO 30200
30500 GOTO 30300
30550 IF FLAGWD(DU)=0 THEN WT1=STARTW:GOTO 30200
30600 '
30650 IF FLAGWD(DU)=0 THEN 31550
30700 IF FLAGWZ(DU)=1 THEN 31550
30750 N1=0
30800 IF PHI(WI,DU) < -179.9999 AND PAR(AZ+3,DU) > 0 THEN GOTO 30950
30850 GOTO 31550
```

```
30900 PAR(AZ+2,DU)=1/(10^(FO(WI,DU)/20)):FLAGWZ(DU)=1:GOTO 31550
30950 IF  PHI(WI,DU) > -180.001 THEN GOTO 30900
31000 ' Iteration fuer wz
31050 STP=ST*10^J:WT=W:WT1=W
31100 WI=WI-1:STP=STP/10:N1=N1+1:IF N1>5 THEN GOTO 30900
31150 WT=WT1-STP*10
31200 WT=WT+STP
31250 WI=WI+1:WW(WI,DU)=WT:W=WT:GOSUB 32050:IF PHI(WI,DU) > -179.999 THEN 31400
31300 IF PHI(WI,DU) > -180.0001 THEN GOTO 30900
31350 WT1=WT:GOTO 31100
31400 GOTO 31200
31450 IF FLAGWZ(DU)=0 THEN WT1=STARTW: GOTO 31100
31500 '
31550 NEXT W:NEXT J
31600 PAR(AZ+4,DU) = -1
31650 IF(PAR(AZ+3,DU)<1 AND PAR(AZ+3,DU)>=0 AND FLAGWD(DU)=1) THEN PAR(AZ+4,DU)=
0 : GOTO 31900
31700 IF PAR(AZ+3,DU) >= 1 THEN PAR(AZ+4,DU) =1
31750 '-----------------------------------------------------------------------
31800 ' B E R E C H N U N G  beendet
31850 '-----------------------------------------------------------------------
31900 WI(DU)=WI:NEXT PLOT
31950 GOTO 1600  :REM Start des Plotts
32000 '-----------------------------------------------------------------------
32050 ' V E R T E I L E R   Regler-Strecke
32100 '-----------------------------------------------------------------------
32150 ON RST GOSUB 34600,32600,33200,34950,33800,32900,33500,35250,35600,34200
32200 RETURN
32250 PRINT "Die eingegebenen Parameter bewirken eine unerlaubte math. Operation
"
32300 PRINT "************* UEberpruefe die eingegebenen Werte !!  **************
**"
32350 VERZ=6:GOSUB 8050:KORR=1:RESUME 13800
32400 GOTO 32250
32450 '-----------------------------------------------------------------------
32500 ' F O R M E L N   Regler-Strecken
32550 '-----------------------------------------------------------------------
32600 '* * PD - PT1 * *
32650 VR=PAR(1,DU):VS=PAR(2,DU):T1=PAR(3,DU):TV=PAR(4,DU)
32700 VO=VR*VS
32750 GOSUB 36100
32800 FO(WI,DU)=20*LOG(VO*SQR((1+W^2*TV^2)/(1+W^2*T1^2)))*KL
32850 PHI(WI,DU)=(ATN(W*TV)-ATN(W*T1))*KDEG:RETURN
32900 '* * PI - PT1 - I * *
32950 VR=PAR(1,DU):VS=PAR(2,DU):TN=PAR(3,DU):T1=PAR(4,DU):TI=PAR(5,DU)
33000 VO=VR*VS
33050 GOSUB 36100
33100 FO(WI,DU)=20*LOG(VO/(W*TI)*SQR((1+1/(W^2*TN^2))/(1+W^2*T1^2)))*KL
33150 PHI(WI,DU)=(-ATN(1/(W*TN))-ATN(W*T1))*KDEG-90:RETURN
33200 '* * PD - PTt - I * *
33250 VR=PAR(1,DU):VS=PAR(2,DU):TV=PAR(3,DU):TI=PAR(4,DU):TT=PAR(5,DU)
33300 VO=VR*VS
33350 GOSUB 36100
33400 FO(WI,DU)=20*LOG(VO/(W*TI)*SQR(1+W^2*TV^2))*KL
33450 PHI(WI,DU)=(+ATN(W*TV)-W*TT)*KDEG-90:RETURN
33500 '* * PI - PT1 - PT1 - PT1 * *
33550 VR=PAR(1,DU):VST1=PAR(2,DU):VST2=PAR(3,DU):VST3=PAR(4,DU):TN=PAR(5,DU):T1=
PAR(6,DU):T2=PAR(7,DU):T3=PAR(8,DU)
33600 VO=VR*VST1*VST2*VST3
33650 GOSUB 36100
33700 FO(WI,DU)=20*LOG(VO*SQR((1+1/(W^2*TN^2))/((1+W^2*T1^2)*(1+W^2*T2^2)*(1+W^2
*T3^2))))*KL
33750 PHI(WI,DU)=(-ATN(1/(W*TN))-ATN(W*T1)-ATN(W*T2)-ATN(W*T3))*KDEG:RETURN
33800 '* * PD - PT2 - PTt * *
33850 VR=PAR(1,DU):VST2=PAR(2,DU):VSTT=PAR(3,DU):TV=PAR(4,DU):T2=PAR(5,DU):D9=PA
R(6,DU):TT=PAR(7,DU)
33900 VO=VR*VST2*VSTT
33950 GOSUB 36100
```

```
34000 FO(WI,DU)=20*LOG(VO*SQR((1+(W^2*TV^2))/((1-W^2*T2^2)^2+(4*D9^2*W^2*T2^2)))
)*KL
34050 GOSUB 35950:PHI=-ATN((2*D9*W*T2)/PHIDIV)
34100 IF PHI > 0 THEN PHI=PHI-PI
34150 PHI(WI,DU)=(ATN(W*TV)+PHI-W*TT)*KDEG:RETURN
34200 '* * PID - PT1 - PT2 - PTt * *
34250 VR=PAR(1,DU):VST1=PAR(2,DU):VST2=PAR(3,DU):VSTT=PAR(4,DU):TN=PAR(5,DU):TV=
PAR(6,DU):T1=PAR(7,DU):T2=PAR(8,DU):D9=PAR(9,DU):TT=PAR(10,DU)
34300 VO=VR*VST1*VST2*VSTT
34350 GOSUB 36100
34400 FO(WI,DU)=20*LOG(VO*SQR((1+(W*TV-1/(W*TN))^2)/((1+W^2*T1^2)*((1-W^2*T2^2)^
2+4*D9^2*W^2*T2^2)))))*KL
34450 PHIDIV=1-W^2*T2^2:IF PHIDIV=0 THEN PHIDIV=9.99E-21
34500 PHI=-ATN((2*D9*W*T2)/PHIDIV):IF PHI>0 THEN PHI=PHI-PI
34550 PHI(WI,DU)=(ATN(W*TV-1/(W*TN))-ATN(W*T1)+PHI-W*TT)*KDEG:RETURN
34600 '* * P - PT2 - PTt * *
34650 VR=PAR(1,DU):VST1=PAR(2,DU):VSTT=PAR(3,DU):T2=PAR(4,DU):TT=PAR(5,DU):D9=PA
R(6,DU)
34700 VO=VR*VST1*VSTT
34750 GOSUB 36100
34800 FO(WI,DU)=20*LOG(VO/SQR((1-W^2*T2^2)^2+4*D9^2*W^2*T2^2))*KL
34850 GOSUB 35950:PHI=-ATN((2*D9*W*T2)/PHIDIV):IF PHI>0 THEN PHI=PHI-PI
34900 PHI(WI,DU)=(PHI-(W*TT))*KDEG:RETURN
34950 '* * PD - PT1 - I^2 * *
35000 VR=PAR(1,DU):VST1=PAR(2,DU):TV=PAR(3,DU):T1=PAR(4,DU):TI=PAR(5,DU)
35050 VO=VR*VST1
35100 GOSUB 36100
35150 FO(WI,DU)=20*LOG(VO/(W^2*TI^2)*SQR((1+W^2*TV^2)/(1+W^2*T1^2)))*KL
35200 PHI(WI,DU)=(ATN(W*TV)-ATN(W*T1))*KDEG-180:RETURN
35250 '* * PI - PT1 - PT2 * *
35300 VR=PAR(1,DU):VST1=PAR(2,DU):VST2=PAR(3,DU):TN=PAR(4,DU):T1=PAR(5,DU):T2=PA
R(6,DU):D9=PAR(7,DU)
35350 VO=VR*VST1*VST2
35400 GOSUB 36100
35450 FO(WI,DU)=20*LOG(VO*SQR((1+1/(W^2*TN^2))/((1+W^2*T1^2)*((1-W^2*T2^2)^2+4*D
9^2*W^2*T2^2)))))*KL
35500 GOSUB 35950:PHI=-ATN((2*D9*W*T2)/PHIDIV):IF PHI>0 THEN PHI=PHI-PI
35550 PHI(WI,DU)=(-ATN(1/(W*TN))-ATN(W*T1)+PHI)*KDEG:RETURN
35600 '* * PI - PT1 - PTt * *
35650 VR=PAR(1,DU):VST1=PAR(2,DU):VSTT=PAR(3,DU):TN=PAR(4,DU):T1=PAR(5,DU):TT=PA
R(6,DU)
35700 VO=VR*VST1*VSTT
35750 GOSUB 36100
35800 FO(WI,DU)=20*LOG(VO*SQR((1+1/(W^2*TN^2))/(1+W^2*T1^2)))*KL
35850 PHI(WI,DU)=(-ATN(1/(W*TN))-ATN(W*T1)-W*TT)*KDEG:RETURN
35900 '* * UEBERWACHUNG DIV/NULL * *
35950 PHIDIV=1-W^2*T2^2:IF PHIDIV=0 THEN PHIDIV=9.99E-21
36000 RETURN
36050 '* * UEBERWACHUNG V0 < 1 * *
36100 IF VO>=1 THEN RETURN
36150 PRINT: VERZ=2.5
36200 PRINT "******************** Gesamtverstaerkung  <  1 nicht sinnvoll ******
*************":GOSUB 8050
36250 KORR=1:GOTO 13800
36300 '* * UEBERWACHUNG FO(1,DU) * *
36350 FLAGF0=1
36400 PRINT:IF FO(1,DU) > 0 THEN RETURN
36450 PRINT " ********** Ein Weiterrechnen ist nicht moeglich;  Fo <= 0 ********
***"
36500 VERZ=2.5:GOSUB 8050:KORR=1:GOTO 13800
36550 '--------------------------------------------------------------------------
36600 ' F E H L E R - R O U T I N E
36650 '--------------------------------------------------------------------------
36700 IF ERL=4950 THEN PRINT:PRINT"                    **********   Kein Plott gespei
chert !   **********" : FOR I=1 TO 2500: NEXT I: RESUME 3250
36750 IF ERL=5850 THEN PRINT:PRINT"                    **********   Kein Plott gespei
chert !   **********" : FOR I=1 TO 2500: NEXT I:RESUME 5550
```

```
36800 IF ERL=5150 THEN PRINT:PRINT"          **********  Dieser Plott ist nicht ge
speichert !   **********" :PRINT: RESUME 5000
36850 IF ERL=6200 THEN PRINT:PRINT".         **********  Dieser Plott ist nicht ge
speichert !   **********":PRINT: RESUME 6000
36900 IF ERL=7150 THEN PRINT"            **********   Noch kein Plott gespeichert !
   **********": RESUME 7200
36950 IF ERL=7500 THEN PRINT:PRINT"  ***   Nicht mehr als 8 Zeichen, erstes Zeic
hen ein Buchsabe, keine Umlaute   ***":RESUME 7300
37000 IF(ERR=61 OR ERR=67) THEN PRINT"       *** Diskette ist voll - es koennen ke
ine Daten gespeichert werden   ***":FOR I= 1 TO 2500:NEXT I:RESUME 3250
37050 IF (ERR=11 OR ERR=6 OR ERR=5) THEN PRINT: PRINT"  Ein Weiterrechnen ist ni
cht moeglich, bitte die eingegebenen Werte ueberpruefen!": FOR I=1 TO 2500:NEXT
I:KORR=1:RESUME 13800
37100 PRINT"         ***   Ein Weiterrechnen ist nicht moeglich !   ***": FOR
I= 1 TO 2500:NEXT I:CLEAR:GOTO 50
37150 '-------------------------------------------------------------------------
37200 'E R L A E U T E R U N G E N
37250 '-------------------------------------------------------------------------
37300 CLS: COLOR 10: LOCATE 1,1 :PRINT"Dieses Programm bietet die Moeglichkeit,
drei Kurven derselben ";
37350 PRINT"Regler + Strecken - Kombination darzustellen, wobei nach jeder ";
37400 PRINT"Kurve (Durchgang) die Parameter    geaendert werden koennen."
37450 PRINT"Bei der Parameter-Eingabe ist die Frequenz w min zu beruecksichtigen
,             bei der die logarithmisch aufgetragene Abszisse beginnt.
37500 PRINT"Dabei ist zweckmaessig fuer w min= 0.1*1/Tmax zu waehlen; Tmax ist d
ie               groesste Zeitkonstante der eingegebenen Parameter.
37550 PRINT:PRINT"Es ist darauf zu achten, dass beim Einsatz eines PID - Reglers
 die Bedingung      Tn >> Tv erfuellt sein muss !!
37600 PRINT"Wird bei einem Simulationslauf eine Amplitudenreserve AR = 1.0 und e
ine           Phasenreserve alpha R im Bereich von 0 - 1 Grad errechnet, wird Stab
ilitaets-     grenze (Stab.-G.) ausgegeben."
37650 PRINT:PRINT"Die Genauigkeit der berechneten Ergebnisse betraegt 0.01% !
37700 PRINT
37750 PRINT"Zur Dokumentation kann ueber einen angeschlossenen Drucker/Plotter e
in            Kurvenplott erstellt werden."
37800 PRINT"Das Programm kann nicht unterbrochen oder gelistet werden."
37850 Z$=" S I M L E R P C ."
37900 PRINT"Sollte das Programm 'AUSSTEIGEN', druecke die RESET-Taste und starte
 wiederum     mit ";:COLOR 9:PRINT Z$: COLOR 10
37950 GOSUB 38300: CLS
38000 PRINT:PRINT"Drucker bzw. Plotter Anschluss an der Rueckwand des Rechners :
 "
38050 PRINT:PRINT
38100 PRINT"                 :::::::::::                ================"
38150 PRINT"                  HP Plotter                  Epson Drucker"
38200 GOSUB 38300
38250 GOTO 3250
38300 PRINT:PRINT "Bitte Taste anschlagen >";
38350 TASTE$=INKEY$
38400 IF TASTE$="" THEN 38350
38450 RETURN
38500 '-------------------------------------------------------------------------
38550 ' P L O T T E R - B E F E H L E
38600 '-------------------------------------------------------------------------
38650 DEVICE$=TTY$
38700 LOCATE 25,1
38750 PRINT"Plotter vorbereiten -- weiter mit <RETURN>"
38850 TASTE$= INKEY$:IF TASTE$="" THEN 38850 ELSE FORMAT$="4"
38900 XPLMAX%=11040 :YPLMAX%=7721 : MAPL=XPLMAX%/274.6 : MMXPL=274.6 : MMYPL=192
.1
38950 LPRINT "IN;"      :' Plotter initialisieren
39000 LPRINT "CS33;"    :' Zeichensatz Deutsch
39050 FORMAT%=INT(VAL(FORMAT$))
39100 LPRINT "PS",FORMAT%;
39150 LPRINT "VS60;"     :' Reduzierung von v-Plott auf ca. 2/3 v-max
39200 GOSUB 40500
```

```
39250 '----------------------------------------------------------------------
39300 ' R A H M E N
39350 '----------------------------------------------------------------------
39400 LPRINT "SP1;PU0,700;PD;"
39450 LPRINT "PA0",YPLMAX%,",",XPLMAX%,",",YPLMAX%,",",XPLMAX%,"700,0,700;PU;"
39500 '----------------------------------------------------------------------
39550 ' K O P F P L O T T
39600 '----------------------------------------------------------------------
39650 Y=0:X=-52
39700 GOSUB 42000:CHRTYP$="BESCHR":GOSUB 41550:A$="(C) P.F.Orlowski":GOSUB 41300
39750 X=490: GOSUB 42000:A$="Datum: "+DATE$: GOSUB 41300
39800 X=655: GOSUB 42000:A$="Zeit: "+LEFT$(TIME$,8): GOSUB 41300
39850 Y=10: X=-52: GOSUB 42000: A$="FH Giessen,1987": GOSUB 41300
39900 LPRINT "PU8700,1200;"
39950 LPRINT "PD;"
40000 LPRINT "DI-1,0;SI.5,.8;SL0.268;"
40050 LPRINT "LBBODE-DIAGRAMM",CHR$(3),"PU;"
40100 CHRTYP$="BESCHR":GOSUB 41550
40150 LPRINT "PU10000,1500;PD;"
40200 LPRINT "LB",UT$,CHR$(3),"PU;"
40250 Y=21: X=1: GOSUB 42000
40300 Y=31: GOSUB 42500
40350 Y=21: X=28: GOSUB 42000
40400 Y=31: GOSUB 42500
40450 LPRINT "PU;"
40500 PLF=12     : ' PLOTTFAKTOR =12
40550 YVER=1000 : ' Y VERSCHIEBUNG
40600 RETURN
40650 ' ---------------------------------------------------------------------
40700 ' L I N I E N T Y P E und L I N I E N S T A E R K E
40750 ' ---------------------------------------------------------------------
40800 IF LINEW=1 THEN LPRINT "SP2;"
40850 IF LINEW=2 THEN LPRINT "SP1;"
40900 IF LINEW=3 THEN LPRINT "SP3;"
40950 IF LINEW=4 THEN LPRINT "SP4;"
41000 ' ----------------------------
41050 IF LINET=1 THEN LPRINT "LT;"
41100 IF LINET=2 THEN LPRINT "LT3;"
41150 IF LINET=3 THEN LPRINT "LT6;"
41200 RETURN
41250 '----------------------------------------------------------------------
41300 ' P L O T - S C H R I F T
41350 '----------------------------------------------------------------------
41400 LPRINT "LB"A$;CHR$(3)
41450 RETURN
41500 '----------------------------------------------------------------------
41550 ' S C H R I F T A R T E N
41600 '----------------------------------------------------------------------
41650 IF CHRTYP$="normal" THEN LPRINT "DI-1,0;CS33;SL0;SI.3,.5;SP2;"
41700 IF CHRTYP$="med"    THEN LPRINT "DI-1,0;CS33;SL.267941;SI.25,.33;SP2;"
41750 IF CHRTYP$="small"  THEN LPRINT "DI-1,0;CS33;SL.267941;SI.12,.25;SP2;"
41800 IF CHRTYP$="smprop" THEN LPRINT "DI-1,0;CS33;SL.267941;SI.12,.24;SP2;"
41850 IF CHRTYP$="BESCHR" THEN LPRINT "DI-1,0;CS33;SL.268;SI.17,.28;SP1;"
41900 RETURN
41950 ' ---------------------------------------------------------------------
42000 ' P O S I T I O N I E R U N G in X und Y
42050 ' ---------------------------------------------------------------------
42100 X%=(850-X)*PLF:Y%=YVER+Y*PLF*1.5:LPRINT "PU",X%,",",Y%,";"
42150 RETURN
42200 ' ---------------------------------------------------------------------
42250 ' P L O T T E N  relativ in X und Y
42300 ' ----------------------------------------------------------------------
42350 X%=-X*PLF:Y%=Y*PLF*1.5:LPRINT "PD;PR",X%,",",Y%,";"
42400 RETURN
42450 ' ----------------------------------------------------------------------
42500 ' P L O T T E N  absolut in X und Y
42550 ' ----------------------------------------------------------------------
42600 X%=(850-X)*PLF:Y%=YVER+Y*PLF*1.5:LPRINT "PD;PA",X%,",",Y%,";"
42650 RETURN
```

```
program zeitverlauf (input,output);
label
   quit;
const
   npunkt   = 2400;             (* Anzahl der berechneten Punkte *)
   phi      = 3.14159;
type
   ytext = string(.80.);
   ztext = string(.80.);
   zk = string(.80.);
   zkp = string(.80.);
   menuefeld = array(.1..11.) of string(.55.);
   maxzei = 1..11;
   zstr = string(.8.);
   dstr = string(.10.);
var
   dumstr     :ytext;
   repl       :boolean;
   mode_alt   :byte;
   chset      :array(.0..4,32..126.) of byte;
   fil01      :text;
   fil1       :text;
   filel      :text;
   filv       :text;

   chrtyp     :string(.6.);     (* Definiert PLotterschrift*)
   text       :zk;              (* Zeichenkette fuer Ueberschrift *)
   antwort    :char;            (* enthaelt Antwort auf Ja - Nein - Abfragen *)
   schluss    :boolean;         (* true, falls Programm zur Leistungsauswahl
                                   zurueck soll *)
(*----------------------------------------------------------------------------*)
(* Definition der Strings fuer Menues *)
   menue00    :menuefeld;
   menue01    :menuefeld;
   menue02    :menuefeld;
   menue03    :array(.'A'..'L'.) of array(.1..22.) of char;
   menue04    :array(.1..5.) of array(.1..10.) of char;
   menue05    :menuefeld;
   menue06    :menuefeld;
(*----------------------------------------------------------------------------*)
(* Definition allgemein verwendeter Felder *)
   xt         :array(.0..600,1..3.) of real;      (* enthaelt Werte x(t) *)
   xtt        :array(.0..2400.) of real;          (* alle Werte x(t) *)
   ytt        :array(.0..2400.) of real;         (* 1. Ableitung fuer Totzeit *)
   at         :array(.1..35,1..2.) of real;      (* Konstanten fuer Bildausg. *)
   parrs      :array(.1..9,1..3.) of real;        (* Parameter *)
   ergebnis   :array(.1..6,1..3.) of string(.10.);(* enthaelt Ergebnisse *)
   contopt    :array(.1..3,1..3.) of real;       (* enthaelt Werte fuer optimale
                                                     Reglereinstellung *)
   fkpt       :array(.1..2,1..3.) of string(.10.);
(*----------------------------------------------------------------------------*)
(* allgemein gebrauchte Variablen *)
   device     :byte;          (* legt den Geraetetyp fuer Grafikausgabe fest *)
   nplot      :byte;          (* Nr. des gerade bearbeiteten Plots *)
   bd         :integer;       (* Zahl der Parameter *)
   stift      :integer;
   flagplot   :boolean;       (* true, falls ein Plot gerechnet wurde *)
   eingbeflg  :boolean;       (* true bei erster Eingabe *)
   xlinks     :real;          (* x - Koordinate des Koordinatenursprungs *)
   ylinks     :real;          (* y - Koordinate des Koordinatenursprungs *)
   mabszisse  :real;          (* Abzissenmassstab *)
   mabs       :real;          (* Zwischenspeicherung fuer Abszissenmassstab *)
   mordinate  :real;          (* Ordinatenmassstab *)
   laenge     :byte;          (* Zahl der Zeichen in Ueberschrift *)
   scrtyp     :byte;          (* Schriftart *)
```

```
   xkorel      :real;
   ykorel      :real;
   xkoord      :real;           (* x - Koordinate *)
   ykoord      :real;           (* y - Koordinate *)
   xkoord1     :real;           (* x - Koordinate *)
   ykoord1     :real;           (* y - Koordinate *)
   xkoord2     :real;           (* x - Koordinate *)
   ykoord2     :real;           (* y - Koordinate *)
   a0          :char;           (* enthaelt die Kennzeichnung fuer die im Menue 1
                                   getroffene Auswahl *)
   a1          :char;           (* enhaelt die Kennzeichnung fuer die im Menue 2
                                   getroffene Auswahl *)
   a2          :char;           (* enthaelt die Kennzeichnung fuer die im Menue 3
                                   getroffene Auswahl *)
   a8          :char;           (* Flag fuer Art der Berechnung: 'a' = Stabilitaets-
                                   berechnung, 'b' = Regleroptimierung *)
   a9          :1..2;           (* 1 : Stabilitaetsberechn., 2 : Optimierung *)
   ar          :0..3;           (* Flag fuer Rechenschleife *)
   the         :array(.1..3.) of real;       (* Hochlaufzeit *)
   tve         :array(.1..3.) of real;       (* Verschliffzeit *)
   ta1         :real;
   kp10        :integer;
   vs          :real;           (* Streckenverstaerkung *)
   vr          :real;           (* Gesamtverstaerkung *)
   vs1         :real;           (* Verstaerkung Strecke 1 *)
   vs2         :real;           (* Verstaerkung Strecke 2 *)
   vs3         :real;           (* Verstaerkung Strecke 3 *)
   v0          :real;           (* Gesamtverstaerkung *)
   t1          :real;           (* Zeitkonstante Strecke 1 *)
   t2          :real;           (* Zeitkonstante Strecke 2 *)
   t3          :real;           (* Zeitkonstante Strecke 3 *)
   tv          :real;           (* Zeitkonstante D - Regler *)
   tn          :real;           (* Zeitkonstante I - Regler *)
   tt          :real;           (* Totzeit *)
   d           :real;           (* Daempfung *)
   n           :1..4;           (* Ordnung der Differentialgleichung *)
   nopt        :1..3;           (* Zahl der Werte bei Regelkreisoptimierung *)
   b1          :real;           (* Konstanten fuer Differentialgleichungen *)
   b2          :real;
   b3          :real;
   b4          :real;
   b5          :real;
   b6          :real;
   b7          :real;
   h           :real;           (* Schrittweite bei Loesung der Dgl. *)
   s           :real;           (* Stoergroesse *)
   sta         :byte;
   en          :byte;
   hilf        :byte;
(*--------------------------------------------------------------------------*)
(* Vereinbarung der Prozeduren und Funktionen *)
(*$I in4ega.pas*)
(*$I in1.pas*)
(*$I ovl1.pas*)
(*$I in2.pas*)
(*$I ovl2.pas*)
(*$I in3.pas*)
begin
(* Definition der Grafik - Strings *)
(*   e          := chr(27);
   g          := e + '5';  *)
(*--------------------------------------------------------------------------*)
(*   grafoff    := e + '53';
   grafon     := e + '54';
   clrpp      := e + 'E';
   res        := g + 'd';
```

```
   cuoff      := g + 'r';
   cupoff     := e + 'x5';
   cupon      := e + 'y5';
   locate     := e + 'Y';
   cuon       := g + 'q';
   cudown     := e + 'B';
   cuup       := e + 'I';
   schr       := g + 'i';
   revon      := g + 'v';
   posa       := g + 'Q';
   hire       := g + 'p';
   revoff     := g + 'w';
   drawre     := g + 'f';
   linet      := g + 'Z';
   linew      := g + 'Y';
   drawab     := g + 'U';
   retxtw     := e + 'm2';
   clr        := g + '2';
   drawc      := g + 'P';
   savew      := g + 'S';
   loadw      := g + 'T';
   licopy     := g + '?';
   undlon     := g + 'y';
   undloff    := g + 'z';
   dchr       := g + 'G';
   rdchr      := g + 'H';
   curight    := e + 'C';
   culeft     := e + 'D';
   delchar    := e + 'N';
   inchar     := e + chr(64);
   resinchar  := e + 'O';
   cusave     := e + 'j';
   curet      := e + 'k';   *)
(*-------------------------------------------------------------------------*)
(* Definition der Texte fuer Menues *)
   menue00(.1.) := 'Zeitverlaeufe eines Regelkreises untersuchen';
   menue00(.2.) := 'Plotten einer vorhandenen Kurve';
   menue00(.3.) := 'Vorhandene Plots laden';
   menue00(.4.) := 'Vorhandene Plots loeschen';
   menue00(.5.) := 'Erklaerungen listen';
   menue00(.6.) := 'Zurueck zur Leistungsauswahl';
   menue00(.7.) := 'Zurueck ins DOS';
(*-------------------------------------------------------------------------*)
   menue01(.1.) := 'Fuehrungsverhalten, Sprungantwort     (z=0, w=1) ';
   menue01(.2.) := 'Fuehrungsverhalten, Fahrkurvenantwort (z=0, w=w(t)) ';
   menue01(.3.) := 'Stoerverhalten     (z=1, w=0) ';
(*-------------------------------------------------------------------------*)
   menue02(.1.) := 'P   -   PT1 - PT1 - I';
   menue02(.2.) := 'PID -   PT1 - PT2';
   menue02(.3.) := 'PI  -   PT1 - PT1 - PTt';
   menue02(.4.) := 'PD  -   PT1 - PT1 - PTt';
   menue02(.5.) := 'PID -   PT1 - PT1 - PT1';
(*-------------------------------------------------------------------------*)
   menue03(.'A'.) := 'Reglerverst.     Vr     =';
   menue03(.'B'.) := 'Streckenverst.   Vs1    =';
   menue03(.'C'.) := 'Streckenverst.   Vs2    =';
   menue03(.'D'.) := 'Streckenverst.   Vs3    =';
   menue03(.'E'.) := 'Verz.-Zeit       T1/s   =';
   menue03(.'F'.) := 'Verz.-Zeit       T2/s   =';
   menue03(.'G'.) := 'Verz.-Zeit       T3/s   =';
   menue03(.'H'.) := 'Totzeit          Tt/s   =';
   menue03(.'I'.) := 'Nachstellz.      Tn/s   =';
   menue03(.'J'.) := 'Vorhaltez.       Tv/s   =';
   menue03(.'K'.) := 'Daempfung        d      =';
   menue03(.'L'.) := 'Integrationsz.   Ti/s   =';
(*-------------------------------------------------------------------------*)
```

```
   menue04(.1.) := 'ABCEFL     ';
   menue04(.2.) := 'ABCEFIJK   ';
   menue04(.3.) := 'ABCDEFIH   ';
   menue04(.4.) := 'ABCDEFHJ   ';
   menue04(.5.) := 'ABCDEFGIJ  ';
(*---------------------------------------------------------------------------*)
   menue05(.1.) := 'Toleranzbereich +-2%';
   menue05(.2.) := 'xd(unendl.) =';
   menue05(.3.) := 'Tan/sec     =';
   menue05(.4.) := 'Taus/sec    =';
   menue05(.5.) := 'Regelung    =';
   menue05(.6.) := 'ar/grd      =';
   menue05(.7.) := 'wd/Hz       =';
(*---------------------------------------------------------------------------*)
   menue06(.1.) := 'Vr opt      =';
   menue06(.2.) := 'Tn opt      =';
   menue06(.3.) := 'Tv opt      =';
(*---------------------------------------------------------------------------*)
(* Anfangswerte setzen *)
   dumstr       :='                    ';
   dumstr       := dumstr+dumstr+dumstr+'                    ';
   sta          := 1;
   en           := 1;
   device       := 1;      (* 1= Drucker, 2= Plotter *)
   flagplot     := false;  (* flagplot = false: kein plot vorhanden *)
   eingbeflg    := true;
   xlinks       := 39.0;
   ylinks       := 323.0;
   schluss      := false;
   grafik(true);
(* Hauptschleife des Programms *)
   repeat    (* bei Ende dieser Schleife Programmende *)
      if (schluss) then goto quit;
(*       initscreen;    *)
      text    := ' * ZEITVERLAUF * ';
      laenge := 18;
      repl    := false;
      scrtyp := 1;
    if (not(flagplot)) then
    begin
      nplot      := 1;
      mordinate := 1.0;
      mabszisse := 1.0;
      end;
      xkoord := 200.0;
      ykoord := 15.0;
      a0 := 'f';
      clsc;
  (*     headline(text,laenge,scrtyp,xkoord,ykoord); *)   (* Ueberschrift aus *)
      gotoxy(27,2);
      writeln('*   Z E I T V E R L A U F   *');
      xkoord1 := 0;
      ykoord1 := 10;
      xkoord2 := 500;
      ykoord2 := 10;
  (*     cpright(xkoord1,ykoord1,xkoord2,ykoord2); *)    (* Copyright aus *)
      wstr(xkoord1,ykoord1,'(C) P. F. Orlowski');
      wstr(xkoord1,ykoord1 + 12,'FH Giessen');
      wstr(xkoord2,ykoord2,'Datum : '+datum);
      wstr(xkoord2,ykoord2 + 12,'Zeit  : '+zeit);
  (*     writeln(retxtw,'%8');   *)
  (*     textausg (0,7,40,45); *)   (* Hauptmenue ausgeben *)
      textausg (0,7,8,150);
      choose(7,40,45,a0);       (* Auswahl aus Hauptmenue *)
(* Sprungverteiler zu den einzelnen Hauptfunktionen *)
      case a0 of
```

```
          'a':    begin mordinate := 1; sta := 1; en := 1; zeitverhalten; end;
          'b':    kurvenplot;
          'c':    begin graf(false);ladeplot;graf(true);end;
          'd':    begin graf(false);loescheplot;graf(true);end;
          'e':    begin graf(false);listeerkl;graf(true);end;
          'f':    hauptprg;
          'g':    ende
      end;
   until a0 = 'g';
quit:
   grafik(false);
   end.
 procedure grafik (ein: boolean);
 (* schaltet Grafik ein und aus *)
 type registers = record
                al,ah,bl,bh,cl,ch,dl,dh: byte;
             end;

 var register: registers;
      i,j     :byte;

 begin
    if (ein) then
       begin
       assign(fil01,'FONT2.FON');
       reset(fil01);
       for i := 32 to 126 do for j := 0 to 4 do readln(fil01,chset(.j,i.));
       close(fil01);
       register.ah := $0F;
       intr($10,register);
       mode_alt := register.al;
       register.ah := $00;
       register.al := $0F;
       intr($10,register);
       register.ah := $05;
       register.al := $00;
       intr($10,register)
       end
    else
       begin
       register.ah := $00;
       register.al := mode_alt;
       intr($10,register);
       end;
 end;

 procedure graf(ein:boolean);
 type registers = record
                al,ah,bl,bh,cl,ch,dl,dh: byte;
             end;

 var register: registers;

 begin
    if (ein) then begin
       register.ah := $00;
       register.al := $0F;
       intr($10,register);
       end
    else
       begin
       register.ah := $00;
       register.al := mode_alt;
       intr($10,register);
       end;
 end;
```

```
procedure clsc;
type registers = record
                  al,ah,bl,bh,cl,ch,dl,dh: byte;
              end;

var register:registers;

begin
   register.ah := $00;
   register.al := $0F;
    intr($10,register);
end;



procedure drawpoint (xkoord,ykoord: integer);

type registers = record case integer of
      1: (ax,bx,cx,dx,bp,si,di,ds,es,flags: integer);
      2: (al,ah,bl,bh,cl,ch,dl,dh: byte);
      end;

var register: registers;

begin
   register.ah := $0C;
   register.al := $03;
   register.cx := xkoord;
   register.dx := ykoord;
   register.bh := $00;
   intr($10,register);
end;

procedure line (x1,y1,x2,y2: real);

var
   x1i,x2i,xi          :integer;
   y1i,y2i,yi          :integer;
   i                   :integer;
   deltax,deltay       :real;
   m,s                 :real;
   dx,dy               :real;

begin
dx := x2 - x1;
dy := y2 - y1;
if (((abs(dx)>=abs(dy)) and (dx < 0.0)) or ((abs(dx)<abs(dy)) and (dy < 0.0)))
then
      begin
      s  := x1;
      x1 := x2;
      x2 := s;
      s  := y1;
      y1 := y2;
      y2 := s;
      end;
   deltax := x2 - x1;
   deltay := y2 - y1;
   x1i := round(x1);
   y1i := round(y1);
   x2i := round(x2);
   y2i := round(y2);

   if (abs(deltax) < 0.0001) then
       for i := y1i to y2i do drawpoint(x1i,i)
   else
```

```
        begin
        m := deltay/deltax;
           if (abs(m) <= 1.0) then
for i := 0 to x2i - x1i do begin yi := round(y1 + i*m);drawpoint(i+x1i,yi);end
           else
for i := 0 to y2i - y1i do begin xi := round(x1 + i/m);drawpoint(xi,i+y1i);end;
           end;
     end;

 procedure circle (x,y,r: real);
 var
     a,b,c,d    :real;
     beta       :real;
     i,j        :integer;

 begin
     a := x;
     b := y + r;
     j := round(r) div 2;
     if (j < 8) then j := 8;
     beta := 6.283185/j;
     for i := 1 to j do begin
     c := x - r*sin(beta*i)*1.3;
     d := y + r*cos(beta*i);
     line(a,b,c,d);
     a := c;
     b := d;
     end;
 end;

 procedure wchar(x,y:integer;c:char);
 var
     chno     :integer;
     a,b0,c0,b1,c1,b2,c2,b3,c3,b4,c4,b5,c5 :integer;
     i        :integer;
 begin
     chno := ord(c);
     for i := 0 to 4 do begin
        a  := chset(.i,chno.);
        b0 := a div 64;
        c0 := a mod 64;
        if (b0 = 1) then drawpoint(x + i,y);
        b1 := c0 div 32;
        c1 := c0 mod 32;
        if (b1 = 1) then drawpoint(x + i,y - 1);
        b2 := c1 div 16;
        c2 := c1 mod 16;
        if (b2 = 1) then drawpoint(x + i,y - 2);
        b3 := c2 div 8;
        c3 := c2 mod 8;
        if (b3 = 1) then drawpoint(x + i,y - 3);
        b4 := c3 div 4;
        c4 := c3 mod 4;
        if (b4 = 1) then drawpoint(x + i,y - 4);
        b5 := c4 div 2;
        c5 := c4 mod 2;
        if (b5 = 1) then drawpoint(x + i,y - 5);
        if (c5 = 1) then drawpoint(x + i,y - 6);
        end;
 end;

 procedure wstr(x,y:real;zkette:zkp);
 var
     i,xk :integer;
     xi,yi:integer;
     c    :char;
```

```
begin
   xi := round(x);
   yi := round(y);
   for i := 1 to length(zkette) do begin
      xk := xi + (i - 1)*6;
      c := zkette(.i.);
      wchar(xk,yi,c);
      end;
end;
procedure posabs (xkoord,ykoord:real;var error:boolean);
(* positioniert Cursor absolut in x und y *)
var
   xi        :integer;   (* x - Koordinate auf ganzzahligen Wert gerundet *)
   yi        :integer;   (* y - Koordinate auf ganzzahligen Wert gerundet *)
   zkx       :string(.10.); (* x - Koordinate als String *)
   zky       :string(.10.); (* y - Koordinate als String *)
   zk        :string(.10.); (* Sting fuer Grafix *)
begin
   error := false;
   xi    := round(xkoord);
   yi    := round(ykoord);
(* Fehlerkontrolle *)
   if ((xi < 0 )or (xi > 800) or (yi < 0) or (yi > 400)) then
      begin
      error := true;
      end
   else
      begin
      str(xi:3,zkx);
      str(yi:3,zky);
      zk := chr(27) + '5Q' + zkx + ',' + zky;
  (*    writeln(cuoff);  *)
      writeln(zk);
      end;
end;
procedure information;
begin
(* writeln(retxtw,' 8');
writeln(clr);
writeln(clrpp);
writeln(cuoff);
writeln(cupon); *)
clrscr;
gotoxy(1,1);
writeln('                              I N F O R M A T I O N');
writeln;
write('Das Programm ZEITVERLAUF stellt die Regelgroesse x(t) geschlossener,');
writeln(' ein-');
writeln('schleifiger, linearer Regelkreise dar.');
write('Der Zeitverlauf bei Fuehrungs- und Stoerverhalten bezieht sich auf w=');
writeln('100%');
writeln('bzw. z=100%. Bei der Fahrkurvenantwort ist w nach The 100%.');
writeln('Der Toleranzbereich (um den Sollwert herum) ist auf +-2% festgelegt.'
);
write('Die Anzahl der Regelungs-Varianten kann durch geschickte Wahl der ');
writeln('Parameter');
writeln('erheblich erweitert werden.');
writeln('Aus dem PID-Regler wird z. B. durch Tv=0 ein PI-Regler.');
write('Es ist darauf zu achten, dass fuer einen realen PID-Regler die ');
writeln('Bedingung ');
writeln('gilt: Tn>>Tv.');
write('Die Zeitkonstanten der Verzoegerungsglieder koennen nicht gleich Null');
writeln(', sondern');
write('nur nahe Null gewaehlt werden. Es sind nur Totzeiten sinnvoll, die');
writeln(' kleiner');
writeln('sind als die kleinste Regelstrecken - Zeitkonstante.');
```

```
write('Kommt der Rechner bei der Loesung der Differentialgleichungen an ');
writeln('die');
writeln('Grenze seiner Werteaufloesung, kann die Berechnung fehlerhaft sein.');
writeln('Dieser Fall liegt in der freien Wahl (also auch regelungstechnisch');
writeln('unsinniger Werte) der Parameter begruendet.');
write('Die Berechnung von Tan und Taus wird nur durchgefuehrt, wenn die ');
writeln('Grafik');
write('diese Werte auch erkennen laesst. (Die Ausregelzeit wird nur angegeb');
writeln('en, wenn');
writeln('sie innerhalb des doppelten dargestellten Zeitbereiches liegt.)');
writeln('Gegebenenfalls muss der Zeitmassstab geaendert werden.');
writeln('Der Ordinatenmassstab darf nicht groesser als 100.0 sein !');
write('Weiter mit <RETURN>');
repeat until keypressed;
end;
procedure lokalisiere (row,col:integer);
(* positioniert Cursor im Textfenster *)
var
   zk   :string(.5.); (* String fuer Grafix *)
begin
   zk := chr(27) + 'Y' + chr(row) + chr(col);
   write(zk)
end;
procedure drawrelative(xkoord,ykoord:real);
(* zeichnet relativ in x und y *)
var
   xi        :integer;     (* x - Koordinate auf ganzzahligen Wert gerundet *)
   yi        :integer;     (* y - Koordinate auf ganzzahligen Wert gerundet *)
   zkx       :string(.10.);(* x - Koordinate als String *)
   zky       :string(.10.);(* y - Koordinate als String *)
   zk        :string(.21.);(* String fuer Grafix *)
begin
   xi := round(xkoord);
   yi := round(ykoord);
   str(xi:3,zkx);
   str(yi:3,zky);
(*   zk := drawre + zkx + ',' + zky;   *)
   writeln(zk)
end;
procedure pltstift (stift:integer);
begin
   case stift of
   1: writeln(aux,'SP2','LT',';');
   2: writeln(aux,'SP3','LT3',';');
   3: writeln(aux,'SP4','LT6',';');
   end;
end;
procedure pltposabs(xkoord,ykoord:real);
(* positioniert Plotterstift absolut *)
var
   xi,yi     : integer;
begin
   xi := round(xkoord*10.0);
   yi := round(ykoord*10.0);
   writeln(aux,'PU',xi,',',yi,';');
end;
procedure pltdrawrel(xkoord,ykoord,xkorel,ykorel:real);
(* plottet relativ in x u. y *)
var
   xi,yi     :integer;
begin
   xi := round((xkoord+xkorel)*10.0);
   yi := round((ykoord+ykorel)*10.0);
   writeln(aux,'PD;PA',xi,',',yi,';');
end;
```

```
procedure pltdrawabs(xkoord,ykoord:real);
(* plottet absolut in x u. y *)
var
   xi,yi     :integer;
begin
   xi := round(xkoord*10.0);
   yi := round(ykoord*10.0);
   writeln(aux,'PD;PA',xi,',',yi,';');
end;
function f0P:real;
(* F0 - Betrag fuer P - Regler *)
begin
   f0P := ln(vr);
end;
function phiP:real;
(* Phasenwinkel fuer P - Regler *)
begin
   phiP := 0.0;
end;
function f0PD(omega:real):real;
(* F0 - Betrag fuer PD - Regler *)
begin
   f0PD := ln(vr * sqrt(1.0 + sqr(omega) * sqr(tv)))
end;
function phiPD(omega:real):real;
(* Phasenwinkel fuer PD - Regler *)
begin
   phiPD := arctan(omega * tv)
end;
function f0PI(omega:real):real;
(* F0 - Betrag fuer PI - Regler *)
begin
   f0PI := ln(vr * sqrt(1.0 + 1.0 / (sqr(omega) * sqr(tn))))
end;
function phiPI(omega:real):real;
(* Phasenwinkel fuer PI - Regler *)
begin
   phiPI := -arctan(1.0 / (omega * tn))
end;
function f0PID(omega:real):real;
(* F0 - Betrag fuer PID - Regler *)
begin
   f0PID := ln(vr * sqrt(1.0 + sqr(omega * tv - 1.0 / (omega * tn))))
end;
function phiPID(omega:real):real;
(* Phasenwinkel fuer PID - Regler *)
begin
   phiPID := arctan(omega * tv - 1.0 / (omega * tn))
end;
function f0PT1(omega,vs2,t1:real):real;
(* F0 - Betrag fuer PT1 - Strecke *)
begin
   f0PT1 := ln(vs2 / sqrt(1.0 + sqr(omega) * sqr(t1)))
end;
function phiPT1(omega,t1:real) :real;
(* Phasenwinkel fuer PT1 - Strecke *)
begin
   phiPT1 := -arctan(omega * t1)
end;
function f0PT2(omega:real):real;
(* F0 - Betrag fuer PT2 - Strecke *)
begin
   f0PT2 := ln(vs1 / sqrt(sqr(1.0 - sqr(omega) * sqr(t2)) + 4.0 * sqr(d * omega
            * t2)))
end;
```

```
function phiPT2(omega:real):real;
(* Phasenwinkel fuer PT2 - Strecke *)
var
   b10 :real;
   hilf:real;
begin
   b10 := 1.0 - sqr(omega) * sqr(t2);
   if b10 = 0.0 then
      hilf := -1.570796
   else
      begin
         if b10 < 0.0 then
            hilf := -(phi - arctan(2.0 * d * t2 * omega / abs(b10)))
         else
            hilf := -arctan(2.0 * d * t2 * omega / (1.0 -sqr(omega * t2)));
      end;
   phiPT2 := hilf
end;
function f0PTt:real;
(* F0 - Betrag fuer PTt - Strecke *)
begin
   f0PTt := ln(vs1)
end;
function phiPTt(omega:real):real;
(* Phasenwinkel fuer Totzeit - Strecke *)
begin
   phiPTt := - (omega * tt)
end;
function f0I(omega:real):real;
(* F0 - Betrag fuer I - Strecke *)
begin
   f0I := ln(1.0 / (omega * tn))
end;
function phiI:real;
(* Phasenwinkel fuer I - Strecke *)
begin
   phiI := -1.57079
end;
procedure pltschrift(chrtyp : ztext);
begin
if (chrtyp ='normal') then writeln(aux,'DI-1,0;CS33;SL0;SI.3,.5;SP2;');
if (chrtyp ='med') then writeln(aux,'DI-1,0;CS33;SL.267941;SI.25,.33;SP2;');
if (chrtyp ='small') then writeln(aux,'DI-1,0;CS33;SL.267941;SI.12,.25;SP2;');
if (chrtyp ='smprop') then writeln(aux,'DI-1,0;CS33;SL.267941;SI.12,.24;SP2;');
if (chrtyp ='beschr') then writeln(aux,'DI-1,0;CS33;SL.268;SI.17,.28;SP1;');
end;
procedure pltdruck(plttext:ytext);
begin
   writeln(aux,'LB',plttext,chr(3));
end;
(* procedure initscreen;
begin
   write(res);
   writeln(clrpp);
   writeln(cupoff);
   writeln(cuon);
   writeln(clr)
end;  *)
(* procedure drawabsolute(xkoord,ykoord:real);
var
   xi        :integer;
   yi        :integer;
   zkx       :string(.10.);
   zky       :string(.10.);
   zk        :string(.21.);
```

```
begin
   xi := round(xkoord);
   yi := round(ykoord);
   str(xi:3,zkx);
   str(yi:3,zky);
   zk := drawab + zkx + ',' + zky;
   writeln(zk)
end; *)
procedure konstdef;
(* Definition der Konstanten *)
begin
   h       := 0.6 / mabszisse / npunkt;
   case a2 of
      'a'  :begin
         (* P  -  PT1 - PT1 - I *)
            vr     := parrs(.1,nplot.);
            vs1    := parrs(.2,nplot.);
            vs2    := parrs(.3,nplot.);
            t1     := parrs(.4,nplot.);
            t2     := parrs(.5,nplot.);
            tn     := parrs(.6,nplot.);
            n      := 3;
            nopt   := 1;
            vs     := vs1 * vs2;
            v0     := vr * vs;
            b1     := vr;
            b2     := tn / vs1 / vs2;
            b3     := b2 * (t1 + t2);
            b4     := vs1 * vs2 / (tn * t2 * t1);
         end;
      'b'  :begin
         (* PID - PT1 - PT2 *)
            vr     := parrs(.1,nplot.);
            vs1    := parrs(.2,nplot.);
            vs2    := parrs(.3,nplot.);
            t1     := parrs(.4,nplot.);
            t2     := parrs(.5,nplot.);
            tn     := parrs(.6,nplot.);
            tv     := parrs(.7,nplot.);
            d      := parrs(.8,nplot.);
            n      := 4;
            nopt   := 3;
            vs     := vs1 * vs2;
            v0     := vr * vs;
            b1     := vr / tn;
            b2     := vr;
            b3     := vr * tv;
            b4     := (1.0/vs) + vr;
            b5     := ((2.0 * d * t2) / vs) + (t1 / vs) + (vr * tv);
            b6     := ((2.0 * d * t2 * t1) / vs) + (sqr(t2) / vs);
            b7     := vs / (sqr(t2) * t1);
         end;
      'c'  :begin
         (* PI  -  PT1 - PT1 - PTt *)
            vr     := parrs(.1,nplot.);
            vs1    := parrs(.2,nplot.);
            vs2    := parrs(.3,nplot.);
            vs3    := parrs(.4,nplot.);
            t1     := parrs(.5,nplot.);
            t2     := parrs(.6,nplot.);
            tn     := parrs(.7,nplot.);
            tt     := parrs(.8,nplot.);
            n      := 3;
            nopt   := 2;
```

```
          vs     := vs1 * vs2 * vs3;
          v0     := vr * vs;
          b1     := vr / tn;
          b2     := vs1;
          b3     := vr;
          b4     := 1.0 / (vs2 * vs3);
          b5     := (t1 + t2) / (vs2 * vs3);
          b6     := (vs2 * vs3) / (t1 * t2);
      end;
      'd'  :begin
          (* PD  -  PT1 - PT1 - PTt *)
              vr     := parrs(.1,nplot.);
              vs1    := parrs(.2,nplot.);
              vs2    := parrs(.3,nplot.);
              vs3    := parrs(.4,nplot.);
              t1     := parrs(.5,nplot.);
              t2     := parrs(.6,nplot.);
              tt     := parrs(.7,nplot.);
              tv     := parrs(.8,nplot.);
              n      := 2;
              nopt   := 2;
              vs     := vs1 * vs2 * vs3;
              v0     := vr * vs;
              b1     := vr;
              b2     := vs1;
              b3     := vr * tv;
              b4     := 1.0 / (vs2 * vs3);
              b5     := (t1 + t2) / (vs2 * vs3);
              b6     := (vs2 * vs3) / (t1 * t2);
          end;
      'e'  :begin
          (* PID  -  PT1 - PT1 - PT1 *)
              vr     := parrs(.1,nplot.);
              vs1    := parrs(.2,nplot.);
              vs2    := parrs(.3,nplot.);
              vs3    := parrs(.4,nplot.);
              t1     := parrs(.5,nplot.);
              t2     := parrs(.6,nplot.);
              t3     := parrs(.7,nplot.);
              tn     := parrs(.8,nplot.);
              tv     := parrs(.9,nplot.);
              n      := 4;
              nopt   := 3;
              vs     := vs1 * vs2 * vs3;
              v0     := vr * vs;
              b1     := vr;
              b2     := vr / tn;
              b3     := vr * tv;
              b4     := 1.0 / vs;
              b5     := (t1 + t2 + t3) / vs;
              b6     := (t1 * t2 + t1 * t3 + t2 * t3) / vs;
              b7     := vs / (t1 * t2 * t3);
          end;
    end;
    if (a1 = 'c') then
        s := 1.0
    else
        s := 0.0;
end;
procedure testeing(var ch:char);
var
    t1,t2,t3,t4,t5,t6,t7: string(.50.);
```

```
begin
   t1 := 'V0 = Vr * Vs1 * Vs2  < 1.0 !!!';
   t2 := 'V0 = Vr * Vs1 * Vs2 * Vs3  < 1.0 !!!';
   t3 := 'T1 darf nicht Null sein !!!';
   t4 := 'T2 darf nicht Null sein !!!';
   t5 := 'T3 darf nicht Null sein !!!';
   t6 := 'Tn darf nicht Null sein !!!';
   t7 := 'Ti darf nicht Null sein !!!';
   ch := 'j';
   case a2 of
      'a'      :begin
               (* P  -  PT1 - PT1 - I *)
               if (parrs(.1,nplot.)*parrs(.2,nplot.)*parrs(.3,nplot.)<1.0)
               then begin writeln(t1);ch := ' ';end;
               if (parrs(.4,nplot.) = 0.0) then begin writeln(t3);ch:=' ';end;
               if (parrs(.5,nplot.) = 0.0) then begin writeln(t4);ch:=' ';end;
               if (parrs(.6,nplot.) = 0.0) then begin writeln(t7);ch:=' ';end;
               end;
      'b'      :begin
               if (parrs(.1,nplot.)*parrs(.2,nplot.)*parrs(.3,nplot.)<1.0)
               then begin writeln(t1);ch := ' ';end;
               if (parrs(.4,nplot.) = 0.0) then begin writeln(t3);ch:=' ';end;
               if (parrs(.5,nplot.) = 0.0) then begin writeln(t4);ch:=' ';end;
               if (parrs(.6,nplot.) = 0.0) then begin writeln(t6);ch:=' ';end;
               end;
      'c'     :begin
               if (parrs(.1,nplot.)*parrs(.2,nplot.)*parrs(.3,nplot.)*
               parrs(.4,nplot.)<1.0) then begin writeln(t2);ch:=' ';end;
               if (parrs(.5,nplot.) = 0.0) then begin writeln(t3);ch:=' ';end;
               if (parrs(.6,nplot.) = 0.0) then begin writeln(t4);ch:=' ';end;
               if (parrs(.7,nplot.) = 0.0) then begin writeln(t6);ch:=' ';end;
               end;
      'd'     :begin
               if (parrs(.1,nplot.)*parrs(.2,nplot.)*parrs(.3,nplot.)*
               parrs(.4,nplot.)<1.0) then begin writeln(t2);ch:=' ';end;
               if (parrs(.5,nplot.) = 0.0) then begin writeln(t3);ch:=' ';end;
               if (parrs(.6,nplot.) = 0.0) then begin writeln(t4);ch:=' ';end;
               end;
      'e'     :begin
               if (parrs(.1,nplot.)*parrs(.2,nplot.)*parrs(.3,nplot.)*
               parrs(.4,nplot.)<1.0) then begin writeln(t2);ch:=' ';end;
               if (parrs(.5,nplot.) = 0.0) then begin writeln(t3);ch:=' ';end;
               if (parrs(.6,nplot.) = 0.0) then begin writeln(t4);ch:=' ';end;
               if (parrs(.7,nplot.) = 0.0) then begin writeln(t5);ch:=' ';end;
               if (parrs(.8,nplot.) = 0.0) then begin writeln(t6);ch:=' ';end;
               end;
         end;
end;
function Datum: dstr;
type
  reg = record
        ax,bx,cx,dx,bp,si,ds,es,flags: integer;
       end;

var
  rec:        reg;
  monat,tag:      string(.2.);
  jahr:           string(.4.);
  dx,cx:          integer;

begin
  with rec do
  begin
    ax := $2a shl 8;
  end;
```

```
  MsDos(rec);
  with rec do
  begin
    str(cx,jahr);
    str(dx mod 256,tag);
    str(dx shr 8,monat);
  end;
  datum := monat + '/' + tag + '/' + jahr;
end;
function Zeit: zstr;
type
  reg = record
          ax,bx,cx,dx,bp,di,si,ds,es,flags: integer;
        end;
var
  rec:            reg;
  ah,al,ch,cl,dh:    byte;
  std,min,sec:       string(.2.);

begin
  ah := $2c;
  with rec do
  begin
    ax := ah shl 8 + al;
  end;
  intr($21,rec);
  with rec do
  begin
    str(cx shr 8,std);
    str(cx mod 256,min);
    str(dx shr 8,sec);
  end;
  zeit := std + ':' + min + ':' + sec;
end;
(* overlay procedure headline (text:zk;laenge,scrtyp:byte;xkoord,ykoord:real);
var
   error   :boolean;
begin
   error := true;
   case scrtyp of
      1:  begin
          writeln(schr,'ocr');
          writeln(revon);
          writeln(dchr)
          end;
      2:  begin
          writeln(schr,'NORMAL');
          writeln(revon)
          end;
   end;
   posabs(xkoord,ykoord,error);
   if (not(error)) then writeln(hire,text);
   writeln(schr,'NORMAL');
   writeln(revoff);
   writeln(rdchr);
   writeln(undloff);
end;*)
procedure arrowright(xkoord,ykoord:real);
(* zeichnet rechten Pfeil *)
var
   x,y,xa,ya:real;
   error:boolean;
begin
   case device of
   1:(*posabs(xkoord,ykoord,error)*);
   2:pltposabs(xkoord,ykoord);
   end;
```

```
    xa := xkoord;
    ya := ykoord;
    x := -15.0;
    y := -2.0;
    case device of
    1:(* drawrelative(x,y)*) line(xa,ya,xa-15.0,ya-2.0);
    2: pltdrawabs(xa+x,ya+y);
    end;
    x := 0.0;
    y := 4.0;
    case device of
    1:(* drawrelative(x,y)*) line(xa-15.0,ya-2.0,xa-15.0,ya+2.0);
    2: pltdrawabs(xa-15+x,ya-2+y);
    end;
    x := 15.0;
    y := -2.0;
    case device of
    1: (*drawrelative(x,y)*) line(xa-15.0,ya+2.0,xa,ya);
    2: pltdrawabs(xa,ya);
    end;
end;
procedure arrowup(xkoord,ykoord:real);
(* zeichnet Pfeil nach oben *)
var
    x,y,xa,ya:real;
    error:boolean;
begin
    case device of
    1: (*posabs(xkoord,ykoord,error)*);
    2: pltposabs(xkoord,ykoord);
    end;
    xa := xkoord;
    ya := ykoord;
    x := -3.0;
    y := 10.0;
    case device of
    1: (*drawrelative(x,y)*) line(xa,ya,xa-3.0,ya+10.0);
    2:pltdrawabs(xa+x,ya+y);
    end;
    x := 6.0;
    y := 0.0;
    case device of
    1:(* drawrelative(x,y)*) line(xa-3.0,ya+10.0,xa+3.0,ya+10.0);
    2: pltdrawabs(xa-3+x,ya+10+y);
    end;
    x := -3.0;
    y := -10.0;
    case device of
    1: (*drawrelative(x,y)*) line(xa+3.0,ya+10.0,xa,ya);
    2: pltdrawabs(xa,ya);
    end;
end;
procedure arrowdown(xkoord,ykoord:real);
(* zeichnet Pfeil nach unten *)
var
    x,y,xa,ya:real;
    error:boolean;
begin
    case device of
    1: (*posabs(xkoord,ykoord,error)*);
    2: pltposabs(xkoord,ykoord);
    end;
    xa := xkoord;
    ya := ykoord;
    x  := 3.0;
    y  := -10.0;
    case device of
```

```
   1: (*drawrelative(x,y)*) line(xa,ya,xa+3.0,ya-10.0);
   2: pltdrawabs(xa+x,ya+y);
   end;
   x := -6.0;
   y := 0.0;
   case device of
   1: (*drawrelative(x,y)*) line(xa+3.0,ya-10.0,xa-3.0,ya-10.0);
   2: pltdrawabs(xa+3+x,ya-10+y);
   end;
   x := 3.0;
   y := 10.0;
   case device of
   1: (*drawrelative(x,y)*) line(xa-3.0,ya-10.0,xa,ya);
   2: pltdrawabs(xa,ya);
   end;
end;
procedure verteil0(var y:real;omega:real);
(* Verteiler fuer die einzelnen Regler - Strecken - Kombinationen *)
begin
   case a8 of
   'a': begin
        case a2 of
        'a': y := f0P + f0PT1(omega,vs2,t2) + f0PT1(omega,vs1,t1) + f0I(omega);
        'b': y := f0PID(omega) + f0PT1(omega,vs2,t1) + f0PT2(omega);
        'c': y := f0PI(omega) + f0PT1(omega,vs3,t2) + f0PT1(omega,vs2,t1) +
                  f0PTt;
        'd': y := f0PD(omega) + f0PT1(omega,vs3,t2) + f0PT1(omega,vs2,t1) +
                  f0PTt;
        'e': y := f0PID(omega) + f0PT1(omega,vs3,t3) + f0PT1(omega,vs2,t2) +
                  f0PT1(omega,vs1,t1);
        end;
        end;
   'b': begin
        case a2 of
        'a': y := f0P + f0PT1(omega,vs2,t2) + f0PT1(omega,vs1,t1) + f0I(omega);
        'b': y := f0P + f0PT1(omega,vs2,t1) + f0PT2(omega);
        'c','d': y := f0P + f0PT1(omega,vs3,t2) + f0PT1(omega,vs2,t1) + f0PTt;
        'e': y := f0P + f0PT1(omega,vs3,t3) + f0PT1(omega,vs2,t2) +
                  f0PT1(omega,vs1,t1);
        end;
        end;
   end;
end;
procedure verteil1(var y1:real;omega:real);
(* Verteiler fuer Regler - Strecken - Kombinationen *)
begin
   case a8 of
   'a': begin
        case a2 of
        'a': y1 := phiP + phiPT1(omega,t2) + phiPT1(omega,t1) + phiI;
        'b': y1 := phiPID(omega) + phiPT1(omega,t1) + phiPT2(omega);
        'c': y1 := phiPI(omega) + phiPT1(omega,t2) + phiPT1(omega,t1) +
                   phiPTt(omega);
        'd': y1 := phiPD(omega) + phiPT1(omega,t2) + phiPT1(omega,t1) +
                   phiPTt(omega);
        'e': y1 := phiPID(omega) + phiPT1(omega,t3) + phiPT1(omega,t2) +
                   phiPT1(omega,t1);
        end;
        end;
```

```
    'b': begin
         case a2 of
         'a': y1 := phiP + phiPT1(omega,t2) + phiPT1(omega,t1) + phiI;
         'b': y1 := phiP + phiPT1(omega,t1) + phiPT2(omega);
         'c','d': y1 := phiP + phiPT1(omega,t2) + phiPT1(omega,t1) +
                        phiPTt(omega);
         'e': y1 := phiP + phiPT1(omega,t3) + phiPT1(omega,t2) +
                    phiPT1(omega,t1);
         end;
         end;
    end;
end;
procedure nullstelle(wa:real;var wd:real);
(* Bestimmung der Durchtrittsfrequenz bei der Stabilitaetsberechnung und
   Regleroptimierung *)
var
   y,y1,y2,wk,w,we     :real;
   k3                  :integer;
begin
   w   := wa;
   if(a9 = 1) then verteil0(y,w) else verteil1(y,w);
   if(a9 = 2) then y := y + phi;
   y1  := y;
   wk  := w;
   repeat
      w  := w * 2.0;
      if (a9 = 1) then verteil0(y,w) else verteil1(y,w);
      if (a9 = 2) then y := y + phi;
      y2 := y;
      if (y1 * y2 > 0.0) then
      begin
         y1 := y2;
         wk := w;
      end;
   until ((y1 * y2 < 0.0) or (w > 10000.0));
(* ---------------------------------------------------------------------- *)
   if (w < 10000.0) then
   begin
   k3 := 0;
   while ((abs(y2) > 0.0001) and (k3 < 20)) do
   begin
      we := w;
      w  := (wk + we) / 2.0;
      if (a9 = 1) then verteil0(y,w) else verteil1(y,w);
      if(a9 = 2) then y := y + phi;
      y2 := y;
      if (y1 * y2 > 0.0) then
      begin
         wk := w;
         y1 := y2;
         w  := we;
         k3 := k3 + 1;
      end
      else
      begin
         we := w;
         k3 := k3 + 1;
      end;
   end;
   wd := w;
end;
end;
procedure stabilitaet;
var
   wa,wd,ar,y    :real;
```

```
begin
   a8 := 'a';
   a9 := 1;
   wa := 1.0e-10;
   ar := 0.0;
   nullstelle(wa,wd);
   verteil1(y,wd);
   if (wd > 10000.0) then
   begin
      ergebnis(.4,nplot.) := 'stabil';
      ergebnis(.5,nplot.) := '----';
      ergebnis(.6,nplot.) := '----'
   end
   else
   ar         := 57.2958 * y + 180.0;
   if (ar > 0.0) then
      begin
      if (ar <= 1.0) then
      ergebnis(.4,nplot.) := 'Stab-G.'
      else
      ergebnis(.4,nplot.) := 'stabil';
      end
   else
      ergebnis(.4,nplot.) := 'instabil';
   str(ar:10,ergebnis(.5,nplot.));
   str(wd:10,ergebnis(.6,nplot.));
   if (ar <= 0.0) then
      ergebnis(.1,nplot.) := '----'
   else
   begin
   case a1 of
   'a','b': begin
            case a2 of
            'a','b','c','e'  :  ergebnis(.1,nplot.) := '0';
            'd'              :  str(1.0-((vs3*vr*vs2/(1.0+vs3*vs2*vr*vs1))
                                    *vs1):10,ergebnis(.1,nplot.));
            end;
            end;
   'c'    : begin
            case a2 of
            'a'              : str(1.0 / vr:10,ergebnis(.1,nplot.));
            'b','c','e'      : ergebnis(.1,nplot.) := '0';
            'd'        :  str(vs3*vs2*vs1/(1.0+vs3*vs2*vr*vs1):10,ergebnis(.1
                                 ,nplot.));
            end;
            end;
   end;
   end;
end;
procedure optimierung;
var
   wa,wz,y,ampres,tkrit,vkrit    :real;
begin
   a8 := 'b';
   a9 := 2;
      wa := 1.0e-10;
      nullstelle(wa,wz);
   verteil0(y,wz);
   ampres := exp(-y);
   tkrit  := 6.283185 / wz;
   vkrit  := (v0 + ampres) / vs;
   case a2 of
   'a'      : contopt(.1,nplot.) := 0.5 * vkrit;
   'b','e'  : begin
              contopt(.1,nplot.) := 0.6 * vkrit;
              contopt(.2,nplot.) := 0.5 * tkrit;
              contopt(.3,nplot.) := 0.125 * tkrit;
              end;
```

```
    'c'      : begin
               contopt(.1,nplot.) := 0.45 * vkrit;
               contopt(.2,nplot.) := 0.83 * tkrit;
               end;
    'd'      : begin
               contopt(.1,nplot.) := 0.6 * vkrit;
               contopt(.2,nplot.) := 0.15 * tkrit;
               end;
   end;
end;
overlay procedure ausgabe;
label quitpl,
      quitplp;
var
   x,y,xrel,yrel,xr,yh,xa,ya,yp,yn,ylinks2,ylinks1,xb,yb        :real;
   i,j,d1,flg,d2,db,d,stp,plsi,yz1,yz2                          :integer;
   ch,a      :char;
   b,cs,cp   :zk;
   err       :boolean;
   dat       :dstr;
   uhrzeit   :zstr;
   npt       :byte;
   yi1,yi,ii:integer;
   ym,k      :integer;
   xi,xi1    :integer;

procedure drwp(xpunkt,ypunkt:integer);
begin
   if ((ypunkt < round(ylinks - 190)) or (ypunkt > round(ylinks + 5))) then
   else
     begin
       case i of
       1: drawpoint(xpunkt,ypunkt);
       2: begin
          npt := npt + 1;
          if (npt = 4) then npt := 0
          else drawpoint(xpunkt,ypunkt);
          end;
       3: begin
          npt := npt + 1;
          if (npt = 2) then npt := 0
          else drawpoint(xpunkt,ypunkt);
          end;
       end;
    end;
end;

begin
for i:=1 to 30000 do;
   xr := 600.0;
   yh := -200.0;
   ch := menue04(.ord(a2) - 96.)(.1.);
   i  := 0;
   while (ch <> ' ') do
   begin
      i := succ(i);
      ch := menue04(.ord(a2) - 96.)(.i.);
      bd := i - 1;
   end;
   if (device = 1) then
   begin
(*       writeln(clr);
      writeln(clrpp);
      writeln(cuoff);
      writeln(cupoff);    *)
      clsc;
```

```
(*    x := 200.0-(length(menue01(.ord(a1)-96.)+menue02(.ord(a2)-96.))*2.5);*)
(*   headline(menue01(.ord(a1) - 96.) + menue02(.ord(a2) - 96.),20,2,x,0.0);*)
(*      drawtextw(x,5.0,2,menue01(.ord(a1)-96.));  *)
    gotoxy((80-length(menue01(.ord(a1)-96.)+menue02(.ord(a2)-96.))) div 2,1);
    write(menue01(.ord(a1)-96.)+menue02(.ord(a2)-96.));
    end;
   case device of
   1: (* posabs(0.0,28.0,err) *);
   2: begin
      pltposabs(0,29);
      pltschrift('small');
      end;
   end;
   if (device = 1) then
   begin
(*   writeln(schr,'small');
   writeln(undlon);  *)
   end;
   case device of
   1: (* writeln(hire,'Parameter') *) wstr(0,29,'Parameter:');
   2: pltdruck('Parameter:');
   end;
   case device of
   1: (* posabs(400.0,28.0,err) *);
   2: pltposabs(320,29);
   end;
   case device of
   1: (* writeln(hire,'Ergebnisse und Hinweise') *) wstr(320.0,29.0,
                    'Ergebnisse und Hinweise:');
   2: pltdruck('Ergebnisse und Hinweise');
   END;
   if (device = 1) then
   begin
(*   writeln(undloff);  *)
   dat     := datum;
   uhrzeit := zeit;
(*   posabs(32.0,14.0,err);
   writeln(hire,'(C) P. F. Orlowski, FH Giessen');  *)
   wstr(32,20,'(C) P. F. Orlowski, FH Giessen');
(*   posabs(360.0,18.0,err);
   writeln(hire,'Datum :',datum);  *)
   wstr(360,20,'Datum :  '+dat);
(*   posabs(480.0,18.0,err);
   writeln(hire,'Zeit  :',uhrzeit);  *)
   wstr(480,20,'Zeit :  '+uhrzeit);
   end;
   case device of
   1: (* posabs(0.0,40.0,err) *) y := 40.0;
   2: pltposabs(0,40);
   end;
   for i := 1 to bd do
   begin
      case device of
      1:(* writeln(hire,menue03(.menue04(.ord(a2) - 96.)(.i.).)) *)
        wstr(0,y,menue03(.menue04(.ord(a2)-96.)(.i.).));
      2: pltdruck(menue03(.menue04(.ord(a2)-96.)(.i.).));
      end;
      y := 40 + i * 8;
      case device of
      1: (* posabs(0.0,y,err) *);
      2: pltposabs(0,y);
      end;
   end;
```

```
if (a1 = 'b') then
begin
   case device of
   1: (* writeln(hire,'Verschliffz.eitve/sec =')*)
      wstr(Ø,y,'Verschliffz. Tve/sec =');
   2: pltdruck('Verschliffz. Tve/sec =');
   end;
   y := y + 8.Ø;
   case device of
   1: (*posabs(Ø.Ø,y,err)*);
   2: pltposabs(Ø,y);
   end;
   case device of
   1: (* writeln(hire,'Hochlaufzeit           The/sec =') *)
       wstr(Ø,y,'Hochlaufzeit The/sec =');
   2: pltdruck('Hochlaufzeit The/sec =');
   end;
end;
for j := 1 to nplot do
begin
   x := 134.Ø + (j - 1) * 6Ø.Ø;
   y := 4Ø.Ø;
   case device of
   1:(* posabs(x,y,err) *);
   2: pltposabs(x,y);
   end;
   for i := 1 to bd do
   begin
      str(parrs(.i,j.):9,cs);
      cs := ' ' + cs;
      case device of
      1: (* writeln(hire,cs) *) wstr(x,y,cs);
      2: pltdruck(cs);
      end;
      y := 4Ø.Ø + i * 8.Ø;
      case device of
      1: (* posabs(x,y,err) *);
      2: pltposabs(x,y);
      end;
   end;
   if (a1 = 'b') then
   begin
      str(tve(.j.):9,cs);
      cs := ' ' + cs;
      case device of
      1: (* writeln(hire,cs) *) wstr(x,y,cs);
      2: pltdruck(cs);
      end;
      y := y + 8.Ø;
      case device of
      1: (* posabs(x,y,err) *);
      2: pltposabs(x,y);
      end;
      str(the(.j.):9,cs);
      cs := ' ' + cs;
      case device of
      1: (* writeln(hire,cs) *) wstr(x,y,cs);
      2: pltdruck(cs);
      end;
   end;
end;
x := 32Ø.Ø;
y := 4Ø.Ø;
case device of
1: (* posabs(x,y,err) *);
2: pltposabs(x,y);
end;
```

```
for i := 1 to 7 do
begin
   case device of
   1: (* writeln(hire,menue05(.i.)) *) wstr(x,y,menue05(.i.));
   2: pltdruck(menue05(.i.));
   end;
   y := y + 8.0;
   case device of
   1: (* posabs(x,y,err) *);
   2: pltposabs(x,y);
   end;
end;
for i := 1 to nopt do
begin
   if ((i = 2) and (a2 = 'd')) then
      cs := menue06(.i + 1.)
   else
      cs := menue06(.i.);
   case device of
   1: (* writeln(hire,cs) *) wstr(x,y,cs);
   2: pltdruck(cs);
   end;
   y := y + 8.0;
   case device of
   1: (* posabs(x,y,err) *);
   2: pltposabs(x,y);
   end;
end;
if (a1 <> 'c') then begin
case device of
1: begin
   wstr(x,y,'Tve opt      =');
   wstr(x,y+8.0,'The opt      =');
   end;
2: begin
   pltdruck('Tve opt      =');
   pltposabs(x,y+8);
   pltdruck('The opt      =');
   end;
end;
end;
for j := 1 to nplot do
begin
   x := 448.0 + (j - 1) * 66.0;
   y := 50.0;
   case device of
   1: (* posabs(x,y,err) *);
   2: pltposabs(x,y);
   end;
   for i := 1 to 6 do
   begin
      case device of
      1: (* writeln(hire,ergebnis(.i,j.))*) wstr(x,y,ergebnis(.i,j.));
      2: pltdruck(ergebnis(.i,j.));
      end;
      y := y + 8.0;
      case device of
      1: (* posabs(x,y,err) *);
      2: pltposabs(x,y);
      end;
   end;
   for i := 1 to nopt do
   begin
      str(contopt(.i,j.):10,cs);
      if ((i = 1) and (contopt(.i,j.) < 1.0)) then cs := '   < 1   ';
      case device of
```

```
    1: (* writeln(hire,cs) *) wstr(x,y,cs);
    2: pltdruck(cs);
    end;
    y := y + 8.0;
    case device of
    1: (* posabs(x,y,err) *);
    2: pltposabs(x,y);
    end;
end;
if (a1 <> 'c') then begin
case device of
    1: begin
         wstr(x,y,fkpt(.1,j.));
         wstr(x,y+8.0,fkpt(.2,j.));
       end;
    2: begin
       pltdruck(fkpt(.1,j.));
       pltposabs(x,y+8);
       pltdruck(fkpt(.2,j.));
    end;
end;
end;
end;
for i := 1 to nplot do
begin
   case device of
   1: (* writeln(linet,i) *) ;
   2: begin
      stift := i;
      pltstift(stift);
      end;
   end;
   y := 28.0;
   x := 145.0 + (i - 1) * 60.0;
   xa := x;
   ya := y;
   case device of
   1: (* posabs(x,y,err) *);
   2: pltposabs(x,y);
   end;
   x := 24.0;
   y := 0.0;
   case device of
   1: begin
        (* drawrelative(x,y) *)
        case i of
        1: for j := 1 to 24 do drawpoint(j + trunc(xa),trunc(ya));
        2: begin
           for j := 1 to 24 do
             if (not((j/4.0) = (trunc(j/4.0)))) then
              drawpoint(j + trunc(xa),trunc(ya));
           end;
        3: begin
           for j := 1 to 24 do
             if (not((j/2.0) = (trunc(j/2.0)))) then
              drawpoint(j + trunc(xa),trunc(ya));
           end;
        end;
     end;
   2: pltdrawrel(xa,ya,x,y);
   end;
   x := 448.0 + (i - 1) * 66.0;
   y := 38.0;
   xa := x;
   ya := y;
   case device of
```

```
1:(* posabs(x,y,err) *);
2: pltposabs(x,y);
end;
x := 24.0;
y := 0.0;
case device of
1: begin
     (* drawrelative(x,y) *)
     case i of
     1: for j := 1 to 24 do drawpoint(j + trunc(xa),trunc(ya));
     2: begin
            for j := 1 to 24 do
              if (not((j/4.0) = (trunc(j/4.0)))) then
                drawpoint(j + trunc(xa),trunc(ya));
            end;
        3: begin
            for j := 1 to 24 do
              if (not((j/2.0) = (trunc(j/2.0)))) then
                drawpoint(j + trunc(xa),trunc(ya));
            end;
        end;
     end;
   2: pltdrawrel(xa,ya,x,y);
   end;
end;
case device of
1: (* writeln(linet,'1') *);
2: writeln(aux,'SP2','LT',';');
end;
x := xlinks - 5.0;
y := ylinks;
xa := x;
ya := y;
if (a1 = 'c') then begin y := y -100.0;ya := y; end;
case device of
1: (* posabs(x,y,err) *);
2: pltposabs(x,y);
end;
x := xr + 5.0;
y := 0.0;
case device of
1: (* drawrelative(x,y) *) line(xa,ya,xa+x,ya+y);
2: pltdrawrel(xa,ya,x,y);
end;
x := xlinks + xr;
y := ylinks;
if (a1 = 'c') then y := y - 100.0;
arrowright(x,y);
x := xlinks;
y := ylinks + 5.0;
xa := x;
ya := y;
case device of
1: (* posabs(x,y,err) *);
2: pltposabs(x,y);
end;
x := 0;
y := yh - 5.0;
case device of
1: (* drawrelative(x,y) *) line(xa,ya,xa+x,ya+y);
2: pltdrawrel(xa,ya,x,y);
end;
x := xlinks;
y := ylinks + yh;
arrowup(x,y);
if (a1 = 'c') then
```

```
begin
   x := xlinks;
   y := ylinks + 5;
   arrowdown(x,y);
end;
x := xlinks + 50.0;
y := ylinks - 3.0;
if (a1 = 'c') then y := y - 100.0;
xb := x;
xa := x;
ya := y;
case device of
1: (* posabs(x,y,err) *);
2: pltposabs(x,y);
end;
for i := 1 to 11 do
begin
   y := 6.0;
   x := 0.0;
   case device of
   1: (* drawrelative(x,y) *) line(xa,ya,xa+x,ya+y);
   2: pltdrawrel(xa,ya,x,y);
   end;
   xb := xb + 50.0;
   x := xb;
   y := ylinks - 3.0;
   xa := x;
   ya := y;
   if (a1 = 'c') then begin y := y -100.0;ya := y;end;
   case device of
   1: (* posabs(x,y,err) *);
   2: pltposabs(x,y);
   end;
end;
x := xlinks - 3.0;
y := ylinks - 50.0;
yb := y;
xa := x;
ya := y;
case device of
1: (* posabs(x,y,err) *);
2: pltposabs(x,y);
end;
d1 := 1;
for i := d1 to 3 do
begin
   x := 6.0;
   y := 0.0;
   case device of
   1: (* drawrelative(x,y) *) line(xa,ya,xa+x,ya+y);
   2: pltdrawrel(xa,ya,x,y);
   end;
   x := xlinks - 3.0;
   yb := yb - 50.0;
   y := yb;
   xa := x;
   ya := y;
   case device of
   1: (* posabs(x,y,err) *);
   2: pltposabs(x,y);
   end;
end;
x := xlinks;
y := ylinks + 3.0;
if (a1 = 'c') then y := y - 100.0;
xa := x;
ya := y;
```

```
case device of
1: (* posabs(x,y,err) *);
2: pltposabs(x,y);
end;
if (device = 1) then
begin
(*  writeln(schr,'small') *);
end;
y := ylinks + 12;
if (al = 'c') then y := y - 100;
if (device = 2) then pltposabs(x,y);
for d := 0 to 11 do
begin
   str(d/mabszisse/20.0:5:2,cs);
   case device of
   1: (* writeln(hire,cs) *) wstr(x,y,cs);
   2: pltdruck(cs);
   end;
   x := xlinks + (d + 1) * 50.0 - 15.0;
   case device of
   1: (* posabs(x,y,err) *);
   2: pltposabs(x,y);
   end;
end;
x := xlinks - 39.0;
y := ylinks;
case device of
1: (* posabs(x,y,err) *);
2: pltposabs(x,y);
end;
d1 := 0;
d2 := 4;
db := 1;
if (al = 'c') then
begin
   d1 := -2;
   d2 := 3;
   db := 3;
end;
for d := d1 to (d2 - 1) do
begin
   str(d/2.0/mordinate:5:3,cs);
   case device of
   1:(* writeln(hire,cs) *) wstr(x,y,cs);
   2: pltdruck(cs);
   end;
   y := ylinks - (d + db) * 50.0;
   case device of
   1: (* posabs(x,y,err) *);
   2: pltposabs(x,y);
   end;
end;
x := xlinks - 39.0;
y := ylinks - 100.0 * mordinate - 10.0;
if not (((al = 'a') or (al = 'b')) and (mordinate > 1.85)) then
begin
   if (al = 'c') then y := ylinks - 110.0;
   case device of
   1: (* posabs(x,y,err) *);
   2: pltposabs(x,y);
   end;
   if (al = 'c') then
```

```
    begin
       case device of
       1: (* writeln(hire,'x') *) wstr(x,y,'x');
       2: pltdruck('x');
       end;
    end
    else
    begin
       case device of
       1: (* writeln(hire,'x=w') *) wstr(x,y,'x=w');
       2: pltdruck('x=w');
       end;
    end;
end;
x := xlinks + 570.0;
y := ylinks + 12.0;
if (al = 'c') then y := y - 100.0;
case device of
1: (* posabs(x,y,err) *);
2: pltposabs(x,y);
end;
case device of
1: (* writeln(hire,'t/sec') *) wstr(x,y,'t/sec');
2: pltdruck('t/sec');
end;
if (((al = 'a') or (al = 'b')) and (mordinate <= 1.9)) then
begin
   x := xlinks;
   y := ylinks - 100.0 * mordinate;
   xa := x;
   ya := y;
   case device of
   1: (*posabs(x,y,err)*);
   2: pltposabs(x,y);
   end;
   case device of
   1:(* writeln(linet,'2')*);
   2: writeln(aux,'LT2',';');
   end;
   x := 600.0;
   y := 0.0;
   case device of
   1: begin
       (* drawrelative(x,y) *)
       for i := trunc(xlinks) to trunc(xlinks + 600.0) do
       if (not((i/6.0) = (trunc(i/6.0)))) then drawpoint(i,trunc(ya));
      end;
   2: pltdrawrel(xa,ya,x,y);
   end;
   case device of
   1: (* writeln(linet,'1') *) ;
   2: writeln(aux,'LT1',';');
   end;
end
else
begin
case device of
1: begin
 (*  writeln(schr,'NORMAL');
   writeln(cuoff);  *)
   end;
2:pltschrift('normal');
end;
end;
yp := ylinks;
ylinks1 := ylinks + 20.0;
ylinks2 := ylinks - 200.0;
```

```
case device of
1: stp := 3;
2: stp := 1;
end;
if (a1 = 'c') then yp := yp - 100.0;
for i := 1 to nplot do
begin
   npt := 0;
   str(i:1,cs);
   str(i + 1:1,cp);
   case device of
   1: (* writeln(linet,cs) *);
   2: pltstift(i);
     end;
     x := xlinks;
     yb :=  yp;
     y := yb;
     xa := x;
     ya := y;
     case device of
     1: (* posabs(x,y,err) *);
     2: pltposabs(x,y);
     end;
     case device of
     1: begin
     for j := 1 to 600 do
     begin
        if (abs(xt(.j,i.)) > (3.0/mordinate)) then goto quitpl;
        yi1 := round(yp - xt(.j-1,i.)*100.0*mordinate);
        yi  := round(yp - xt(.j,i.)*100.0*mordinate);
        xi1 := round(xlinks + j - 1);
        xi  := round(xlinks + j);
        if (yi1 > yi) then
        begin
           ii  := yi1;
           yi1 := yi;
           yi  := ii;
           ii  := xi1;
           xi1 := xi;
           xi  := ii;
        end;
        ym := round((yi1 + yi)/2.0);
        for k := yi1 to ym do drwp(xi1,k);
        if (not((ym + 1) > yi)) then
        for k := ym+1 to yi do drwp(xi,k);
        quitpl:
     end;
     end;
     2: begin
        yz1 := trunc((ylinks-190)*20.1) + 600;
        yz2 := trunc((ylinks+5)*20.1) + 600;
writeln(aux,'IW0,',yz1,',11040,',yz2,';');
     writeln(aux,'PD;PA');
     for j := 1 to 600 do begin
     if (abs(xt(.j,i.)) > (3.0/mordinate)) then goto quitplp;
     yi := round((yp*10.0)-(xt(.j,i.)*1000.0*mordinate));
     xi := round((xlinks*10.0)+(j*10.0));
     writeln(aux,xi,',',yi,',');
     end;
     quitplp:
     writeln(aux,';PU');
     end;
   end;
  end;
  case device of
  1: (* writeln(linet,'1') *);
  2: writeln(aux,'LT1',';');
  end;
end;
```

```
overlay procedure dgl;
(* Loesen von Differentialgleichungen hoeherer Ordnung mit dem Verfahren von
Runge und Kutta *)
var
   x,th1,tv1,tl1      :real;
   e,e1,e2,e3         :real;
   bx,bz,xa           :real;
   j,i,n1             :integer;
   f                  :array(.0..4.) of real;
   y                  :array(.1..4,0..1.) of real;
   k1,k2,k3,k4,k5     :array(.0..4.) of real;
procedure alledgln;
      BEGIN
      J := 1;
      WHILE J <= n - 1 DO
           BEGIN
           F(.J.) := Y(.J + 1,1.);
           J := SUCC(J)
           END;
      END;
(* Definition der Differentialgleichungen *)
FUNCTION FN01:real;
(* Fuehrungsverhalten P  -  PT1 - PT1 - I *)
      BEGIN
      if (a1 = 'c') then
      e := 0.0
      else
      IF (A1 = 'a') OR (X >= TH1) THEN E := 1.0
      ELSE IF (X < TV1) THEN E := X*X/2/TV1/TL1
      ELSE IF (X >= TV1) AND (X < TL1) THEN E := (X-TV1/2)/TL1
      ELSE IF (X >= TL1) AND (X < TH1) THEN E := 1-SQR(X-TH1)/2/TV1/TL1;
      FN01 := (b1*(e-y(.1,1.))-b2*y(.2,1.)-b3*y(.3,1.)+s)*b4
      END;
FUNCTION FN02:REAL;
(* Fuehrungsverhalten PID  -  PT1  -  PT2 *)
      BEGIN
      if (a1 = 'c') then
      begin
      e1 := 0.0;
      e2 := 0.0;
      e3 := 0.0;
      end
      else
      IF (A1 = 'a') OR (X >= TH1) THEN
           BEGIN
           E1 := 1.0;
           E2 := 0.0;
           E3 := 0.0
           END
      ELSE IF (X < TV1) THEN
           BEGIN
           E1 := X*X/2/TV1/TL1;
           E2 := X/TV1/TL1;
           E3 := 1.0/TV1/TL1
           END
      ELSE IF (X >= TV1) AND (X < TL1) THEN
           BEGIN
           E1 := (X/TL1)-TV1/2.0/TL1;
           E2 := 1.0/TL1;
           E3 := 0.0
           END
      ELSE IF (X >= TL1) AND (X < TH1) THEN
           BEGIN
           E1 := 1.0-SQR(X-TH1)/2.0/TV1/TL1;
           E2 := -(x-TH1)/TV1/TL1;
           E3 := -1.0/TV1/TL1
           END;
```

```
        FN02 := (b1*e1+b2*e2-b1*y(.1,1.)+b3*e3-b4*y(.2,1.)-b5*y(.3,1.)-b6*
        y(.4,1.))*b7;
        end;
function fn03:real;
(* Fuehrungsverhalten PI   -  PT1 - PT1 - PTt *)
        BEGIN
        BX := 0.0;
        BZ := 0.0;
        N1 := TRUNC(TT/H);
        IF (I > N1) THEN
             BEGIN
             BX := XTT(.I-N1.);
             BZ := YTT(.I-N1.)
             END;
        IF (N1 < 1) THEN
             BEGIN
             BX := Y(.1,1.);
             BZ := Y(.2,1.)
             END;
        if (a1 = 'c') then
        begin
        e1 := 0.0;
        e2 := 0.0;
        end
        else
        if ((a1 = 'a') or (x >= th1)) then
        begin
        e1 := 1.0;
        e2 := 0.0;
        end
        else IF (X < TV1) THEN
             BEGIN
             E1 := X*X/2.0/TV1/TL1;
             E2 := X/TV1/TL1
             END
        else IF ((X >= TV1) AND (X < TL1)) THEN
             BEGIN
             E1 := (X/TL1)-TV1/2.0/TL1;
             E2 := 1.0/TL1
             END
        else if ((x >=tl1) and (x < th1)) then
             begin
             E1 := 1.0-SQR(X-TH1)/2.0/TV1/TL1;
             E2 := -(X-TH1)/TV1/TL1
             END;
        FN03 := (b1*(e1-b2*bx)+b3*(e2-b2*bz)-b4*y(.2,1.)-b5*y(.3,1.))*b6
        END;
FUNCTION FN04:REAL;
(* Fuehrungsverhalten PD   -  PT1 - PT1 - PTt *)
        BEGIN
        BX := 0.0;
        BZ := 0.0;
        N1 := TRUNC(TT/H);
        IF (I > N1) THEN
             BEGIN
             BX := XTT(.I-N1.);
             BZ := YTT(.I-N1.)
             END
        ELSE IF (N1 < 1) THEN
             BEGIN
             BX := Y(.1,1.);
             BZ := Y(.2,1.)
             END;
        if (a1 = 'c') then
```

```
  begin
  e1 := 0.0;
  e2 := 0.0;
  end
  else
  IF (A1 = 'a') OR (X >= TH1) THEN
       BEGIN
       E1 := 1.0;
       E2 := 0.0
       END
       ELSE IF (X < TV1) THEN
            BEGIN
            E1 := X*X/2.0/TV1/TL1;
            E2 := X/TV1/TL1
            END
       ELSE IF (X >= TV1) AND (X < TL1) THEN
            BEGIN
            E1 := (X/TL1)-TV1/2.0/TL1;
            E2 := 1.0/TL1
            END
       ELSE IF (X >= TL1) AND (X < TH1) THEN
            BEGIN
            E1 := 1.0-SQR(X-TH1)/2.0/TV1/TL1;
            E2 := -(X-TH1)/TV1/TL1
            END;
       FN04 := (b1*(e1-b2*bx)+b3*(e2-b2*bz)-b4*y(.1,1.)-b5*y(.2,1.)+s)*b6
       END;
FUNCTION FN05:REAL;
(* Fuehrungsverhalten PID  -  PT1 - PT1 - PT1 *)
       BEGIN
       if (a1 = 'c') then
       begin
       e1 := 0.0;
       e2 := 0.0;
       e3 := 0.0;
       end
       else
       IF (A1 = 'a') OR (X >= TH1) THEN
            BEGIN
            E1 := 1.0;
            E2 := 0.0;
            E3 := 0.0
            END
       else if (x < tv1) then
       begin
       e1 := sqr(x) / 2.0 / tv1 / tl1;
       e2 := x / tv1 / tl1;
       e3 := 1.0 / tv1 / tl1;
       end
       ELSE IF ((X >= TV1) and (x < tl1)) THEN
            BEGIN
            E1 := (X/tl1) - (tv1/2.0/tl1);
            E2 := 1.0/tl1;
            E3 := 0.0
            END
       ELSE IF (X >= TL1) AND (X < TH1) THEN
            begin
            E1 := 1.0-SQR(X-TH1)/(2.0*TV1*TL1);
            E2 := -(X-TH1)/(TV1*TL1);
            E3 := -1.0/(TV1*TL1)
            END;
       FN05 := (b1*(e2-y(.2,1.))+b2*(e1-y(.1,1.))+b3*(e3-y(.3,1.))-b4*y(.2,1.)-
       b5*y(.3,1.)-b6*y(.4,1.))*b7
       END;
```

```
PROCEDURE VERTEIL;
(* Ruft die einzelnen Differentialgleichungen auf *)
    BEGIN
        CASE A2 OF
         'a': F(.n.) := FN01;
         'b': F(.n.) := FN02;
         'c': F(.n.) := FN03;
         'd': F(.n.) := FN04;
         'e': F(.n.) := FN05
        END;
END;
(* Aufloesung der Gleichungen *)
(* ------------------------------------------------------------------------ *)
    BEGIN
    tv1 := tve(.nplot.);
    tl1 := the(.nplot.) - tve(.nplot.);
    th1 := the(.nplot.);
    FOR I := 1 TO n DO
       BEGIN
       Y(.I,0.) := 0.0;
       Y(.I,1.) := 0.0
       END;
    IF (A1 = 'c') THEN
       BEGIN
       CASE A2 OF
       'a','d':;
       'b','c': Y(.3,0.) := 1/T1;
       'e'    : Y(.4,0.) := 1/T1;
       END;
    END;
    FOR I := 1 TO n DO Y(.I,1.) := Y(.I,0.);
    XA := 0.0;
    FOR I := 1 TO NPUNKT DO
       BEGIN
       X := XA+(I-1)*H;
       ALLEDGLN;
       VERTEIL;
       FOR J := 1 TO n DO
          BEGIN
          K1(.J.) := F(.J.)*H;
          Y(.J,1.) := Y(.J,0.)+0.5*K1(.J.)
          END;
       X := X+H/2;
       ALLEDGLN;
       VERTEIL;
       FOR J := 1 TO n DO
          BEGIN
          K2(.J.) := F(.J.)*H;
          Y(.J,1.) := Y(.J,0.)+0.5*K2(.J.)
          END;
       ALLEDGLN;
       VERTEIL;
       FOR J := 1 TO n DO
          BEGIN
          K3(.J.) := F(.J.)*H;
          Y(.J,1.) := Y(.J,0.)+K3(.J.)
          END;
       X := X+H/2;
       ALLEDGLN;
       VERTEIL;
       FOR J := 1 TO n DO
          BEGIN
          K4(.J.) := F(.J.)*H;
          K5(.J.) := (K1(.J.)+2*(K2(.J.)+K3(.J.))+K4(.J.))/6.0;
          Y(.J,1.) := Y(.J,0.)+K5(.J.);
          Y(.J,0.) := Y(.J,1.)
          END;
```

```
        XTT(.I.) := Y(.1,1.);
        YTT(.I.) := Y(.2,1.);
        END;
        j := 1;
        for i := 1 to npunkt do
            begin
            if ((i/4.0) = trunc(i/4.0)) then
                begin
                xt(.j,nplot.) := xtt(.i.);
                j := succ(j)
                end;
                end;
END;
overlay procedure umsp;
(* Umspeichern fuer Totzeitglied *)
var
    k12,i   :integer;
begin
    if ((a2 = 'c') or (a2 = 'd')) then
    begin
        k12 := trunc(tt / (4.0 * h));
        for i := 600 downto 0 do
        begin
            if ((i - k12) < 1) then
            begin
                xt(.i,nplot.) := 0.0;
            end
            else
            begin
                xt(.i,nplot.) := b2 * xt(.i - k12,nplot.);
            end;
        end;
        k12 := trunc(tt / h);
        for i := 2400 downto 0 do
        begin
            if ((i - k12) < 1) then
                ytt(.i.) := 0.0
            else
                ytt(.i.) := ytt(.i-k12.);
        end;
    end;
end;
overlay procedure anregelzeit;
(* Berechnung der Anregelzeit *)
var
    flg    :boolean;
    ta     :real;
    i,i1   :integer;
begin
    ergebnis(.2,nplot.) := '---';
    flg := true;
    kp10 := -1;
    if ((a1 = 'a') or (a1 = 'b')) then
    begin
        for i := 0 to 600 do
        begin
            i1 := i;
            if (kp10 = -1) then
            begin
                if (flg) then
                    begin
                    if (xt(.i,nplot.) > 0.02) then
```

```
              begin
                 ta1 := i1*4.0*h-(xt(.i1,nplot.)-0.02)/((xt(.i1,nplot.)-
                 xt(.i1-1,nplot.))/4.0/h);
                 flg := false;
              end;
              end;
              if (xt(.i,nplot.) > 0.98) then kp10 := i;
           end;
        end;
       if (kp10 = -1) then ergebnis(.2,nplot.) := '---'
       else
       begin
       ta := kp10*4.0*h-(xt(.kp10,nplot.)-0.98)/((xt(.kp10,nplot.)
       -xt(.kp10-1,nplot.))/4.0/h);
str((ta):10,ergebnis(.2,nplot.));
   end;
   end;
end;
overlay procedure ausregelzeit;
(* Berechnung der Ausregelzeit *)
var
   flg1 :byte;
   i,j,i1,kp11  :integer;
   flg  :boolean;
   erg  :real;
   cd   :integer;
   ta,taus   :real;
begin
if ((a2='c')or(a2='d')) then for I:=1 to npunkt do xtt(.i.):=b2*xtt(.i.);
   ergebnis(.3,nplot.) := '---';
   val(ergebnis(.1,nplot.),erg,cd);
   if (cd = 0) then
   begin
   if ((abs(erg) < 0.02) and (ar >= 0.0)  and (2*kp10 <= 600))
   then
   begin
      case a1 of
      'a','b' :begin
                 flg1 := 0;
                 kp11 := 0;
                 i    := 1;
                 for i := 1 to npunkt do
                 begin
                    if (kp11 = 0) then
                    begin
                    if (flg1 = 0) then
                    begin
                       if ((ytt(.i.)*ytt(.i-1.) < 0.0) and (abs (xtt(.i.)-1)
                       < 0.02)) then flg1 := 1;
                    end
                    else
                    begin
                       if ((ytt(.i.)*ytt(.i-1.) < 0.0) and (abs(xtt(.i.)-1)
                       > 0.02)) then flg1 := 0
                       else
                       if ((ytt(.i.)*ytt(.i-1.) < 0.0) and (abs(xtt(.i.)-1)
                       < 0.02)) then kp11 := i;
                    end;
              end;
             end;
             if (kp11 = 0) then
             begin
                flg := true;
                for i := 4 * kp10 to npunkt do
                begin
           if ((xtt(.i.) > 1.02) or (xtt(.i.) < 0.98)) then flg := false;
                end;
```

```
          if (flg) then ergebnis(.3,nplot.) := ergebnis(.2,nplot.);
          end
          else
          begin
             if (kp11 = 0) then
             ergebnis(.3,nplot.) := '---'
             else
             begin
             j := kp11;
        while ((j > 0) and (xtt(.j.) < 1.02) and (xtt(.j.) > 0.98)) do
             j := pred(j);
             if (xtt(.j.) >= 1.02) then
                taus := j*h+(xtt(.j.)-1.02)/((xtt(.j.)-xtt(.j+1.))
                /h)
                      else
                         taus := j*h+(0.98-xtt(.j.))/((xtt(.j+1.)-xtt(.j.))
                         /h);
                      str(taus:10,ergebnis(.3,nplot.));
                      end;
                   end;
                end;
                'c'    :begin
                   flg1 := 0;
                   kp11 := 0;
                   i    := 1;
                   for i := 1 to npunkt do
                   begin
                      if (kp11 = 0) then
                      begin
                      if (flg1 = 0) then
                      begin
                         if ((ytt(.i.)*ytt(.i-1.) < 0.0) and (abs(xtt(.i.))
                         < 0.02)) then flg1 := 1;
                      end
                      else
                      begin
                         if ((ytt(.i.)*ytt(.i-1.) < 0.0) and (abs(xtt(.i.))
                         > 0.02)) then flg1 := 0
                         else
                         if ((ytt(.i.)*ytt(.i-1.) < 0.0) and (abs(xtt(.i.))
                         < 0.02)) then kp11 := i;
                      end;
                      end;
                end;
                   begin
                      if (kp11 = 0) then
                      ergebnis(.3,nplot.) := '---'
                      else
                      begin
                      j := kp11;
                   while ((j > 0) and (abs(xtt(.j.)) <0.02)) do
                      j := pred(j);
                      if (J = 0) then
                      ergebnis(.3,nplot.) := '0'
                      else
                      begin
                      if (xtt(.j.) >= 0.02) then
                         taus := j*h+(xtt(.j.)-0.02)/((xtt(.j.)-xtt(.j+1.))
                         /h)
                      else
                         taus := j*h+(0.02-xtt(.j.))/((xtt(.j+1.)-xtt(.j.))
                         /h);
                      str(taus:10,ergebnis(.3,nplot.));
                      end;
                      end;
                      end;
end;
                      end;
end;
end;
end;
```

```
overlay procedure eingabe;
(* Eingabe der Parameter *)
var
   error,ok   :boolean;
   i,j        :byte;
   row,col    :integer;
   rep        :boolean;
   antw,ok6   :char;
   k1,k2      :integer;
begin
(*   writeln(clr);
   writeln(clrpp);  *)
   rep := false;
   col := 40;
   repeat
   graf(false);
   text := 'Parametereingabe fuer ' + menue02(.ord(a2) - 96.);
(*   headline(text,30,2,200.0,0.0);   *)
   gotoxy(((80-length(text)) div 2),2);
   writeln(text);
   i := 1;
   row := 40;
(*   writeln(clrpp); *)
   while (menue04(.ord(a2) - 96.)(.i.) <> ' ') do
      begin
(*      lokalisiere(row,col);   *)
      gotoxy(col-32,row-32);
      if ((rep) or (rep1)) then
      begin
write(menue03(.menue04(.ord(a2)-96,i.).),' ',parrs(.i,nplot.):10,' ');
         repeat
         (*$I-*)
         readln(parrs(.i,nplot.));
         (*$I+*)
         ok := (ioresult = 0);
         if not ok then
         begin
         writeln(chr(7));
  (*       lokalisiere(row,col + 31);    *)
         gotoxy(col+2,row-32);
         end;
         until ok;
         end
         else
         begin
      if (eingbeflg) then
         begin
         write(menue03(.menue04(.ord(a2) - 96,i.).),' ');
         repeat
         (*$I-*)
         readln(parrs(.i,nplot.));
         (*$I+*)
         ok := (ioresult = 0);
         if not ok then
         begin
         writeln(chr(7));
(*         lokalisiere(row,col + 31);   *)
          gotoxy(col-9,row-32);
         end;
         until ok;
      end
      else
      begin
 write(menue03(.menue04(.ord(a2) - 96,i.).),' ',parrs(.i,nplot - 1.):10,' ');
      parrs(.i,nplot.) := parrs(.i,nplot - 1.);
      repeat
      (*$I-*)
```

```
      readln(parrs(.i,nplot.));
         (*$I+*)
         ok := (ioresult = 0);
         if not ok then
         begin
         writeln(chr(7));
(*         lokalisiere(row,col + 31);   *)
         gotoxy(col+2,row-32);
         end;
         until ok;
      end;
      end;
      i := succ(i);
      row := succ(row);
      end;
      if (a1 = 'b') then
      begin
      row := row + 1;
(*      lokalisiere(row,col);     *)
      gotoxy(col-32,row-32);
      if ((rep) or (rep1)) then
      begin
      write('Verschliffzeit        Tve/sec = ',tve(.nplot.):10,' ');
      repeat
      (*$I-*)
      readln(tve(.nplot.));
         (*$I+*)
         ok := (ioresult = 0);
         if not ok then
         begin
         writeln(chr(7));
(*         lokalisiere(row,col + 31);     *)
         gotoxy(col+10,row-32);
         end;
         until ok;
      end
      else
      begin
      if (eingbeflg) then
      begin
      write('Verschliffzeit        Tve/sec = ');
      repeat
      (*$I-*)
      readln(tve(.nplot.));
         (*$I+*)
         ok := (ioresult = 0);
         if not ok then
         begin
         writeln(chr(7));
(*         lokalisiere(row,col + 31);     *)
         gotoxy(col-1,row-32);
         end;
         until ok;
      end
      else
      begin
      write('Verschliffzeit        Tve/sec = ',tve(.nplot - 1.):10,' ');
      tve(.nplot.) := tve(.nplot - 1.);
      repeat
      (*$I-*)
      readln(tve(.nplot.));
         (*$I+*)
         ok := (ioresult = 0);
         if not ok then
         begin
         writeln(chr(7));
```

```
(*         lokalisiere(row,col + 31);    *)
        gotoxy(col+10,row-32);
        end;
        until ok;
     end;
     end;
     row := row + 1;
     repeat
(*      lokalisiere(row,col);   *)
     gotoxy(col-32,row-32);
     if((rep) or (rep1)) then
     begin
     write('Hochlaufzeit           The/sec = ',the(.nplot.):10,' ');
     repeat
     (*$I-*)
     readln(the(.nplot.));
        (*$I+*)
        ok := (ioresult = 0);
        if not ok then
        begin
        writeln(chr(7));
(*         lokalisiere(row,col + 31);    *)
        gotoxy(col+10,row-32);
        end;
        until ok;
     end
     else
     begin
     if (eingbeflg) then
     begin
     write('Hochlaufzeit           The/sec = ');
     repeat
     (*$I-*)
     readln(the(.nplot.));
        (*$I+*)
        ok := (ioresult = 0);
        if not ok then
        begin
        writeln(chr(7));
(*         lokalisiere(row,col + 31);    *)
        gotoxy(col-1,row-32);
        end;
        until ok;
     end
     else
     begin
     write('Hochlaufzeit           The/sec = ',the(.nplot - 1.):10,' ');
     the(.nplot.) := the(.nplot - 1.);
     repeat
     (*$I-*)
     readln(the(.nplot.));
        (*$I+*)
        ok := (ioresult = 0);
        if not ok then
        begin
        writeln(chr(7));
(*         lokalisiere(row,col + 31);     *)
        gotoxy(col+10,row-32);
        end;
        until ok;
   end;
   end;
   if (the(.nplot.) < 2.0 * tve(.nplot.)) then
   begin
      writeln(chr(7));
(*       lokalisiere(row + 2,col);   *)
      gotoxy(col-32,row-30);
      writeln('The >= 2 * Tve. Bitte Neueingabe !!');
   end;
```

```
   until  (the(.nplot.) >= 2.0 * tve(.nplot.))
   end;
   row := row + 2;
(*   lokalisiere(row,col);   *)
   gotoxy(col-32,row-32);
   if (eingbeflg) then
   write('Darzustellender Zeitbereich in sec = ')
   else
   write('Darzustellender Zeitbereich in sec = ',0.6 / mabszisse:10,' ');
   mabs := 0.6 / mabszisse;
      if ((rep) or (rep1) or (not(eingbeflg))) then
      begin
(*         lokalisiere(row,col - 11);   *)
         gotoxy(col+16,row-32);
         repeat
         (*$I-*)
         readln(mabs);
         (*$I+*)
         ok := ((ioresult = 0) and (mabs <> 0.0));
         if not ok then
         begin
         writeln(chr(7));
(*          lokalisiere(row,col + 37);    *)
         gotoxy(col+16,row-32);
         end;
         until ok;
      end
      else
   begin
   repeat
   (*$I-*)
   readln(mabs);
         (*$I+*)
         ok := ((ioresult = 0) and (mabs >= 0.0));
         if not ok then
         begin
         writeln(chr(7));
(*          lokalisiere(row,col + 37);       *)
         gotoxy(col+5,row-32);
         end;
         until ok;
         end;
  if (mabszisse <> 0.6/mabs) then sta := 1;
   mabszisse := 0.6 / mabs;
   row := row + 2;
(*   lokalisiere(row,col);   *)
   gotoxy(col-32,row-32);
   write('Werte in Ordnung (J/N) ? ');
   readln(antw);
   if ((antw = 'n') or (antw = 'N')) then
   begin
   rep := true;
   eingbeflg := false;
   end;
   testeing(ok6);
   if (ok6 = ' ') then begin antw := 'n';rep := true;eingbeflg := false;
   writeln;
   write('                        Weiter mit <RETURN>');
   repeat until keypressed;
   end;
   until ((antw = 'j') or (antw = 'J'));
   row := row + 2;
(*   lokalisiere(row,col);   *)
   gotoxy(col-32,row-32);
   write('* *  I C H  R E C H N E . . . . .  * *');
   konstdef;
   stabilitaet;
   optimierung;
   graf(true);
end;
```

```
(* procedure cpright(xkoord1,ykoord1,xkoord2,ykoord2:real);
var
   error     :boolean;
   datum     :datestr;
   uhrzeit   :timestring;
begin
   uhrzeit := time;
   datum := date;
   writeln(schr,'small');
   posabs(xkoord1,ykoord1,error);
   writeln(hire,'(C) P. F. Orlowski');
   posabs(xkoord1,ykoord1 + 12,error);
   writeln(hire,'FH Giessen');
   posabs(xkoord2,ykoord2,error);
   writeln(hire,'Datum :',datum);
   posabs(xkoord2,ykoord2 + 12,error);
   writeln(hire,'Zeit  :',uhrzeit);
   writeln(schr,'NORMAL')
end;                          *)
procedure fk;
var
   fkopt,vropt,t :real;
   cod           :integer;
begin
   fkpt(.1,nplot.) := '---';
   fkpt(.2,nplot.) := '---';
   if (not(ergebnis(.3,nplot.) = '---')) then
   begin
   fkpt(.2,nplot.) := ergebnis(.3,nplot.);
   case a2 of
   'a': begin
      t   := t1;
      if (t2 < t) then t := t2;
      if (tn < t) then t := tn;
      fkopt := contopt(.1,nplot.) * vs * t;
      val(ergebnis(.3,nplot.),vropt,cod);
      if (fkopt > 0.2 * vropt) then fkopt := 0.2 * vropt;
      str(fkopt:10,fkpt(.1,nplot.));
      end;
   'b': begin
      t   := t1;
      if (t2 < t) then t := t2;
      if (tn < t) then t := tn;
      fkopt := 1.5 * contopt(.1,nplot.) * vs * t;
      val(ergebnis(.3,nplot.),vropt,cod);
      if (fkopt > 0.4 * vropt) then fkopt := 0.4 * vropt;
      str(fkopt:10,fkpt(.1,nplot.));
      end;
   'c': begin
      t   := t1;
      if (t2 < t) then t := t2;
      if (tn < t) then t := tn;
      if (tt < t) then t := tt;
      fkopt := 4.0 * contopt(.1,nplot.) * vs * t;
      val(ergebnis(.3,nplot.),vropt,cod);
      if (fkopt > 0.3 * vropt) then fkopt := 0.3 * vropt;
      str(fkopt:10,fkpt(.1,nplot.));
      end;
   'd': begin
 (*      t   := t1;
      if (t2 < t) then t := t2;
      if (tn < t) then t := tn;
      fkopt := contopt(.1,nplot.) * vs * t;
      val(ergebnis(.3,nplot.),vropt,cod);
      if (fkopt > 0.2 * vropt) then fkopt := 0.2 * vropt;
```

```
        str(fkopt:10,fkpt(.1,nplot.));   *)
        end;
   'e': begin
        t   := t1;
        if (t2 < t) then t := t2;
        if (t3 < t) then t := t3;
        if (tn < t) then t := tn;
        fkopt := 1.5 * contopt(.1,nplot.) * vs * t;
        val(ergebnis(.3,nplot.),vropt,cod);
        if (fkopt > 0.4 * vropt) then fkopt := 0.4 * vropt;
        str(fkopt:10,fkpt(.1,nplot.));
        end;
   end;
   end;
end;
procedure plottenint;
(* Initialisiert Plotter *)
begin
   gotoxy(1,25);
   write(dumstr);
   gotoxy(1,25);
   write('Plotter vorbereiten -- weiter mit <RETURN>');
   repeat until keypressed;
   writeln(aux,chr(27),'.N20000;19:');
(*   writeln(aux,chr(27),'.M 0;63;0;13:',chr(27),'.N500');
   writeln(aux,chr(27),'.H 80;18;49:');   *)
   writeln(aux,'IN',';');
   writeln(aux,'CS33;');
   (* Zeichensatz: Deutsch *)
   writeln(aux,'PS',4,';');
   writeln(aux,'VS80');
   (* Stiftgeschwindigkeit auf 80 (0 - 127,99 *)
end;
procedure pltrahmen;
begin
   writeln(aux,'SP1;PU0,600;PD;');
  writeln(aux,'PA0,7721,11040,7721,11040,600,0,600');
   writeln(aux,'PU;');
   writeln(aux,'IN',';');
   writeln(aux,'SC6750,-350,-170,3670');
end;
procedure disksave;
var
  dsk:   char;
  name:  string(.8.);
  nam :  string(.14.);
  ok  :  boolean;
  ok1 :  boolean;
  ok2 :  boolean;
  ch  :  char;
  i,j :  integer;
begin
graf(false);
(*   initscreen;
   writeln(cuoff);
   writeln(retxtw,'%8');
   writeln(cupon);   *)
   ok  := false;
   repeat
   ok1 := false;
   repeat
   ok2 := false;
   repeat
   clrscr;
   gotoxy(1,10);
   write(' Bezeichnung des Laufwerkes: ');
```

```
   readln(dsk);
if(((ord(dsk)>=65) and (ord(dsk)<=68)) or ((ord(dsk)>=97) and (ord(dsk)<=100)
))then
   ok2 := true
   else
   writeln(' Falscher Laufwerksname. Bitte Neueingabe !');
   for i := 1 to 5 do for j := 1 to 20000 do;
   until ok2;
   write(' Bitte Filenamen eingeben (max. 8 Zeichen): ');
   readln(name);
   nam  := dsk + ':' + name + '.plz';
   writeln(nam);
   (*$I-*)
   assign(filv,nam);
   reset(filv);
   (*$I+*)
   if (ioresult = 0) then
   begin
 write(' Ein File mit diesem Namen existiert bereits. Ueberschreiben',
 ' (J/N) ? ');
 readln(ch);
 if ((ch = 'j') or (ch = 'J')) then ok1 := true;
   end
   else
   ok1 := true;
   until ok1;
   (*$I-*)
   rewrite(filv);
   (*$I+*)
   if (ioresult = 0) then
   ok := true
   else
   begin
   if (ioresult = $F0) then writeln('Diskette ist voll. Bitte wechseln !');
   if (ioresult = $F1) then writeln('Directory ist voll !');
   end;
   until ok;
    (*$I-*)
   writeln(filv,a1);
   writeln(filv,a2);
   writeln(filv,bd);
   writeln(filv,nplot);
   writeln(filv,nopt);
   for j := 1 to nplot do
   begin
   for i := 1 to 6 do writeln(filv,ergebnis(.i,j.));
   for i := 1 to nopt do writeln(filv,contopt(.i,j.));
   for i := 1 to 2 do writeln(filv,fkpt(.i,j.));
   end;
   writeln(filv,mordinate);
   writeln(filv,mabszisse);
   if (a1 = 'b') then
   begin
   for i := 1 to nplot do begin writeln(filv,the(.i.));writeln(filv,tve(.i.));
   end;
   end;
   for j := 1 to nplot do
   begin
   for i := 1 to 600 do writeln(filv,xt(.i,j.));
   end;
   for j := 1 to nplot do
   begin
   for i := 1 to bd do writeln(filv,parrs(.i,j.));
   end;
   close(filv);
   (*$I+*)
```

```
   if (ioresult = $F0 ) then writeln ('Diskette ist voll !');
   if (ioresult = 0) then  writeln('Daten gespeichert !');
   for J:= 1 to 50 do
   for i := 1 to 10000 do;
   graf(true);
end;
procedure listdir(dsk:char);
type
    fcb = record
           drive : byte;
           name  : array (.1..8.) of char;
           ext   : array (.1..3.) of char;
           xxx   : array (.1..25.) of char;
           time,
           date,
           blk   : integer;
           size  : array (.1..2.) of integer;
           end;
var
   regs   : record
             ax,bx,cx,dx,bp,si,di,ds,es,fl:integer
             end;
   fcb1   : fcb;
   fcb2   : fcb absolute cseg:$0080;
   suchstr    : string(.60.);
begin
fcb2.name := '        ';
fcb1.name := '        ';
fcb2.ext  := '   ';
fcb1.ext  := '   ';
fcb2.xxx  := '                         ';
fcb1.xxx  := '                         ';
fcb2.time := 0;
fcb1.time := 0;
fcb2.date := 0;
fcb1.date := 0;
fcb2.blk  := 0;
fcb1.blk  := 0;
fcb2.size(.1.) := 0;
fcb1.size(.1.) := 0;
fcb2.size(.2.) := 0;
fcb1.size(.2.) := 0;
   writeln ('Die vorhandenen Files lauten:');
   writeln;
   suchstr := dsk + ':????????.PLZ';
   with regs do
      begin
        ax := 0;
        bx := 0;
        cx := 0;
        dx := 0;
        bp := 0;
        si := 0;
        di := 0;
        ds := 0;
        es := 0;
        fl := 0;
          ds    := seg(suchstr);
          es    := seg(fcb1);
          ax    := $2900;
          si    := ofs(suchstr) + 1;
          di    := ofs(fcb1);
          intr  ($21,regs);
          ds    := seg(fcb1);
          dx    := ofs(fcb1);
          ax    := $1100;
```

```
          intr ($21,regs);
          while lo(ax) <> $FF do
             begin
             write(fcb2.name:10);
             ds  := seg(fcb1);
             dx  := ofs(fcb1);
             ax  := $1200;
             intr ($21,regs);
             end;
      end;
   end;

procedure textausg (men:byte;nzei:maxzei;
                    row,col:integer);
(* Ausgabe eines Menues *)
var
   zeile:1..11;
   i : integer;
begin
(*   writeln(cupoff);
   writeln(cupon);
   writeln(clrpp);     *)
   for i := 1 to row do writeln;
   for zeile := 1 to nzei do
   begin
  (*    lokalisiere (row,col);
      write(chr(96+zeile),'.) ',textfeld(.zeile.));   *)
      case men of
   0:    writeln('           '+chr(96+zeile)+'.) '+menue00(.zeile.));
   1:    writeln('           '+chr(96+zeile)+'.) '+menue01(.zeile.));
   2:    writeln('           '+chr(96+zeile)+'.) '+menue02(.zeile.));
   4:    writeln('           '+chr(96+zeile)+'.) '+menue04(.zeile.));
   5:    writeln('           '+chr(96+zeile)+'.) '+menue05(.zeile.));
   6:    writeln('           '+chr(96+zeile)+'.) '+menue06(.zeile.));
   end;
   end;
end;
procedure choose(nzei:maxzei;row,col:integer;var a:char);
(* Auswahl aus einem Menue *)
(*var
   zeile,spalte,i:integer;
   ende         :boolean;    *)
begin
   writeln;
   repeat
   write('          ','Treffen Sie Ihre Wahl (a...',char(nzei+96),') ');
   readln(a);
   if ((ord(a) < 97) or (ord(a) > (nzei+96))) then writeln(chr(7));
   until ((ord(a) <= (nzei+96)) and (ord(a) >= 97));
(*   ende := false;
   repeat;
   zeile := row + nzei + 3;
   spalte := col - 5;
   lokalisiere(zeile,spalte);
   write('Treffen Sie Ihre Wahl (a...',char(nzei + 96),') ');
   readln(a);
   if ((ord(a) < 97) or (ord(a) > (nzei + 96))) then
   begin
      writeln(chr(7));
      lokalisiere(row + nzei + 3,col - 5);
   end
   else
   begin
      lokalisiere(row + ord(a) - 97,col);
      write('                                    ');
      for i := 1 to 1000 do;
```

```
      lokalisiere(row + ord(a) - 97,col);
      writeln(a,'.) ',textfeld(.ord(a) - 96.));
      for i := 1 to 1000 do;
      ende := true
   end;
   until ende = true;    *)
end;

procedure pltkopf;
(* Erzeugt den Plottkopf *)
var
   xkoord,ykoord : integer;
   dat           : dstr;
   uhrzeit       : zstr;
   plttext       : ytext;
begin
   xkoord := -33;
   ykoord := 0;
   begin
   pltposabs(xkoord,ykoord);
   end;
   chrtyp :='beschr';
   begin
   pltschrift(chrtyp);
   end;
   plttext := '(C) P.F. Orlowski';
   begin
   pltdruck(plttext);
   end;
   xkoord := 392;
   begin
   pltposabs(xkoord,ykoord);
   end;
   dat     := datum;
   plttext :='Datum: '+dat;
   begin
   pltdruck(plttext);
   end;
   xkoord := 542;
   begin
   pltposabs(xkoord,ykoord);
   end;
   uhrzeit := zeit;
   plttext := 'Zeit: '+uhrzeit;
   begin
   pltdruck(plttext);
   end;
   xkoord := -33 ; ykoord := 12;
   begin
   pltposabs(xkoord,ykoord);
   end;
   plttext := 'FH Giessen, 1987';
   begin
   pltdruck(plttext);
   end;
   writeln(aux,'PU1080,120;');
   writeln(aux,'DI-1,0;SI.4,.7;SL0.268;');
   writeln(aux,'LBZEITVERLAEUFE',chr(3),'PU;');
   chrtyp :='beschr';
   begin
   pltschrift(chrtyp);
   end;
   xkoord := 340 ;  ykoord := 12;
   pltposabs(xkoord,ykoord);
   writeln(aux,'LB',menue01(.ord(a1)-96.),chr(3),'PU;');
   xkoord := 120 ;  ykoord := 22;
```

```
    pltposabs(xkoord,ykoord);
    writeln(aux,'LB',menue02(.ord(a2)-96.),chr(3),'PU;');
end;
procedure picture;
const
    diff = 50.0;
var
    i,i1 :integer;
    x,y,xa,ya  :real;
    err  :boolean;
begin
    assign(file1,'PICDAT.DAT');
    reset(file1);
    for i := 1 to 35 do begin
    read(file1,at(.i,1.),at(.i,2.));
    at(.i,1.) := at(.i,1.) * 0.8;
    at(.i,2.) := at(.i,2.) * 0.875;
    end;
    close(file1);
    (* Kreise zeichnen *)
    for i := 1 to 2 do
    begin
       x := at(.i,1.) - diff;
       y := at(.i,2.);
(*       posabs(x,y,err);
       writeln(drawc,'3');   *)
       circle(x,y,2.0);
    end;
    (* Rechtecke zeichnen *)
(*   writeln(linew,'2');   *)
    xa := at(.3,1.) - diff;
    ya := at(.3,2.);
(*   posabs(x,y,err); *)
    for i := 4 to 7 do
    begin
       x := at(.i,1.);
       y := at(.i,2.);
(*       drawrelative(x,y);   *)
    Line(xa,ya,xa+x,ya+y);
    xa := xa+x;
    ya := ya+y;
    end;
    xa := at(.8,1.) - diff;
    ya := at(.8,2.);
(*   posabs(x,y,err);   *)
    for i := 9 to 12 do
    begin
       x := at(.i,1.);
       y := at(.i,2.);
(*       drawrelative(x,y);   *)
    Line(xa,ya,xa+x,ya+y);
    xa := xa+x;
    ya := ya+y;
    end;
(*   writeln(linew,'1');   *)
    (* Linien zeichnen *)
    i1 := 13;
    for i := 1 to 6 do
    begin
       xa := at(.i1,1.) - diff;
       ya := at(.i1,2.);
(*       posabs(x,y,err);   *)
       x := at(.i1 + 1,1.);
       y := at(.i1 + 1,2.);
(*       drawrelative(x,y);   *)
       Line(xa,ya,xa+x,ya+y);
```

```
      xa := xa+x;
      ya := ya+y;
      i1 := i1 + 2;
   end;
   (* Rueckfuehrung zeichnen *)
   xa := at(.25,1.) - diff;
   ya := at(.25,2.);
(*  posabs(x,y,err);  *)
   for i := 26 to 28 do
   begin
      x := at(.i,1.);
      y := at(.i,2.);
(*       drawrelative(x,y);     *)
   line(xa,ya,xa+x,ya+y);
   xa := xa+x;
   ya := ya+y;
   end;
   (* rechte Pfeile zeichnen *)
   for i := 29 to 33 do
   begin
      x := at(.i,1.) - diff;
      y := at(.i,2.);
      arrowright(x,y);
   end;
   (* Pfeil hoch *)
   x := at(.34,1.) - diff;
   y := at(.34,2.);
   arrowup(x,y);
   (* Pfeil runter *)
   x := at(.35,1.) - diff;
   y := at(.35,2.);
   arrowdown(x,y);
   (* Beschriftung ausgeben *)
(*  writeln(schr,'small');     *)
   x := 145.0 - diff;
   y := 70.0;
(*  posabs(x,y,err);
   writeln(hire,'w         xd');    *)
   wstr(x,y,'w         xd');
   x := 410.0 - diff;
   y := 50.0;
(*  posabs(x,y,err);
   writeln(hire,'z');    *)
   wstr(x,y,'z');
   x := 615.0 - diff;
   y := 70.0;
(*  posabs(x,y,err);
   writeln(hire,'x'); *)
   wstr(x,y,'x');
(*  writeln(schr,'ocr');    *)
   x := 270 - diff;
   y := 80.0;
(*  posabs(x,y,err);
   writeln(hire,'F');   *)
   wstr(x,y,'F');
   x := 510.0 - diff;
   y := 80.0;
(*  posabs(x,y,err);
   writeln(hire,'F');   *)
   wstr(x,y,'F');
   x := 280.0 - diff;
   y := 85.0;
(*  posabs(x,y,err);
   writeln(hire,'R');    *)
   wstr(x,y,'R');
   x := 520.0 - diff;
```

```
    y := 85.0;
(*   posabs(x,y,err);
    writeln(hire,'S'); *)
    wstr(x,y,'S');
    x := 145.0 - diff;
    y := 95.0;
(*   posabs(x,y,err);
    writeln(hire,'-');  *)
    wstr(x,y,'-');
(*   writeln(schr,'NORMAL');
    writeln(cuoff);   *)
end;
procedure berechne;
begin
    dgl;
    umsp;
    anregelzeit;
    ausregelzeit;
    fk;
end;
procedure diskload;
var
  dsk:   char;
  name:  string(.8.);
  nam :  string(.14.);
  ok  :  boolean;
  ok1 :  boolean;
  ok2 :  boolean;
  ch  :  char;
  i,j :  integer;
begin
(*   initscreen;
    writeln(cuoff);
    writeln(retxtw,'%8');
    writeln(cupon);   *)
    ok1 := false;
    repeat
    ok2 := false;
    repeat
    clrscr;
    gotoxy(1,10);
    write(' Bezeichnung des Laufwerkes: ');
    readln(dsk);
if(((ord(dsk)>=65) and (ord(dsk)<=68))or((ord(dsk)>=97) and (ord(dsk)<=100)))
then
    ok2 := true
    else
    begin
    writeln(' Falscher Laufwerksname. Bitte Neueingabe !');
    for i := 1 to 5 do for j := 1 to 20000 do; end;
    until ok2;
    listdir(dsk);
    writeln;
    write(' Bitte Filenamen eingeben (max. 8 Zeichen): ');
    readln(name);
    nam  := dsk + ':' + name + '.plz';
    (*$I-*)
    assign(filv,nam);
    reset(filv);
    (*$I+*)
    if (ioresult = 0) then
    ok1 := true
    else
    begin
    writeln('Datei ',nam,' nicht vorhanden.');
    for j:= 1 to 5 do for i:=1 to 10000 do;
end;
```

```
    until ok1;
    readln(filv,a1);
    readln(filv,a2);
    readln(filv,bd);
    readln(filv,nplot);
    readln(filv,nopt);
    for j := 1 to nplot do
    begin
    for i := 1 to 6 do readln(filv,ergebnis(.i,j.));
    for i := 1 to nopt do readln(filv,contopt(.i,j.));
    for i := 1 to 2 do readln(filv,fkpt(.i,j.));
    end;
    readln(filv,mordinate);
    readln(filv,mabszisse);
    if (a1 = 'b') then
    begin
    for I := 1 to nplot do begin readln(filv,the(.i.));readln(filv,tve(.i.));
    end;
    end;
    for j := 1 to nplot do
    begin
    for i := 1 to 600 do readln(filv,xt(.i,j.));
    end;
    for j := 1 to nplot do
    begin
    for i := 1 to bd do readln(filv,parrs(.i,j.));
    end;
    close(filv);
    writeln('Plot geladen !');
    sta := nplot;
    en  := nplot;
    flagplot := true;
    for j:= 1 to 5 do for i := 1 to 10000 do;
end;
procedure loesche;
var
  dsk:   char;
  name:  string(.8.);
  nam :  string(.14.);
  ok  :  boolean;
  ok1 :  boolean;
  ok2 :  boolean;
  ch  :  char;
  i,j :  integer;
begin
(*   initscreen;
    writeln(cupoff);
    writeln(cuoff);
    writeln(retxtw,'%8');
    writeln(cupon);    *)
    ok  := false;
    repeat
    ok2 := false;
    repeat
    clrscr;
    gotoxy(1,10);
    write(' Bezeichnung des Laufwerkes: ');
    readln(dsk);
if(((ord(dsk)>=65) and (ord(dsk)<=68))or((ord(dsk)>=97) and (ord(dsk)<=100)))
then
    ok2 := true
    else
    writeln(' Falscher Laufwerksname. Bitte Neueingabe !');
    for i := 1 to 5 do for j := 1 to 20000 do;
    until ok2;
```

```
    listdir(dsk);
    writeln;
    write(' Bitte Filenamen eingeben (max. 8 Zeichen): ');
    readln(name);
    nam  := dsk + ':' + name + '.plz';
    writeln(nam);
    (*$I-*)
    assign(filv,nam);
    reset(filv);
    (*$I+*)
    if (ioresult <> 0) then
    begin
  writeln(' Ein File mit diesem Namen existiert nicht.');
  for i := 1 to 5 do for j := 1 to 20000 do;
    end
    else
    ok := true;
    until ok;
    ch := 'n';
write('File wirklich loeschen (J/N) ? ');
readln(ch);
if ((ch = 'j') or (ch = 'J')) then
begin
erase(filv);
writeln('File ',nam,' geloescht !');
end;
for j:= 1 to 2 do for i:=1 to 30000 do;
end;
procedure zeitverhalten;
label quit1;
 var ok : boolean;
      i : integer;
 begin
(*   initscreen;    *)
    clsc;
    eingbeflg := true;
    nplot := 1;
(*   headline(' * ZEITVERLAUF * ',18,2,250.0,0.0);    *)
    gotoxy(27,2);
    writeln('*  Z E I T V E R L A U F  *');
    picture;
(*   writeln(retxtw,',8');  *)
    gotoxy(0,1);
    textausg(1,3,14,0);
    choose(3,1,0,a1);
    clsc;
(*   writeln(clr);
    writeln(clrpp);
    writeln(retxtw,'%8');   *)
(*   headline(' * Regler - Strecken - Kombination * ',37,2,250.0,5.0); *)
    gotoxy(22,2);
    writeln('* Regler - Strecken - Kombination *');
    gotoxy(5,8);
    textausg(2,5,1,0);
    choose(5,1,0,a2);
    quit1:
(*      writeln(retxtw,'%8');      *)
       eingabe;
       repeat
          hilf := nplot;
          for nplot := sta to en do
          begin
          konstdef;
          berechne;
          end;
          nplot := hilf;
```

```
        repeat
(*          writeln(retxtw,'88');     *)
          flagplot := true;
          ausgabe;
(*          writeln(cupon);           *)
          ar := 3;
          gotoXY(1,25);
          write(dumstr);
          gotoxy(1,25);
          write('Ordinatenmassstab aendern (J/N) ? ');
          read(antwort);
          if ((antwort = 'j') or (antwort = 'J')) then
          begin
             gotoxy(1,25);
             write(dumstr);
             gotoxy(1,25);
             write('neuer Massstab : ' );
             repeat
             (*$I-*)
             read(mordinate);
             (*$I+*)
             ok := (ioresult = 0);
             if not (ok) then
             begin
             gotoxy(1,25);
             write(dumstr);
             write(chr(7));
             gotoxy(1,25);
             write('neuer Massstab : ' );
             end;
             until ok;
             ar := 0;
          end;
        until ar = 3;
        ar := 2;
        gotoxy(1,25);
        write(dumstr);
        gotoxy(1,25);
        write('Dargestellten Zeitbereich aendern (J/N) ? ');
        read(antwort);
        if ((antwort = 'j') or (antwort = 'J')) then
        begin
           sta := 1;
           gotoxy(1,25);
           write(dumstr);
           gotoxy(1,25);
           write('Darzustellender Zeitbereich in sec: ');
           repeat
           (*$I-*)
           read(mabszisse);
           (*$I+*)
           ok := (ioresult = 0);
           if not (ok) then
           begin
           gotoxy(1,25);
           write(dumstr);
           write(chr(7));
           gotoxy(1,25);
           write('Darzustellender Zeitbereich in sec: ');
           end;
           until ok;
           h := mabszisse / npunkt;
           mabszisse := 0.6 / mabszisse;
           ar := 0;
           gotoxy(1,25);
           write(dumstr);
```

```
            gotoxy(1,25);
            write('   * *  I C H   R E C H N E . . . . . . * *');
         end;
      until ar = 2;
      ar := 1;
      gotoxy(1,25);
      write(dumstr);
      gotoxy(1,25);
      write('Grafik drucken oder plotten (D/P/N) ? ');
      read(antwort);
      if ((antwort = 'd') or (antwort = 'D')) then
      begin
         gotoxy(1,25);
         write(dumstr);
         gotoxy(1,25);
write('Beliebige Taste druecken, dann <Shift><PrtSc>,dann nochmal Taste',
  ' druecken');
         repeat until keypressed;
         gotoxy(1,25);
         write(dumstr);
         read(antwort);
(*          writeln(cupoff);
         writeln(licopy);
         writeln(cupon);    *)
      end;
      if ((antwort = 'p') or (antwort = 'P')) then
      begin
         device := 2;
         plottenint;
         pltrahmen;
         pltkopf;
         ausgabe;
         device := 1;
      end;
      gotoxy(1,25);
      write(dumstr);
      gotoxy(1,25);
      write('Bildschirmgrafik abspeichern (J/N) ? ');
      read(antwort);
      if ((antwort = 'j') or (antwort = 'J')) then
      begin
        disksave;
      end;
         gotoxy(1,25);
         write(dumstr);
         gotoxy(1,25);
         write('Werte aendern (J/N) ? ');
         read(antwort);
         if ((antwort = 'j') or (antwort = 'J')) then
         begin
            ar := 0;
            if (nplot < 3) then
            nplot := nplot + 1
            else
            begin
            rep1 := true;
            gotoxy(1,25);
            write(dumstr);
            gotoxy(1,25);
            write('Die letzte Kurve wird ueberschrieben !');
            for i:= 1 to 30000 do;
            end;
            sta := nplot;
            en := nplot;
            eingbeflg := false;
         end;
```

```
      if ((antwort = 'j') or (antwort = 'J')) then goto quit1;
end;
procedure kurvenplot;
var ok: boolean;
    i,j:integer;
    fp: boolean;
begin
fp := false;
    if (flagplot) then
    begin
         repeat
(*            writeln (retxtw,'%8');        *)
         if (fp) then eingabe;
         repeat
         if (fp) then
         begin
            hilf := nplot;
            for nplot := sta to en do
            begin
            konstdef;
            berechne;
            end;
            nplot := hilf;
         end;
         repeat
(*         writeln (retxtw,'88');       *)
         fp := true;
            ausgabe;
(*            writeln(cupon);           *)
            ar := 3;
            gotoxy(1,25);
            write(dumstr);
            gotoxy(1,25);
            write('Ordinatenmassstab aendern (J/N) ? ');
            read(antwort);
            if ((antwort = 'j') or (antwort = 'J')) then
            begin
               gotoxy(1,25);
               write(dumstr);
               gotoxy(1,25);
               write('neuer Massstab : ' );
               repeat
               (*$I-*)
               read(mordinate);
               (*$I+*)
               ok := (ioresult = 0);
               if not (ok) then
               begin
               write(chr(7));
               gotoxy(1,25);
               write(dumstr);
               gotoxy(1,25);
               write('neuer Massstab :' );
               end;
               until ok;
               ar := 0;
            end;
         until ar = 3;
         ar := 2;
         gotoxy(1,25);
         write(dumstr);
         gotoxy(1,25);
         write('Dargestellten Zeitbereich aendern (J/N) ? ');
         read(antwort);
         if ((antwort = 'j') or (antwort = 'J')) then
         begin
```

```
              sta := 1;
              gotoxy(1,25);
              write(dumstr);
              gotoxy(1,25);
              write('Darzustellender Zeitbereich in sec: ');
              repeat
              (*$I-*)
              read(mabszisse);
              (*$I+*)
              ok := (ioresult = 0);
              if not (ok) then
              begin
              write(chr(7));
              gotoxy(1,25);
              write(dumstr);
              gotoxy(1,25);
              write('Darzustellender Zeitbereich in sec: ');
              end;
              until ok;
              h := mabszisse / npunkt;
              mabszisse := 0.6 / mabszisse;
              ar := 0;
              gotoxy(1,25);
              write(dumstr);
              gotoxy(1,25);
              write('   * *  I C H   R E C H N E . . . . . . * *');
          end;
      until ar = 2;
      ar := 1;
      gotoxy(1,25);
      write(dumstr);
      gotoxy(1,25);
      write('Grafik drucken oder plotten (D/P/N) ? ');
      read(antwort);
      if ((antwort = 'd') or (antwort = 'D')) then
      begin
     (*    writeln;
          writeln;    *)
(*          writeln(cupoff);
          writeln(licopy);
          writeln(cupon);       *)
          gotoxy(1,25);
          write(dumstr);
          gotoxy(1,25);
write('Beliebige Taste druecken, dann <Shift><PrtSc>, dann nochmal Taste',
' druecken');
          repeat until keypressed;
          gotoxy(1,25);
          write(dumstr);
          read(antwort);
      end;
      if ((antwort = 'p') or (antwort = 'P')) then
      begin
      device := 2;
      plottenint;
      pltrahmen;
      pltkopf;
      ausgabe;
      device := 1;
      end;
      gotoxy(1,25);
      write(dumstr);
      gotoxy(1,25);
      write('Bildschirmgrafik abspeichern (J/N) ? ');
      read(antwort);
      if ((antwort = 'j') or (antwort = 'J')) then
      end;
```

```
          gotoxy(1,25);
          write(dumstr);
          gotoxy(1,25);
          write('Werte aendern (J/N) ? ');
          read(antwort);
          if ((antwort = 'j') or (antwort = 'J')) then
          begin
             ar := 0;
             if (nplot < 3) then
             nplot := nplot + 1
             else
             begin
             rep1 := true;
             gotoxy(1,25);
             write(dumstr);
             gotoxy(1,25);
             write('Die letzte Kurve wird ueberschrieben !');
             for i:= 1 to 30000 do;
             end;
             sta := nplot;
             en := nplot;
             eingbeflg := false;
          end;
    until ar = 1;
    end
    else
    begin
 (*   initscreen;
    writeln(cupoff);
    writeln(cuoff);
    writeln(retxtw,'%8');
    writeln(cupon);          *)
    writeln ('Kein Plot vorhanden !');
    writeln(chr(7));
    for j := 1 to 5 do for i := 1 to 10000 do;
    end;
end;
procedure ladeplot;
begin
diskload;
end;
procedure loescheplot;
begin
loesche;
end;
procedure listeerkl;
begin
information;
end;
procedure hauptprg;
begin
assign (fil1,'MAUVWXYZ.MAI');
rewrite (fil1);
close (fil1);
schluss := true;
end;
procedure ende;
begin
grafik(false);
end;
```

11 Literaturverzeichnis

[1] *Tröster, R.*: Computerunterstützter Unterricht mit Simulationsprogrammen aus der Regelungstechnik. Angew. Informatik, Heft 7, 1976, S. 290-296

[2] *Einbeck, G.* und *Krinn, H.*: FRAPS - ein Programmsystem für CUU an Fachhochschulen. Angew. Informatik, Heft 7, 1976, S. 297-303

[3] *Wiegele, B.*: Rechnergestützte Ausbildung, ein Konzept zum Lehren und Lernen des Problemlösens in der Regelungstechnik. Diss. TU München,1980

[4] *Höfler, A.B.*: RASP-G Programmpaket zur graphischen Darstellung von Bode-Diagrammen, Nyquist-, Popov-, Zyplin-Diagrammen, Wurzel-Ortskurven und zur Simulation von Mehrgrößensystemen im Zeitbereich. Regelungstechnik 26, 1978, S. 273-274

[5] *Litz, L.*: PILAR Programmsystem zur interaktiven Lösung von Aufgabenstellungen der Regelungstechnik. rt, Heft 10, 1984, S. 335-342

[6] a. *Fürchtenicht, H.W.*: Verbesserung und Rationalisierung des System-Entwurfs durch Simulation mit DISCOS. FhG-Berichte, 1/2, 1979, S. 34-37
b. *Dost, M.*: Simulation of dynamic systems by DSL/VS. Vortrag 712, IBM-Hochschulkongreß, Berlin 1987

[7] *Moll, H.* und *Burkhardt, H.*: SIDAS, ein interaktives Programmsystem zur blockorientierten digitalen Simulation dynamischer Systeme. Regelungstechnik, Heft 2, 1978, S. 50-55 und Heft 3, S. 87-91

[8] *Schulz, D.*: Rationelle Programmierung von Meßsystemen. Das AGO-Analogrammsystem. miniMicromagazin (mMm), Heft 9, 1986, S. 78-82

[9] a. *Orlowski, P.F.*: Praktische Regeltechnik. München: Oldenbourg 1985
b. *Reuter, M.*: Regelungstechnik für Ingenieure. 5. Auflage. Braunschweig: Vieweg 1986

[10] *Korn, G.A.* und *Wait, J.V.*: Digitale Simulation kontinuierlicher Systeme. München: Oldenbourg 1983

[11] *Lance, G.N.*: Numerical Methods for High Speed Computers. London: Iliffe & Sons 1960

[12] *Orlowski, P.F.*: SIMLER-PC. Ein interaktives Programmpaket zur Simulation und Optimierung des Führungs- und Störverhaltens linearer, einschleifiger Regelkreise mit Bode-, Nyquist-Diagramm und verschiedenen Sollwert-Funktionen im Zeitbereich. Geeignet für IBM-AT und kompatible PCs. Fachhochschule Gießen, Fachbereich MF, 1987

[13] a. *Orlowski, P.F.* und *Königschulte, M.*: Fahrkurvenrechner mit Einplatinen-Computer. Elektronik, Heft 19, 1985, S. 83-89
b. *Orlowski, P.F.* und *Studer, N.*: Mikrocomputergestützter Fahrkurvenrechner. Elektrotechnik Ausg. B, Heft 6, 1988

[14] *Victor Technologies, Microsoft*: Graphics Tool Kit, 1985

[15] a. *King, R.A.*: MS-DOS-Handbuch. Düsseldorf: SYBEX 1985
b. *Duncan, M.*: MS-DOS für Fortgeschrittene. Braunschweig: Vieweg 1986
c. *Biethan, G.*: Systemprogrammierung unter MS-DOS/PC-DOS. Würzburg: Vogel 1987

[16] *Ludwigs, D.*: Professionell arbeiten mit dem IBM PC. Würzburg: Vogel 1987

[17] *Borland International Inc.* (Hrsg.): TURBO-BASIC. München: Heimsoeth-Software 1987

[18] *Ashley, R.* und *Fernandez, J.N.*: PC-DOS. Das Betriebssystem des IBM Personal-Computers. München: Markt & Technik 1984

[19] *Cebulla, U.*: Grafik mit der IBM-EGA. mc 1987, Heft 1, S. 80-85; Heft 2, S. 54-60; Heft 3, S. 80-86; Heft 4, S. 78-84

12 Sachwortverzeichnis